中国高等学校信息管理与信息系统专业规划教材

丛书主编：陈国青

数据库应用与设计

崔　巍 主编

王晓波　车　蕾 副主编

王　珊 主审

清华大学出版社

北　京

内 容 简 介

本书是普通高等教育"十一五"国家级规划教材，是"中国高等学校信息管理与信息系统专业规划教材"之一。

本书包括数据库基础、数据库管理、数据库设计、数据库应用开发等内容，共分为9章，具体内容包括数据库基础、关系数据库基础、关系数据库标准语言SQL、数据库编程初步、数据库管理、关系数据理论、数据库设计与实施、数据库开发入门以及数据库新技术与发展等。本书特别注重易用性，在每章开始有导读，结束有小结，每节配有思考题，每章有习题，能够实践的部分都配有实验说明和指导，非常方便教师和学生使用。

本书不仅可以作为信息系统及相近专业的数据库教材，也可以作为其他专业数据库课程的教材或参考教材，还可供从事数据库应用、设计、管理或开发的技术人员参考。

本书配有电子课件，读者可在清华大学出版社网站(http://www.tup.com.cn)下载。

图书在版编目(CIP)数据

数据库应用与设计/崔巍主编. —北京：清华大学出版社，2009.2(2023.1重印)
(中国高等学校信息管理与信息系统专业规划教材)
ISBN 978-7-302-19094-3

Ⅰ. 数… Ⅱ. 崔… Ⅲ. 关系数据库—数据库管理系统—高等学校—教材 Ⅳ. TP311.138

中国版本图书馆CIP数据核字(2008)第202220号

责任编辑：索　梅
责任校对：李建庄
责任印制：宋　林

出版发行：清华大学出版社
网　　址：http://www.tup.com.cn，http://www.wqbook.com
地　　址：北京清华大学学研大厦A座　　**邮　　编**：100084
社 总 机：010-83470000　　**邮　　购**：010-62786544
投稿与读者服务：010-62776969，c-service@tup.tsinghua.edu.cn
质 量 反 馈：010-62772015，zhiliang@tup.tsinghua.edu.cn
印 装 者：涿州市般润文化传播有限公司
经　　销：全国新华书店
开　　本：185mm×260mm　　**印张**：17　　**字　　数**：405千字
版　　次：2009年2月第1版　　**印　　次**：2023年1月第10次印刷
印　　数：22001～22200
定　　价：39.00元

产品编号：025290-02

中国高等学校信息管理与信息系统专业规划教材

编写委员会

序

在信息技术刚刚兴起的时候，信息系统还没有作为一个专门的学科独立出来，它更多的只是计算机学科的一个附属。但是，随着信息技术的阶跃式发展和计算机系统在生产、生活、商务活动中的广泛应用，信息系统作为一个独立的整体逐渐独立出来，并得到了迅速发展。由于信息系统是基于计算机技术、系统科学、管理科学以及通信技术等多个学科的交叉学科，因此，信息系统是一个跨专业、面向技术和管理等多个层面、注重将工程化的方法和人的主观分析方法相结合的一门学科。

早在1984年，邓小平同志就提出了要开发信息资源，服务四个现代化(工业现代化、农业现代化、国防现代化和科学技术现代化)建设。1990年，江泽民同志曾经指出，四个现代化恐怕无一不和电子信息化有着紧密的联系，要把信息化提到战略地位上来，要把信息化列为国民经济发展的重要方针。2004年，胡锦涛同志在APEC(亚洲太平洋经济合作组织)上的讲话明确指出："信息通信技术改变了传统的生产方式和商业模式，为亚太地区带来了新的经济增长机遇。为把握住这一机遇，我们应抓住加强信息基础设施建设和人力资源开发这两个关键环节。"我国的经济目前正处在迅速发展阶段，信息化建设正在成为我国增强国力的一个重要举措，信息管理人才的培养至关重要。因此，信息系统学科面临着新的、更为广阔的发展空间。

近年来，我国高等学校管理科学与工程一级学科下的"信息管理与信息系统"专业领域的科研、教学和应用等方面都取得了长足的进步，培养了一大批优秀的技术和管理人才。但在整体水平上与发达国家相比还存在着不小的差距。由于各所高校在相关专业的发展历史、特点和背景上的差异以及社会对人才需求的多样化，使得我国信息管理与信息系统专业教育面临着前进中的机遇和挑战。如何适应人才需求变化进行教育改革和调整，如何在基本教学规范和纲要的基础上建立自己的教育特色，如何更清晰地定义教育对象和定位教育目标及体系，如何根据国际主流及自身特点更新知识和教材体系等都是我们在专业教育和学科建设中需要探讨和考虑的重要课题。

2004年，教育部高等学校管理科学与工程类学科专业教学指导委员会制订了学科的核心课程以及相关各专业主干课程的教学基本要求(简称《基本要求》)。其中，"管理信息系统"是学科的核心课程之一，"系统分析与设计"、"数据结构与数据库"、"信息资源管理"和"计算机网络"是信息管理与信息系统专业的主干课程。该《基本要求》反映了相关专业所应构建的最基本的核心课程和主干课程系统以及涉及的最基本的知识元素，旨在保证必要的教学规范，提升我国高等学校相关专业教育的基础水平。

2004年6月，IEEE/ACM公布了"计算教程CC2004"(Computing Curriculum 2004)，其中包括由国际计算机学会(ACM)、信息系统学会(AIS)和信息技术专业协会(AITP)共同

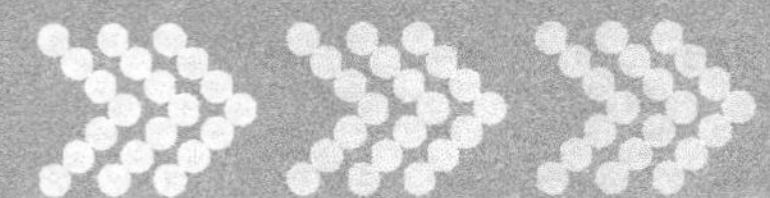

提出的信息系统学科的教学参考计划和课程设置(IS2002)。与过去的历届教程相比，IS2002 比较充分地体现出“技术与管理并重”这一当前信息系统学科领域的主流特点。IS2002 中的信息系统学科也涵盖了“信息管理”(IM)、“管理信息系统”(MIS)等相关专业，与我国的信息管理与信息系统专业也相兼容。

为了进一步提高我国高等学校信息系统学科领域课程体系的规划性和前瞻性，反映国际信息系统学科的主流特点和知识元素，进一步体现我国相关专业教育的特点和发展要求，清华大学经济管理学院与中国人民大学信息学院共同组织，于 2004 年秋成立了“中国高等院校信息系统学科课程体系 2005”(CISC2005)课题组，通过对国内外信息系统的发展现状与趋势进行分析，参照 IS2002 的模式，课题组研究探讨了我国信息系统教育的指导思想、课程体系、教学计划，确定了课程体系的基础内容与核心内容，制订出了一个符合我国国情的信息管理与信息系统学科的教育体系框架，我们希望 CISC2005 有助于我国信息管理与信息系统学科的建设，促进我国信息化人才的培养。

2006 年，根据 CISC2005 的指导思想编写的系列教材——《中国高等学校信息管理与信息系统专业规划教材》被列入教育部普通高等教育“十一五”国家级规划教材。同年，CISC2005 通过了教育部高等学校管理科学与工程类学科专业教学指导委员会组织的专家鉴定。为了能够使这套教材尽快出版，课题组成员和清华大学出版社一起对教材进行了详细规划，并组织了国内相关专家学者共同努力，力争从 2007 年起陆续使这套教材和读者见面。希望这套教材的出版能够满足国内高等学校对信息管理与信息系统专业教学的要求，并在大家的努力下，在使用中逐渐完善和发展，从而不断提高我国信息管理与信息系统人才的培养质量。

陈国青

2007 年 10 月

前言

数据库课程是信息管理与信息系统及其相关专业的一门必修的核心课程，数据库技术是信息技术和信息产业的重要支柱。国内高校的所有专业几乎都已经开设数据库课程，只不过不同的专业侧重面和要求有所不同。作为信息管理与信息系统专业的学生，需要掌握数据库的基本原理、数据库的应用、数据库的设计和实施方法、数据库的运行管理，并初步掌握数据库应用的开发方法等。本书围绕以上要求共分为 9 章。

第 1 章为数据库基础。主要内容包括数据库和数据模型的基础知识和基本概念，以及数据库的特点和三层模式结构。

第 2 章为关系数据库基础。关系数据库经过几十年的发展目前仍然是主流系统，所以学习数据库必须首先要掌握关系数据库的基本知识。这一章的主要内容包括关系的基本概念、关系数据模型及其约束、关系代数和关系数据库管理系统 SQL Server 简介。SQL Server 是目前的主流关系数据库管理系统之一，本书选择这个系统作为学习数据库的平台和实践平台，特别是第 3 章和第 4 章都与 SQL Server 密切相关。

第 3 章为关系数据库标准语言 SQL。所有关系数据库管理系统遵循相同的数据定义、数据操作和数据查询语言 SQL，学习和掌握 SQL 是使用关系数据库的基础。本章首先给出了一个样本数据库，使得后续介绍数据定义、数据操作和数据查询更加系统化，然后分别介绍了数据定义和数据完整性约束的实现、数据操作和数据完整性约束的作用以及数据查询功能，最后简单介绍了视图的概念和使用。

第 4 章为数据库编程初步。该章介绍了 SQL Server 支持的 Transact SQL 以及游标、存储过程和触发器，这些内容都是数据库编程的基础。

第 5 章为数据库管理。主要内容为数据库管理的概念，以及数据库的安全管理、事务管理、灾难恢复管理和并发控制等。

第 6 章为关系数据库理论。主要介绍了函数依赖和逻辑蕴含的概念、模式分解及其准则，以及关系的规范化。这一章的内容是设计关系数据库模式的理论基础。

第 7 章为数据库的设计与实施。主要介绍了数据库的设计方法和实施方法，同时还介绍了数据库设计工具 PowerDesinger，最后还通过一个案例介绍了数据库设计和实施的步骤。

第 8 章为数据库开发入门。这一章主要介绍数据库的开发方法和开发技术，以及数据库的访问技术，最后通过一个案例示意了数据库应用系统的开发过程。该章侧重的是开发技术，不同的院校可以根据实际情况作出取舍。

第 9 章为数据库新技术。主要介绍数据库的研究领域和数据库的发展及其新技术，其中影响比较大的研究领域和新技术有分布式数据库、面向对象数据库、XML 数据库、数据

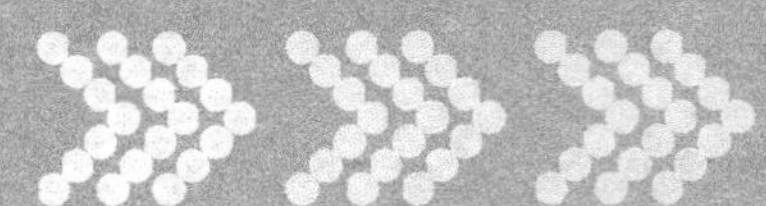

仓库、并行数据库和多媒体数据库等。另外，该章还简单介绍了知识库、模糊数据库、主动数据库和空间数据库等。

此外，本书还具有如下特点：

(1) 为了方便教师和学生使用，在每一章开始有导读，介绍该章的主要学习内容和学习目标，并强调了本章学习的重点和难点。这样可以使教师的教学目标和学生的学习目标更加明确。

(2) 除每章结尾有习题以外，每一节都配有大量的思考题，这些思考题一是可以对刚学习过的内容进行总结和复习；二是可以引出将要学习的内容，使前后知识更好地衔接；三是可以拓展学生的思路，鼓励学生在教材知识的基础上进一步进行自主学习。

(3) 尤其注重理论联系实际，这包括在内容讲解上注重与实践的结合，除纯概念和理论内容以外，大部分内容都可以通过实践完成教学，可以实践的部分都配有相应的实验和实验指导，全书从第2章开始一共安排了13个单项实验和一个综合实验——课程大作业。

本书是在作者多年教学的基础上撰写而成的，同时得到了《中国高等院校信息系统学科课程体系》(清华大学出版社，2005)课题研究组和评审专家组的大力帮助和指导。

王晓波老师参加了第7章、第8章和附录A的编写，车蕾老师参加了第8章和附录B的编写，其余章节由崔巍编写并对全书进行了统稿。本书由中国人民大学王珊教授主审，她为本书提出了很多宝贵的修改意见，在此表示深深的感谢。

由于作者水平有限，书中的疏漏和瑕疵敬请读者批评指正。如果您对本书的再版有什么好的建议或意见，可将邮件发至：cuiw@bistu.edu.cn。

崔　巍

2008年12月

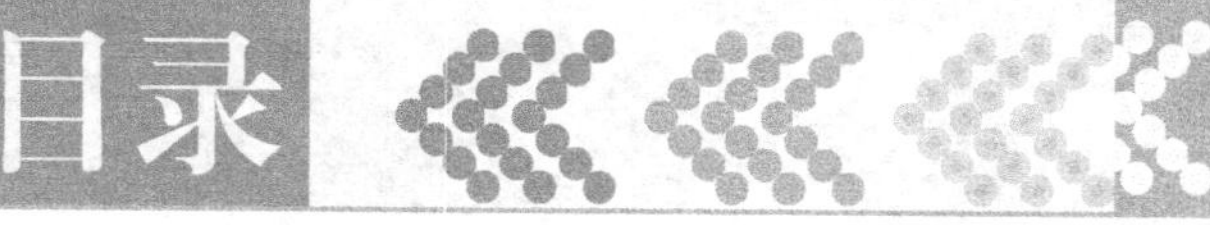

目录

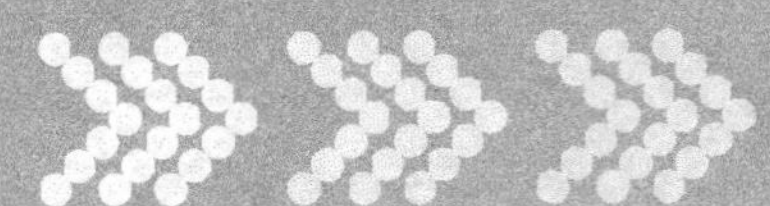

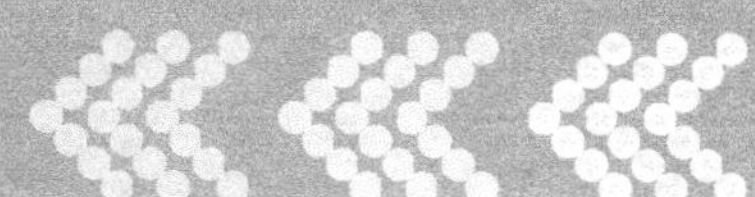

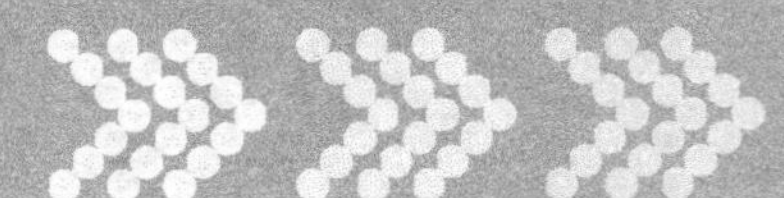

第1章　数据库基础

本章导读

主要内容

数据库已成为人们日常生活中的重要部分,到图书馆借书、到银行取款、到超市购物、乘公交车刷卡等都离不开数据库的支持,数据库已经成为现代社会的一个重要基础。本章首先介绍数据库的一些基本概念,包括数据管理、数据库系统、数据模型和数据库的体系结构等。

学习目标

- 了解数据管理及其技术的发展;
- 深刻理解数据库的基本概念;
- 理解数据库、数据库管理系统、数据库系统以及数据库管理的基本内容;
- 理解和掌握数据模型的基本概念和内容;
- 深刻理解数据独立性的概念;
- 掌握数据库的三层模式、理解数据库的基本体系结构。

重点、难点

本章学习的重点是围绕数据库的基本特征,深刻理解数据库的基本概念,为后续章节的学习奠定基础。

本章学习的难点是理解数据独立性的概念,掌握数据库的三层模式结构。

1.1　数据管理

数据管理由来已久,有数据必然有数据管理,但这里所说的数据是可以为人们提供信息的数据,所以也称其为信息管理。

1.1.1　数据

也许在人们眼里只有1,2,3…这样的数字是数据,实际上,数据是信息的符号表示,我们只对可以给人们提供信息的数据感兴趣。例如,30是一个数字,它可以是一个人的年龄,也可以是一张电影票的价格,或者是一个游泳池的长度,一个数字只有赋予了具体的含义才有意义。因此,数据是现实世界中实体(或客体)在计算机中的符号表示,它不仅可以是数字,还可以是文字、图形、图像和声音等。

1.1.2 数据处理

在计算机中，使用外存储器(如硬盘)来存储数据，通过计算机软件来管理数据，通过应用程序来对数据进行加工和处理。数据存储在计算机中是为了使用和产生更多有用的信息。

数据处理是指从某些已知的数据出发，推导、加工出新的信息。例如，在人事档案中有如下信息：

{(李胜，男，1973-7-10，湖南，硕士，会计学)，
(王蕾，女，1970-5-12，上海，博士，计算机)…}

它描述了职工的姓名、性别、出生日期、籍贯、学位和专业，根据这样的职工信息就可以推导出职工的性别比例、年龄的分布情况、学位的构成等，从而可以了解男女比例是否失调、年龄的构成是否合理、是否还需要引进人才、引进什么样的人才等。所以，数据处理的目的就是从大量而原始的数据中，获取人们所需要的信息。

1.1.3 数据管理及其技术发展

数据管理是指对数据的收集、整理、组织、存储、维护、检索、传送等操作，这些操作是数据处理业务的基本环节，而且是任何数据处理业务中必不可少的共有部分。数据管理技术的优劣，将直接影响到数据处理的效率。

计算机在数据管理方面经历了从低级到高级的发展过程。随着计算机硬件、软件技术和计算机应用范围的不断拓展，计算机数据管理技术经历了人工管理、文件系统、数据库系统 3 个阶段。

1. 人工管理阶段

20 世纪 50 年代中期以前。从硬件来看，外存储器只有磁带、卡片、纸带，没有磁盘。从软件来看，没有操作系统，没有专门管理数据的软件，数据由计算或处理它的程序自行携带。数据管理任务，包括存储结构、存取方法、输入输出方式等完全由程序员自己负责。应用程序和数据之间的关系如图 1-1 所示。

应用程序 1	数据集 1
应用程序 2	数据集 2
⋮	⋮
应用程序 *n*	数据集 *n*

图 1-1 在人工管理阶段中数据与程序的关系

人工管理阶段的特点如下：

(1) 数据不保存在计算机中。计算机主要用于科学计算，运算时将数据输入，计算后将结果输出。随着计算任务的完成，数据和程序所占的计算机空间都将被释放掉。

(2) 没有软件系统对数据进行统一管理。每个应用程序要包括存储结构、存取方法和输入输出方法等。这就造成了程序中的存取数据的子程序要随着数据存储机制的改变而加以修改，使得数据和程序不具有独立性，给程序的设计和维护带来一定的麻烦。

(3) 基本没有文件的概念。数据管理所涉及的数据组成和数据存储过程都要程序员自行设计和安排。

(4) 数据与程序不具有独立性，一组数据对应一个程序，数据是面向程序的。

(5) 程序与程序之间存在着大量的重复数据，即存在着大量的数据冗余。

2. 文件系统阶段

20 世纪 50 年代后期—20 世纪 60 年代中期。计算机不仅用于科学计算，也开始用于管理中的数据处理工作。从硬件来看，外存储器有了磁盘、磁鼓等直接存取的存储设备。软件方面则有了操作系统，在操作系统中已经有了专门的管理数据的软件——文件系统。应用程序和数据之间的关系如图 1-2 所示。

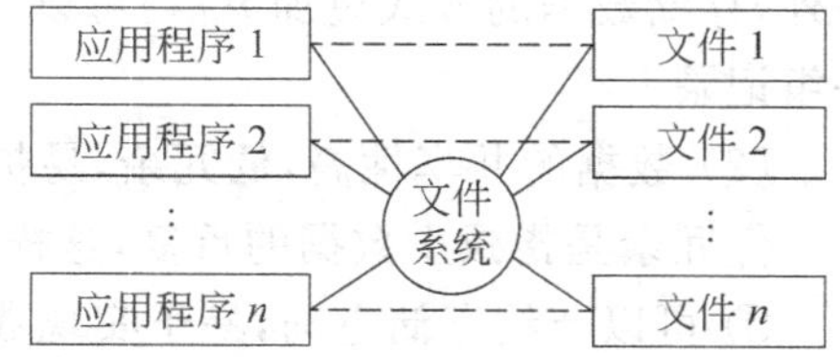

图 1-2 在文件系统阶段中数据与程序的关系

文件系统阶段数据管理有以下特点：

(1) 数据长期保留在外存上，可以经常对文件进行查询、修改、插入、删除等操作。

(2) 由软件（文件系统）对数据进行管理，程序和数据有了一定的独立性。程序只需用文件名就可以与数据打交道，不必关心数据的物理位置，由操作系统的文件系统提供存取方法。

(3) 文件的形式多样化，有顺序文件、索引文件和散列文件等。

(4) 数据的存取基本上以记录为单位。在文件系统中，只有通过整条记录的读取操作，才能获得其中数据项的信息，而不能直接对记录中的数据项进行数据存取操作。

尽管文件系统较手工阶段已经有了长足进步，但仍然存在如下缺陷：

(1) 数据冗余度大。文件系统中的数据文件逻辑上是与应用程序相对应的，是为了满足某个部门或某一应用而进行设计的，这种文件设计难以满足多种应用程序的要求，同一数据项可能重复出现在多个文件中，导致数据冗余度大，容易造成数据的不一致性。

(2) 数据独立性差。应用程序是根据文件结构编写的，文件结构一旦改变，应用程序也随之必须加以修改，程序和数据之间的独立性较差。

(3) 数据缺乏统一管理，数据联系较弱。各个文件与自己的应用程序相对应，文件之间的相互联系无法表述，缺乏对数据的统一管理。

3. 数据库系统阶段

20 世纪 60 年代后期开始。计算机用于管理的规模更为庞大，应用越来越广泛，数据量也急剧增加，数据共享的要求越来越强，文件系统的数据管理方法已无法适应应用系统开发的需要。为了实现数据统一管理、达到数据共享的目的，数据库技术便应运而生了。在数据库系统中，应用程序和数据之间的关系如图 1-3 所示。

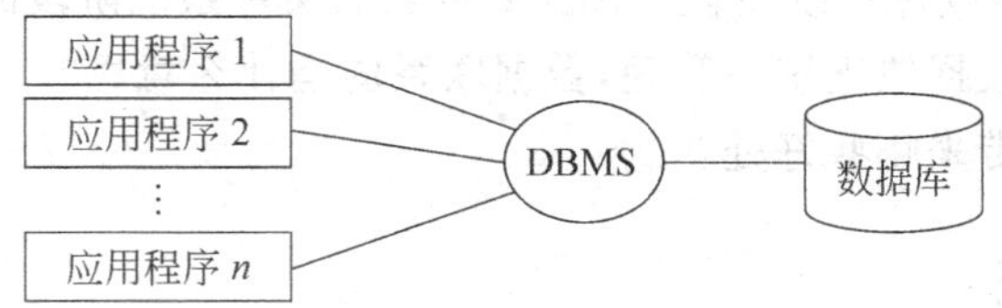

图 1-3 在数据库系统阶段中数据与程序的关系

数据库技术是在文件系统的基础上发展起来的，它克服了文件系统在数据管理方面的缺陷，为用户提供了一种使用方便、功能强大的数据管理手段。数据库技术不仅可以实现对数据的集中而统一的管理，更重要的是，数据库还可以管理数据之间的复杂联系。数据库系统与文件系统相比具有以下几个主要特点。

(1) 面向全组织的数据结构化

数据结构化是数据库与文件系统的根本区别。在文件系统中,文件中的记录内部是有结构的,但记录之间没有联系,通常是针对某个局部应用,数据的最小存储单位是记录,不能细到数据项。在数据库系统中,是将整个组织的数据结构化成一个数据整体,数据不再面向应用(程序),而是面向系统,这种具有整体的结构化使得系统弹性大,有利于实现数据共享。另外,存储数据的方式更加灵活,可以存取数据库中的一个数据项,一组数据项,一条记录或一组记录。

(2) 数据的共享性高,低冗余,易扩充

低冗余是指减少数据的重复,这样至少可以带来如下两个优点:

① 可以节约存储空间,易于实现数据的存储、管理和查询。

② 可以使数据统一,避免出现数据的不一致问题(同一数据的不同版本)。

由于数据库是从整体角度来看待和描述数据,数据不再面向某个应用,而是面向整个系统,因此可以被多个用户、多个应用程序共享使用,这样,数据库中的相同数据不会多次重复出现,数据库中的数据冗余度小,从而避免了由于数据冗余度大而带来的数据冲突问题、数据之间的不一致性和不相容性问题。同时,数据是有结构的,很容易增加新的应用,易于扩充。当应用需求改变或增加时,只需重新选择不同的数据子集,或增加新的数据即可。

(3) 数据独立性高

数据独立性是指数据的组织和存储方法与应用程序互不依赖、彼此独立的特性。应用程序只关心访问哪些数据,而不关心数据是如何存储的,数据的存储和访问是由数据库管理系统完成的,所以,当改变数据的存储结构时不用修改应用程序。

数据库技术仍然在不断发展,并且不断地与其他计算机技术相互渗透。数据库技术与网络技术相结合,产生了分布式数据库系统;数据库技术与面向对象技术相结合,产生了面向对象数据库系统等。

思考题

1. 什么是数据?什么是数据管理?
2. 什么因素促进了数据管理手段的进步?
3. 什么是数据独立性?为什么数据存储结构改变时应用程序不用修改?
4. 图 1-2 示意的文件系统阶段与图 1-1 示意的手工管理阶段的本质区别是什么?
5. 图 1-3 示意的数据库系统阶段与图 1-2 示意的文件系统阶段的本质区别是什么?
6. 文件系统阶段数据缺乏统一管理,数据联系弱是什么意思?
7. 数据共享可以带来哪些好处?

1.2 数据库系统

数据库是数据管理的现代手段,有数据的地方就有数据管理,有数据管理就有数据库。本节介绍与数据库相关的一些基本概念。

1.2.1 什么是数据库

简单地说,数据库是长期储存在计算机存储设备上、相互关联的、可以被用户共享的数

据集合。

数据库技术始于20世纪60年代～70年代，然而无论是从数据库的技术水平还是从数据库的应用水平来看，今天和过去都不可同日而语，但是，数据库最基本的特征没有改变。概括起来，数据库应该包括如下几点特征。

1. 数据库是相互关联的数据的集合

数据库中的数据不是孤立的，数据与数据之间是相互关联的。也就是说，在数据库中不仅要能够表示数据本身，还要能够表示数据与数据之间的联系。例如在学籍管理中，有学生和课程两类数据，在数据库中除了要存放这两类数据之外，还要存放哪些学生选修了哪些课程或哪些课程由哪些学生选修这样的信息，这就反映了学生数据和课程数据之间的联系。

2. 用综合的方法组织数据，保证尽可能高的访问效率

数据库能够根据不同的需要、按照不同的方法组织数据（例如可以有顺序组织方法、索引组织方法、倒排数据组织方法等），并且数据的存储组织方法是动态可调整的。这样做的目的就是要最大限度地提高用户或应用程序访问数据的效率。

3. 具有较高的数据独立性

数据独立性是指数据的组织和存储方法与应用程序互不依赖、彼此独立的特性。在数据库技术之前，数据文件的组织方式和应用程序是密切相关的，当改变数据结构时，相应的应用程序也必须随之修改，这样就极大地增加了应用程序的开发代价和维护代价。而数据库技术却可以使数据的组织和存储方法与应用程序互不依赖，从而大幅度地降低了应用程序的开发代价和维护代价。

4. 具有较小的数据冗余，可供多个用户共享

由于在数据库技术之前数据文件都是独立的，所以任何数据文件都必须含有满足某一应用的全部数据。例如，教务处对学生的学籍管理有一个学生文件，后勤处对学生的生活管理也有一个学生文件。教务处学生文件的记录格式是：

学生基本情况	有关学籍管理的数据

后勤处学生文件的记录格式是：

学生基本情况	有关生活管理的数据

这样，在两个部门的学生文件中都有“学生基本情况”的数据，即这一部分数据是重复存储的。如果还有第三、第四个部门也有类似的学生文件（如学生处、团委等），那么重复存储所造成的空间浪费是很大的。在数据库中，可以共享类似“学生基本情况”这样的共用数据，从而降低数据的冗余度。降低数据冗余不仅可以节省存储空间，更重要的是可以保证数据的一致性（因为重复存储可能会造成同一数据的不同副本的数据不一致）。

5. 具有安全控制机制，能够保证数据的安全、可靠

数据库技术要能够保证数据库中的数据是安全的、可靠的。数据库要有一套安全机制，以便可以有效地防止数据库中的数据被非法使用或非法修改；数据库还要有一套完整的备份和恢复机制，以便保证当数据遭到破坏时（软件或硬件故障引起的），能够立刻将数据完全恢复，从而保证系统能够连续、可靠地运行。

6. 最大限度地保证数据的正确性

保证数据正确的特性在数据库中称为数据完整性。在数据库中可以通过建立一些约束条件以保证数据库中的数据是正确的。例如，某学生的年龄是20岁，当误输入为2岁或200岁时，数据库能够主动拒绝这类错误。

7. 允许并发地使用，能够有效、及时地处理数据，并能保证数据的一致性和完整性

数据库中的数据是共享的，并且允许多个用户同时使用相同的数据，这就要求数据库能够协调一致，保证各个用户之间对数据的操作不发生矛盾和冲突，即在多个用户同时使用数据库时，能够保证数据的一致性和正确性。

注意：数据库的英文是Database，而不是Data Warehouse。Data Warehouse是数据仓库，其另有他意。也就是说，数据库和数据仓库是不同的术语。

1.2.2 数据库管理系统

上一小节介绍了数据库的特征，需要说明的是，这些特征不是数据库中数据固有的，而是靠特定的数据库管理软件来实现的，这个软件就是数据库管理系统（DataBase Management System，DBMS）。DBMS是一种系统软件，运行在操作系统之上，对数据库进行统一的管理和控制，并且使数据库能够为多个用户共享，同时还能保证数据的安全性、可靠性、完整性、一致性以及数据的高度独立性等。

具体来说，一个数据库管理系统应该具备如下功能：

(1) 数据库中数据的组织功能。主要通过定义数据库的结构和数据库的存储结构、定义数据库中数据之间的联系、定义数据的完整性约束条件等来完成数据的组织工作。

(2) 数据库中数据的操纵功能。通过插入、删除和修改操作完成对数据库中数据的操纵。

(3) 数据库中数据的维护功能。为了提高数据库的性能，可以重新组织数据库的存储结构，为了保证数据库的安全性和可靠性，可以完成数据库的备份和恢复等。

(4) 数据库中数据的查询功能。可以以各种方式提供灵活的查询功能，使用户可以方便地使用数据库中的数据。

(5) 数据库控制功能。可以通过安全控制功能保护数据库中的数据，通过完整性控制功能尽可能地保证数据库中数据的正确性，通过并发控制功能保证多用户环境下的数据操作互不干扰等。

(6) 数据库通信功能。在分布式数据库或提供网络操作功能的数据库中还必须提供数据库的通信功能。

(7) 数据库的数据服务功能。数据库不是一个孤立的系统，通常可以被其他软件访问，可以与其他系统交换数据；数据库中的数据也不是简单的操纵和查询，还可以提供很多服务，例如数据分析服务等。

1.2.3 数据库系统

前面介绍的数据库强调的是一个数据平台，它是由数据库管理系统管理的；而数据库管理系统是一个管理数据库的系统软件。数据库系统指的是基于数据库的计算机应用系统，显然，这样的系统包括数据库和数据库管理系统，除此之外，数据库系统还包括哪些内容呢？

一个计算机应用系统离不开相应的硬件平台(计算机)和软件平台(至少包括操作系统),需要有相应的人员来管理数据和使用数据,需要有相应的应用软件来完成数据的使用(如学籍管理系统),当然,为了用好系统可能还需要相应的技术资料、手册和文档。概括起来,数据库系统包括:

- 以数据为主体的数据库;
- 管理数据库的系统软件——数据库管理系统;
- 支持计算机应用系统的硬件平台;
- 支持计算机应用系统的软件平台(如操作系统);
- 管理数据库的技术人员;
- 使用数据库的用户;
- 基于数据库的应用软件;
- 方便使用和管理系统的各种技术说明书和使用说明书等。

至此,可以看出,数据库、数据库管理系统和数据库系统是3个不同的概念,数据库强调的是数据,数据库管理系统是系统软件,而数据库系统强调的则是系统。

1.2.4 数据库管理与数据库管理员

正如第1.2.1节所述,数据库在管理数据方面有很多优点,但是,如果认为仅仅靠对数据库或数据库管理系统的特定技术进行投资就可以得到这些好处,则是错误的。管理对于数据库来说也是非常重要的。

把众多部门或用户的数据放在同一个数据库中共享,就必须要考虑这些数据会不会产生冲突?能不能保证数据的安全?敏感或重要数据会不会泄露?很多人同时使用数据库时会不会产生干扰?数据会不会丢失?诸如此类的问题是用户非常关心的,如果这些问题解决得不好,就不会有人敢把数据放在数据库中。为了解决这些问题,必须有专门的人员或部门对数据库进行管理,并把从事数据库管理工作的人员称为数据库管理员(DataBase Administrator,DBA)。数据库管理员指的是一种角色,是负责数据库管理的人员或部门。

数据库管理员从事的工作既有管理方面的,也有技术方面的;数据库管理员负责数据库的规划、设计、建设、运行、维护、升级等各个方面的工作,他们需要与企、事业单位的管理决策人员,普通工作人员和负责设计、实施数据库的计算机专业人员打交道;数据库管理员要负责和参加数据库整个生命周期内的全部工作。概括起来,数据库管理员的工作和职责如下:

(1) 在数据库规划阶段,要参与选择和评价与数据库有关的计算机软件和硬件,要与数据库用户共同确定数据库系统的目标和数据库应用需求,要确定数据库的开发计划。

(2) 在数据库设计阶段,要负责数据库标准的制定,负责数据库的设计和数据库安全、可靠方面的设计。

(3) 在数据库运行阶段,首先要负责对用户进行数据库方面的培训;负责数据库的备份和恢复;负责对数据库中的数据进行维护;负责监视数据库的性能,并调整、改善数据库的性能,提高系统的效率;继续负责数据库安全系统的管理;在运行过程中发现问题、解决问题。

数据库管理员这一职位是非常重要、非常关键的,任何一个数据库系统如果没有数据库管理员这一角色完成相应的职责,数据库就会失去统一的管理和控制,从而造成数据库的混乱。所以,在开发数据库系统时,一开始就应设置数据库管理员的职位或相应的机构,要明确数据库管理员的责任,也要保证数据库管理员的权限。数据库管理员一定是那些懂得和掌握数据库全局工作并作为设计和管理数据库的核心人员。

思考题

1. 为什么数据库中的数据是相互关联的?
2. 在数据库中为什么要使用综合的方法来组织数据?
3. 为什么数据冗余可能会造成数据的不一致?
4. 数据库的安全机制主要有哪些?
5. 可以利用备份恢复数据库,当数据库遭到破坏时能否将数据库完全恢复到正确而一致的状态?
6. 什么是数据完整性? 数据库可以从哪些方面保证用户数据的正确性?
7. 数据库中的数据是共享的,如何保证多个用户在同时使用共享的数据时不发生冲突?
8. 什么是数据仓库?
9. 数据库的诸多特征是如何获得的?
10. 数据库、数据库系统、数据库管理系统这 3 个术语的各自内涵是什么?
11. 数据库管理涉及哪些问题? 数据库管理员的职责包括哪些内容?

1.3 数据模型概述

数据库中不仅存储数据本身,还要存储数据与数据之间的联系,这种数据及其联系是需要描述和定义的,数据模型正是用于完成此项任务的。

1.3.1 基本概念

现实世界中所管理的数据不可能直接拿来存储到数据库中,它需要人们的认识、理解、整理、规范和加工,然后才能存放到数据库中。我们把这个过程划分为 3 个阶段,即现实世界阶段、信息世界阶段和计算机世界阶段。

1. 实体

把现实世界中所管理的对象称做实体(entity),并把实体定义为:客观存在并可以相互区分的客观事物或抽象事件。例如,在学籍管理系统中,学生和课程就是客观事物,学生选课就是抽象事件。无论学生、课程,还是学生选课,它们都是现实世界管理的对象,都是实体。

2. 实体特征

每个实体肯定具有一定的特征(性质),这样人们才能根据实体的特征来区分一个个实体。例如,学生有学号、姓名、性别、专业等特征,课程有课程名、类别、学时等特征。但并不是每个特征都可以用来区分一个个实体,因此又把用于区分实体的实体特征称为标识特征。例如,学生的学号是标识特征,用学号可以区分一个个学生;而性别就不是标识特征,它只能把学生分成两大类,而不能区分每一个学生。

3. 实体集

把具有相同特征描述的一类实体的集合称为实体集。例如，所有学生具有相同的特征描述，课程有另外的相同特征描述。因此有学生实体集和课程实体集。

4. 联系

现实世界中实体和实体之间是有联系的，实体之间联系的基本类型有一对一(1∶1)、一对多(1∶n)和多对多(m∶n)3 种，其中最常见的是一对多和多对多联系。

例如，有专业实体、学生实体、课程实体等。专业和学生实体之间存在隶属联系，一个专业可以有很多学生，而一名学生仅属于一个专业，因此专业和学生之间的联系是一对多的(也可以说学生和专业之间的联系是多对一的，一对多和多对一属于同一类联系)；而学生和课程实体之间有选修联系，由于一名学生可以选修多门课程，一门课程也可以有多名学生选修，所以学生和课程之间的联系是多对多的。

读者在学习了程序设计和数据结构这样的课程后一定已经熟悉文件、记录和字段等术语，实际上，在数据库中也使用类似的术语，这是在"计算机世界"阶段使用的术语。而实体、实体集、特征、标识特征这些术语属于"现实世界"阶段，这些术语之间有着自然的对应关系：

- 实体对应于记录。例如每个学生实体在计算机中用一条学生记录表示。
- 实体集对应于文件。实体集是相同类型实体的集合，而文件是相同类型记录的集合。
- 特征对应于属性、或字段、或数据项。例如，学生记录的姓名字段、性别字段等。
- 标识特征对应于关键字。例如，学号字段可以用来区分一条条学生记录，它就是关键字。

1.3.2 概念模型

描述现实世界的数据模型称为概念模型或概念数据模型。概念模型主要描述现实世界中实体以及实体和实体之间的联系。P. P. S. Chen 于 1976 年提出的实体-联系方法，即通常所说的 E-R(entity-relationship)方法是支持概念模型的最常用方法。E-R 方法使用的工具称做 E-R 图，它所描述的现实世界的信息结构称为企业模式(enterprise schema)，也称这种描述结果为 E-R 模型或概念模型。

E-R 方法主要有 3 个要素，即实体、联系和属性。

1. 实体

在 E-R 图中用矩形框表示实体，把实体名写在框内，例如，学生实体可以表示为[学生]。

2. 联系

实体之间的联系用菱形框表示，框内写上联系名，然后用连线与有关的实体相连，并将联系类型标注在连线旁。例如，有专业和学生两个实体，它们之间的联系是一对多的，把这种联系命名为隶属，相应的 E-R 图如图 1-4(a)所示。而学生和课程实体之间的联系是多对多的，把这种联系命名为选修，相应的 E-R 图如图 1-4(b)所示。

E-R 图不仅能够描述两个实体之间的联系，而且还能描述两个以上实体之间的联系。例如，一名教师可以开设多门课程，一门选修课也可以有多名教师开设，为了反映学生选修的是哪名教师开设的课程，就必须描述学生、课程、教师 3 个实体之间的联系，如图 1-5 所示。

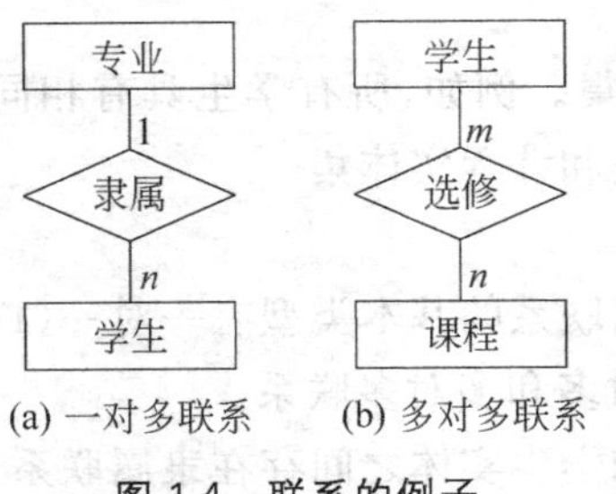

(a) 一对多联系 (b) 多对多联系

图 1-4 联系的例子

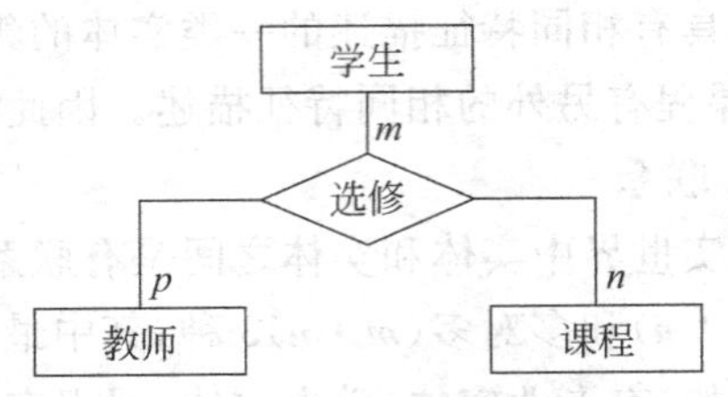

图 1-5 多个实体之间的联系

3. 属性

实体的属性用椭圆框表示，框内写上属性名，并用连线连到相应实体。这种画法有点麻烦，因此也可以直接将属性名写在实体旁边，并对实体的标识属性或特征标以下划线。联系本身也有属性，联系是通过相关联实体的有关属性体现出来的。图 1-6 是图 1-4(b)添加属性后的 E-R 图。

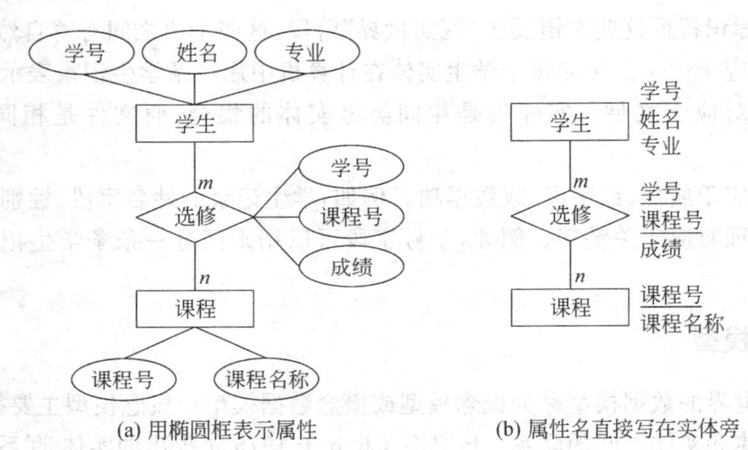

(a) 用椭圆框表示属性 (b) 属性名直接写在实体旁

图 1-6 添加了属性的 E-R 图

4. 多对多联系转换成一对多联系

多对多联系是一类比较复杂的联系，一般数据库管理系统也不直接支持多对多联系(因为要付出更大的代价)，所以多对多联系总是要转换成一对多联系的。实际上，一个多对多的联系蕴涵了两个一对多的联系，以图 1-6 为例，如果把联系“选修”看做是一个抽象事件，则也可以把它看做实体，这样，学生和选修之间的联系是一对多的，课程和选修之间的联系也是一对多的，转换后的 E-R 图如图 1-7 所示。

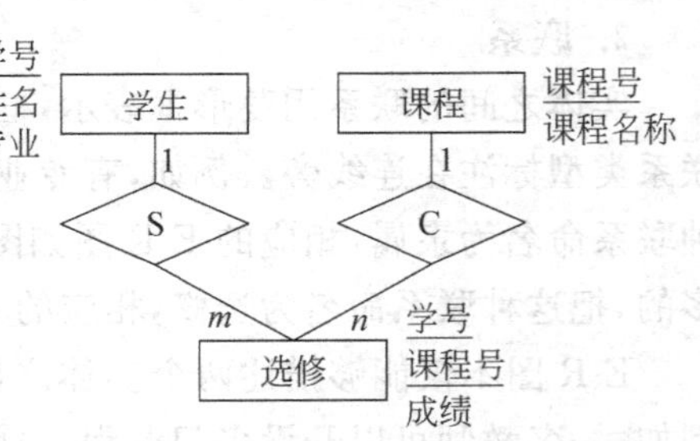

图 1-7 多对多转换成一对多联系

5. 扩展 Bachman 图

扩展 Bachman 图是与 E-R 图类似的信息结构和概念模型描述工具，其要点是：

(1) 用矩形框表示实体或文件，实体名写在矩形框的右下方。

(2) 字段名写在矩形框内，关键字标以下划线。

(3) 用箭头线表示联系并连接相关实体，箭头线开始于父文件的连接字段，终结于子文件的连接字段，联系类型标在箭头线旁。

图 1-8 是图 1-7 转换后的扩展 Bachman 图的例子。从图中可以看出，在扩展 Bachman 图中，把 E-R 图中表示一对多联系的菱形框“消化”到了子文件中。

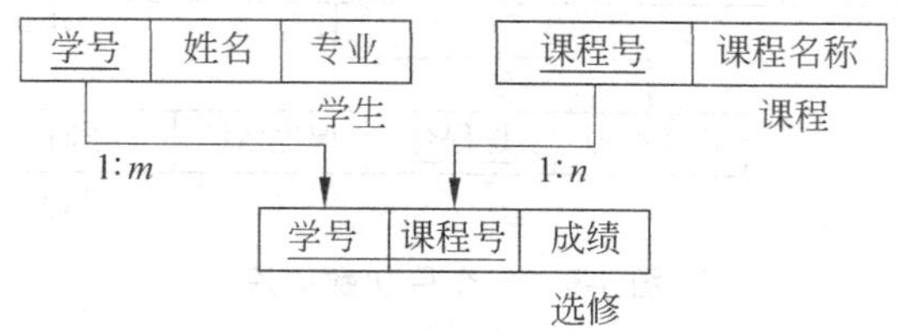

图 1-8 用扩展 Bachman 图描述的概念模型

无论是 E-R 图，还是扩展 Bachman 图，都已经不用手工来画了，而采用支持概念模型的数据库设计工具，这种设计工具可以把概念模型直接转换为具体的数据库管理系统上的数据模型，并可以生成建立数据库的目标代码，甚至可以直接建立数据库，如 Sybase 公司的 PowerDesigner 软件。

概念模型描述的是现实世界的信息结构，它与具体的数据库管理系统无关。下面几个小节介绍传统的三大数据模型，它们与具体的数据库管理系统有关，也与数据库管理系统支持的数据和联系的表示或存储方法有关。

1.3.3 层次模型

用树形结构来表示实体之间联系的模型称为层次模型。

构成层次模型的树是由结点和连线组成的，结点表示实体集(文件或记录型)，连线表示相连两个实体之间的联系，这种联系只能是一对多的。通常把表示“一”的实体放在上方，称为父结点；而把表示“多”的实体放在下方，称为子结点。

层次模型表示一对多的联系是直接而方便的。但由于层次模型受到以下两点限制：

(1) 有且仅有一个结点无父结点，这个结点即为树的根。

(2) 其他结点有且仅有一个父结点。

这样，就使得多对多联系不能直接用层次模型来表示。

支持层次模型的典型系统是诞生于 1970 年左右的 IBM 公司的 IMS(information management system)。

图 1-9 示意了一个具有层次结构的数据库，其中专业文件是根文件。IMS 中把构成层次结构的一组实体称做层次型，层次型中的每个实体称做片段(segment)，而组成片段的最小数据单位是字段。

在逻辑上，图 1-9 所示意的层次数据库由专业、学生、教师和课程 4 个文件构成，而物理上，IMS 并不是按文件来组织数据，而是按层次来组织数据的。在图 1-9 中，专业文件是层次型的根文件，也就是说，该文件没有父文件，对每个专业记录值可以有多个学生记录值和多个教师记录值与之相对应，对每个教师记录值可以有多个课程记录值与之相对应，这样一组记录在物理上通过指针连接在一起构成一个层次值。因此，每个层次型是由层次值的集合组成的，在一个层次型中有多少层次值，在相应的根文件中就有多少根记录。

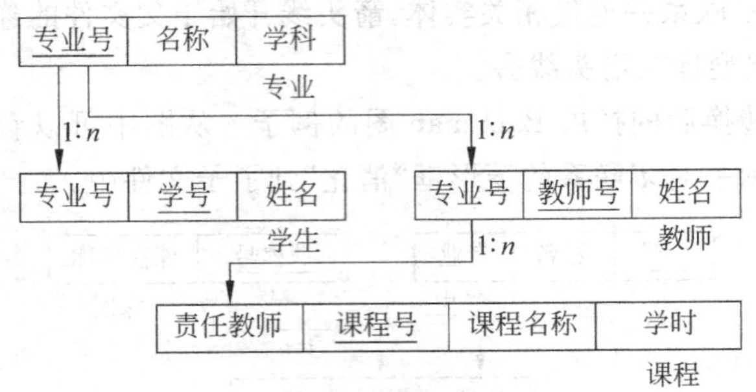

图 1-9　一个层次数据库

层次型数据库不支持多对多联系，但是如果把多对多联系转换成一对多联系，又会出现一个子记录型有多个父记录型的结果(参见图 1-7)，这同样不符合层次数据库的要求。

解决的办法只有把它分解成两个层次型。但如果这样，相应的子记录会不会重复存储？IMS 会很好地处理这个问题。实际上，数据库中只存储一个子记录的版本，而另一个自然就是“逻辑上”的，它可以利用指针指向存储记录。

层次数据模型或层次数据库是由若干层次型构成的，或者说它是一个层次型的集合。

1.3.4　网状模型

如果取消层次模型中的两点限制，即允许每一个结点可以有多个父结点，便形成了网络。

用网络结构来表示实体之间联系的数据模型称为网络数据模型。

由于网络模型没有层次模型的两点限制，所以可以直接表示多对多的联系。但是，多对多的联系实现起来过于复杂，所以，在一些已经实现的支持网络模型的数据库管理系统上，对多对多联系还是加以了限制。例如，网络模型的典型代表 CODASYL(Conference On DAta SYstem Languages)就只支持一对多的联系。

网络模型和层次模型在本质上是一样的。从逻辑上看，它们都是用连线表示实体之间的联系，用结点表示实体集；从物理上看，层次模型和网络模型都是用指针来实现两个文件记录之间的联系，其差别仅在于网络模型中的连线或指针更加复杂，更加纵横交错，从而使数据结构更为复杂。

1.3.5　关系模型

关系数据模型源于数学，它把数据看成是二维表中的元素，而这个二维表就是关系。

用关系(表格数据)表示实体和实体之间联系的模型称为关系数据模型。

通俗地讲，关系就是二维表格，表格中的每一行称为一个元组，它相当于一个记录值，每一列是一个属性值集，列可以命名，称为属性名。这里的属性与前面讲到的实体的属性(特征)或记录的字段意义相当。由此可以说，关系是元组的集合，如果表格有 n 列，则称该关系是 n 元关系。

在关系数据库中，记录值仅仅构成关系，记录值之间的联系不再通过指针实现，在关系数据库中，关系或记录之间的联系是靠连接字段值处理的。理解关系和连接字段的思想对理解关系方法是很重要的。关系数据库是本门课程的重点，有关关系数据库的内容将在第

2 章加以介绍。

思考题

1. 数据模型的作用是什么?
2. 理解实体及其相关概念,以图书管理和借阅业务为例列出尽可能多的实体,并讨论实体的特征和标识特征。
3. 挑选你所熟悉的 4～5 个领域讨论实体以及实体之间的联系,并画出相应的 E-R 图。除了常见的两个实体之间一对一、一对多和多对多联系以外,是否有多个实体之间的联系?是否在两个实体之间存在多种联系?
4. 多对多联系为什么要转换成一对多联系? 如何进行转换?
5. 概念模型、层次模型、网状模型、关系模型是如何划分的?
6. 讨论层次模型和网状模型的特点。
7. 为什么说关系就是二维表?
8. 关系模型有哪些特点?

1.4 数据库的三层模式结构

数据库的体系结构是一种三层模式结构,即由面向全局逻辑结构的概念层和面向全局存储结构的物理层以及面向局部应用的外部层构成。

1.4.1 数据独立性

通过第 1.1.3 节,读者已经了解到在文件系统阶段应用程序和数据的存储结构是密切相关的,应用程序依据数据的存储结构编写,当为了提高效率或其他原因需要改变数据的存储结构和组织方法时,应用程序也必须随之修改,应用程序严重依赖于数据结构,或者说应用程序和数据的存储结构之间不具有独立性。

为了解决应用程序和数据的存储结构能够相互独立的问题,人们发明了如图 1-10 所示的应用系统结构。

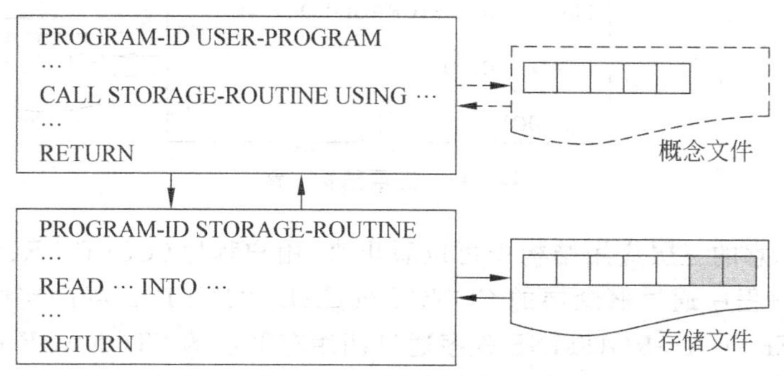

图 1-10 两层结构示意

在图 1-10 所示意的应用系统结构中把程序分成了两部分,一部分是应用程序或用户程序(USER-PROGRAM),另一部分是存储子程序(STORAGE-ROUTINE)。用户程序操作一个物理上并不存在的概念文件或逻辑文件,而实际操作则是交由存储子程序去操作存储文件来完成的。这时候如果再要修改存储文件的组织方法或存储结构，则将与用户程序无关，而存储子程序则可以做成通用的和商品化的程序。实际上，这里的存储子程序就是后来的数据库管理系统的数据存储子系统。也就是说，用户程序只关心概念上存在哪些数据，而不关心这些数据是如何存储的。

所谓概念文件就是"概念上"的，它在物理上并不存在，可以把它看做是存储文件的抽象。它只包含用户有用的数据，用来实现数据存储的指针、索引等辅助字段（图中阴影部分）与用户程序的访问逻辑无关，因此可以将它们屏蔽掉。概念文件是概念上的、或逻辑上的，它在物理上并不包含数据，是用户存取存储文件的结构或框架。

显然，这种两级方案给用户程序带来了数据独立性，即无论存储文件的存储方法和存储结构如何改变，用户程序都不会受到影响。由于这种数据独立性和数据的存储结构相关，所以也称其为存储数据独立性。

与数据独立性相关的还有另外一个问题，即每个用户程序并不一定使用概念文件中的全部数据字段，不同的用户程序可能使用不同的字段集合，不同的用户程序只是从概念文件中抽取部分字段为自己所用。也就是说，每个用户程序实际上只需要访问概念文件中的部分字段，因此可以把每个应用程序访问的字段集合看做是一个独立的文件，并且把这样的文件称做外部文件。外部文件实际上是概念文件的部分抽取，所以它也是一个物理上不存在的逻辑文件。

图 1-11 示意了一个包含存储文件、概念文件和外部文件的三层结构应用系统。

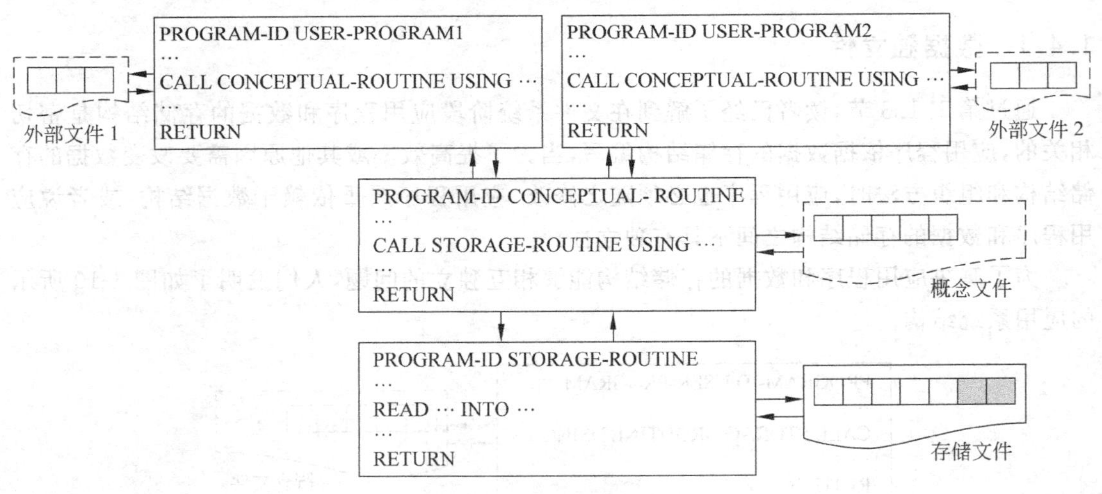

图 1-11　三层结构示意

从图 1-11 示意的三层应用结构中可以看出来，用户程序（USER-PROGRAM）访问的是外部文件，用户程序通过概念层的 CONCEPTUAL-ROUTINE 程序完成对概念文件的访问，而 CONCEPTUAL-ROUTINE 程序通过调用存储层的 STORAGE-ROUTINE 完成对存储文件的访问。当用户程序需要访问数据时，CONCEPTUAL-ROUTINE 完成了外部层（也可称做用户层）到概念层的映射，而 STORAGE-ROUTINE 完成了概念层到存储层的映射。

按照以上的三层结构，当改变存储文件的组织方式或存储结构时，用户程序不需要修改，这就是前面提到的存储数据独立性；另一方面，当概念文件的结构发生变化时（当然是因

为存储文件的字段发生变化,如增加字段、删除字段或修改字段的数据类型)与之无关的外部文件不受任何影响,因此用户程序也不用修改,把这种应用程序与数据的独立性称做概念数据独立性。

在这种三层结构的方案中,CONCEPTUAL-ROUTINE 保证了概念数据的独立性,而 STORAGE-ROUTINE 则保证了存储数据独立性。即数据独立性是通过三层结构获得的。

另外读者须牢记:无论是概念文件,还是外部文件,它们都不真正含有数据,而只是存取存储文件的结构或框架;概念文件是存储文件的抽象,而外部文件是概念文件的部分抽取。

1.4.2　三层模式和两级映射

在第 1.4.1 节中通过存储文件、概念文件、外部文件讨论了数据访问的三层应用结构,在数据库中每一层都不是单个文件,而是数据库。图 1-12 示意了三层数据库结构,这里,存储数据库对应于存储文件的集合,概念数据库对应于概念文件的集合,每个外部数据库对应于外部文件的集合。

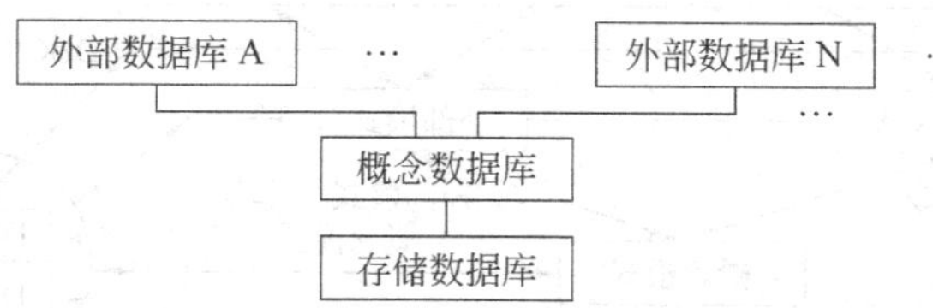

图 1-12　三层数据库示意

在三层数据库结构中同样只有存储数据库中的数据是在磁盘上真正物理存在的,而概念数据库是存储数据库的抽象表示,每个外部数据库又是概念数据库的部分抽取。

虽然在三层数据库结构中只有存储数据库中的数据是物理上真正存在的,但是每一层数据库都需要描述,都有一个框架或结构,都必须能够用数据描述语言给出精确定义,通常把这种定义称做模式(schema)。具体来说,定义存储数据库结构的模式称做存储模式,又称做内模式;定义概念数据库结构的模式称做概念模式,或简称模式;定义外部数据库结构的模式称做外部模式,又称做子模式。子模式是概念模式的子集,它可以从概念模式推导出来。图 1-13 说明了各级模式之间的关系。

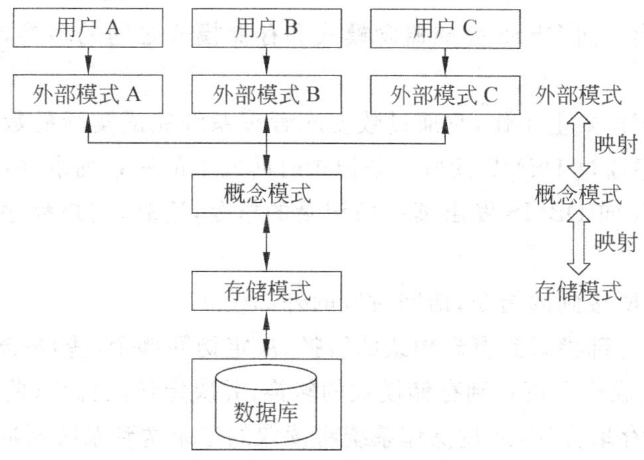

图 1-13　数据库的三级模式

回顾在第 1.4.1 节中的介绍，读者应该清楚用户程序通过外部模式访问数据库，外部模式和概念模式之间的映射提供了概念数据独立性，而概念模式和存储模式之间的映射提供了存储数据独立性。

存储模式是非常详尽的，它除了需要对存储数据库中每个文件以及字段的描述以外，还要描述用于实现数据组织和存储的细节（如索引等）。概念模式和外部模式相对简单多了，它们只需要描述构成相应数据库的每个文件和字段以及文件和文件之间的联系或关联，不需要关注存储细节。

1.4.3 数据库管理系统的基本结构

在第 1.2.2 节中对什么是数据库管理系统以及数据库管理系统的功能已经有所了解，这里介绍数据库管理系统的基本结构，即如何实现三层数据库的管理。数据库管理系统的基本结构如图 1-14 所示。

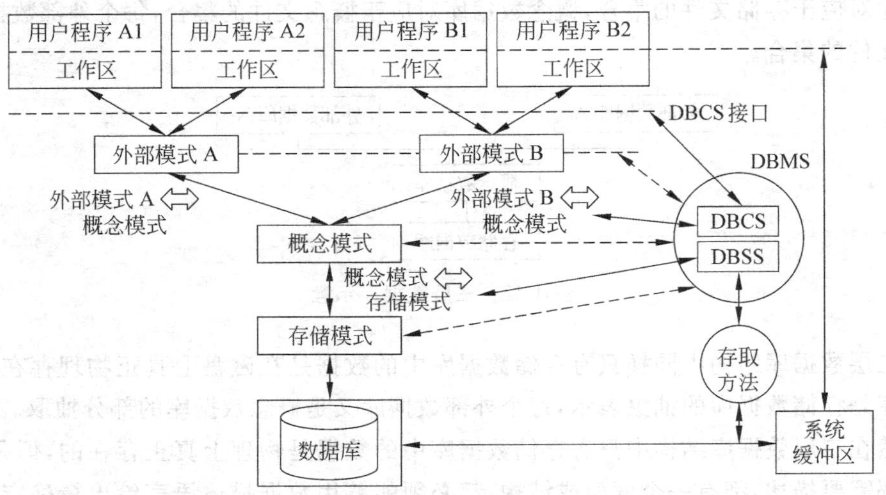

图 1-14 数据库管理系统的结构

对应于两级映射，这里把数据库管理系统（DBMS）划分为数据库控制系统（DBCS）和数据库存储系统（DBSS）。从图 1-14 中可以看出，为了操作数据库，用户程序需要 DBCS 的服务，在用户程序和 DBCS 之间有一个用户友好的 DBCS 接口，同时，DBCS 完成外部模式和概念模式之间的转换。而 DBSS 完成概念模式和存储模式之间的转换，并通过存取方法进行记录存取。

用户程序在外部模式上工作，它通过数据库管理系统完成实际的数据存取操作。下面概述当一个用户程序通过 DBMS 读取一条记录时所发生的一系列事件：

(1) 用户程序 A 向 DBMS 发出读一条记录的指令，这时，用户程序要给出外部文件名和记录的关键字值。

(2) DBCS 分析所接到的指令，访问对应的外部模式。

(3) DBCS 完成外部模式到概念模式的转换，决定访问哪个（些）概念文件。

(4) 由 DBSS 完成概念模式到存储模式的转换，并决定访问哪个（些）存储文件。

(5) DBSS 调用存取方法，通过操作系统将读取的记录送到系统缓冲区。

(6) 用户程序从系统缓冲区得到所需记录和 DBMS 返回的状态信息。

(7) 用户程序在工作区中使用所得到的记录。

如果是修改或写入操作,其过程与读一条记录是类似的。

思考题

1. 数据库的三层模式结构是如何实现数据独立性的?
2. 为什么将数据独立性又划分为存储数据独立性和概念数据独立性?
3. 为什么说只有存储文件或存储数据库是物理上真正存在的?
4. 为什么用户程序可以通过物理上并不存在的外部数据库和概念数据库访问数据?
5. 什么是数据库模式?为什么数据库模式也划分为三层?
6. 如何理解存储模式和概念模式之间的映射,以及概念模式和外部模式之间的映射?
7. 讨论用户程序通过 DBMS 插入一条记录时所发生的一系列事件。

本章小结

本章是全书的基础,重在了解数据库的一些基本概念以及数据库知识领域所涵盖的基本内容,具体包括:

(1) 通过数据管理技术的发展了解数据库技术的由来。

(2) 通过以下特征了解什么是数据库:

① 数据库是相互关联的数据的集合。数据关联用数据模型描述,在第 1.3 节介绍了数据模型的基本概念,不同的数据模型表达联系的方式是不一样的。第 2 章将专门介绍关系数据模型的概念,第 3 章介绍关系模型的实现方法。第 7 章的数据库设计中还将介绍概念数据模型和物理数据模型等。

② 用综合的方法组织数据,保证尽可能高的访问效率。这是由数据库管理系统来保障的,一个好的数据库管理系统可以保证更高效的访问。

③ 具有较高的数据独立性。所谓数据独立性是指应用程序和数据的组织结构相互独立的特性。第 1.4 节详细解释了数据独立性的概念,并讲解了三层模式数据库结构是如何获得数据独立性的。

④ 具有较小的数据冗余,可供多个用户共享。数据共享是数据库的主要特征之一,数据库中的数据面向系统(不再面向程序)是与文件系统的主要区别。为了保证数据的一致性,因此要尽可能地保证较小的数据冗余。

⑤ 具有安全控制机制,能够保证数据的安全性和可靠性。保证数据库中的数据是安全的是使用数据库的基本条件之一,第 5.2 节将介绍数据库的安全管理,第 5.4 节将介绍数据库的恢复管理(即当数据库遭到破坏后如何将数据库恢复到最新一致的状态)。

⑥ 最大限度地保证数据的正确性。保证数据库中的数据正确也称做数据完整性,第 2.2 节关系数据模型中将全面介绍数据完整性的概念,第 3.3 节将介绍实现数据完整性的方法,第 3.4 节将说明数据完整性约束在保证数据正确性方面是如何发挥作用的。

⑦ 允许并发地使用,能够及时、有效地处理数据,并能保证数据的一致性和完整性。数据库中的数据不仅可以被共享,还允许很多用户在同一时间使用,这样就必须要避免不同用户在使用相同数据时可能产生的干扰,这是通过事务控制来实现的。第 5.3 节将介绍事务

的基本概念和基本性质，第 5.5 节介绍如何实现并发控制。

(3) 了解数据库管理系统的基本功能以及数据库管理系统的基本结构。数据库管理系统是管理数据库的系统软件。

(4) 数据库、数据库管理系统和数据库系统是 3 个不同层次的概念，它们分别是指被管理的数据、管理数据库的软件和基于数据库的应用系统。

(5) 数据库是需要管理的，负责数据库管理的角色称做数据库管理员。

(6) 本章还给出了数据模型的基本概念，其中包括：

① 描述现实世界的概念数据模型，常用的描述工具是 E-R 图，它的 3 个要素是实体、联系和属性。

② 传统的三大数据模型是层次模型、网状模型和关系模型，其中关系模型是目前广泛使用的模型，因此我们将在第 2 章加以详细介绍。

习题 1

1. 什么是数据库？
2. 数据库中的数据是共享的，它会带来哪些好处？又会带来哪些问题？
3. 为什么需要概念数据模型？
4. 根据图书管理和借阅业务列出实体以及实体之间的联系，并画出 E-R 图。
5. 为什么实体之间的多对多联系通常需要转换为一对多的联系？
6. 分别解释存储数据独立性和概念数据独立性，讨论这两种数据独立性是如何获得的。
7. 什么是数据库模式？数据库模式是如何划分的？各级数据库模式的作用是什么？
8. 讨论用户程序通过 DBMS 修改一条记录时所发生的一系列事件。

第 2 章　关系数据库基础

本章导读

主要内容

关系数据库采用关系数据模型，已经历了三十多年的发展，从理论到技术都已经非常成熟，是目前广泛使用的主流数据库系统，也是数据库课程要讲授的主要内容。本章主要包括关系的基本概念、关系数据模型、关系完整性约束和关系代数等内容。

学习目标

- 深刻理解关系的定义和关系的基本性质，理解相应的概念和术语；
- 深刻理解关系模型及其 3 个要素；
- 深刻理解关系完整性约束；
- 掌握关系代数的基本运算和应用；
- 了解 SQL Server 的基本架构和基本构成；
- 掌握 SQL Server 数据库的存储结构和建立数据库的方法。

重点、难点

本章学习的重点是围绕关系数据模型的基本概念、深刻理解关系数据模型的 3 个要素和关系完整性约束，为以后设计、使用和管理关系数据库奠定一个良好的基础。

本章学习的难点是理解关系完整性约束的概念及其作用。

2.1　关系概念

在第 1.3.5 节中提到，所谓关系，通俗地讲就是二维表格，也是人们在日常生活中最常见到的表格数据，但是关系的基本概念源于数学，所以在本章将首先给出关系的定义，以及相关的概念和术语。

2.1.1　关系的定义

下面从数学的角度给出关系的形式化定义，并对有关概念做一叙述。

为了给出形式化的关系定义，首先定义笛卡儿积。

定义 2.1（笛卡儿积）　设 $D_1, D_2, \cdots, D_n$ 为任意集合，定义 $D_1, D_2, \cdots, D_n$ 的笛卡儿积为

$$D_1 \times D_2 \times \cdots \times D_n = \{(d_1, d_2, \cdots, d_n) \mid d_i \in D_i,\ i = 1, \cdots, n\}$$

其中,集合的每一个元素$(d_1,d_2,\cdots,d_n)$称做一个n元组,简称元组,元组中每一个d_i称做元组的一个分量。

假设D_1是学号集合,D_2是课程集合,例如:

$$D_1 = \{s2,s4,s7,s9\}$$
$$D_2 = \{管理学,经济学,运筹学\}$$

则

$$D_1 \times D_2 = \{(s2,管理学),(s2,经济学),(s2,运筹学),(s4,管理学),(s4,经济学),(s4,运筹学),(s7,管理学),(s7,经济学),(s7,运筹学),(s9,管理学),(s9,经济学),(s9,运筹学)\}$$

笛卡儿积实际上就是一个二维表,如图 2-1 所示,表的任意一行就是一个元组,它的第 1 个分量来自D_1,第 2 个分量来自D_2。笛卡儿积就是所有这样的元组的集合。

定义 2.2(关系) 笛卡儿积$D_1 \times D_2 \times \cdots \times D_n$的任意一个子集称为$D_1,D_2,\cdots,D_n$上的一个$n$元关系。

形式化的关系定义同样可以把关系看成二维表,给表的每一列取一个名字,称为属性。n元关系有n个属性,属性的名字要唯一。属性的取值范围$D_i(i=1,\cdots,n)$称为值域(domain)。

例如,对前面的例子可以取子集:

$$R=\{(s2,管理学),(s4,经济学),(s7,经济学),(s9,运筹学)\}$$

这样一个子集就是一个关系,把它排列成二维表的形式,如图 2-2 所示,其中第 1 个属性命名为学号,第 2 个属性命名为课程名称,则该关系给出了学生选课的信息。

D_1
s2
s4
s7
s9

×

D_2
管理学
经济学
运筹学

=

D_1	D_2
s2	管理学
s2	经济学
s2	运筹学
s4	管理学
s4	经济学
s4	运筹学
s7	管理学
s7	经济学
s7	运筹学
s9	管理学
s9	经济学
s9	运筹学

图 2-1 笛卡儿积

学号	课程名称
s2	管理学
s4	经济学
s7	经济学
s9	运筹学

图 2-2 一个关系

需要说明的是:

(1) 关系是元组的集合,集合(关系)中的元素(元组)是无序的;而元组不是分量d_i的集合,元组中的分量是有序的。

例如,在关系中$(a,b)\neq(b,a)$,但在集合中$\{a,b\}=\{b,a\}$。

(2) 若一个关系的元组个数是无限的,则该关系称为无限关系,否则称为有限关系;在数据库中只考虑有限关系。

关系可以看做是二维表,但是并不是所有的二维表都是关系,关系数据库对关系是有一

些限定的，归纳起来有以下几个方面：

(1) 每一个分量必须是不可分的最小数据项，即每个属性都是不可再分解的，这是关系数据库对关系的最基本的限定。

(2) 列的个数和每列的数据类型是固定的，即每一列中的分量是同类型的数据，来自同一个值域。

(3) 不同的列可以出自同一个值域，每一列称为属性，每个属性要给予不同的属性名。

(4) 列的顺序是无关紧要的，即列的次序可以任意交换，但一定是整体交换，属性名和属性值必须作为整列同时交换。

(5) 行的顺序是无关紧要的，即行的次序可以任意交换。

(6) 元组不可以重复，即在一个关系中任意两个元组不能完全一样。

以上 6 点也称做关系的性质。

2.1.2 基本概念和术语

图 2-3 示意了一个关系及其术语，下面是对这些术语的解释。

(1) 关系(relation)。在第 2.1.1 节中定义了关系。通俗地讲，关系就是二维表，二维表名就是关系名，如图 2-3 所示中的关系名是课程。

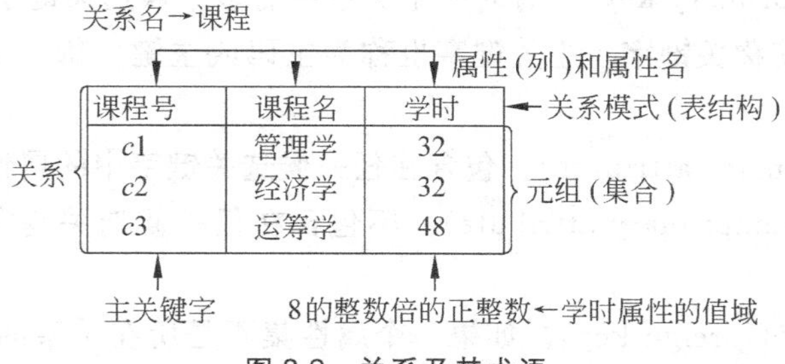

课程号	课程名	学时
c1	管理学	32
c2	经济学	32
c3	运筹学	48

图 2-3 关系及其术语

(2) 属性(attribute)。二维表中的列称为属性(字段)；每个属性有一个名称，称为属性名；二维表中对应某一列的值称为属性值；二维表中列的个数称为关系的元数；一个二维表如果有 n 列，则称为 n 元关系。图 2-3 所示课程关系有课程号、课程名和学时这 3 个属性，它是一个 3 元关系。

(3) 值域(domain)。二维表中属性的取值范围称为值域，图 2-3 中学时属性的取值规定为 8 的整数倍的正整数。

(4) 元组(tuple)。二维表中的行称为元组(记录值)，图 2-3 的课程关系中的元组有：

($c1$，管理学，32)

($c2$，经济学，32)

($c3$，运筹学，48)

(5) 分量(component)。元组中的每一个属性值称为元组的一个分量，n 元关系的每个元组有 n 个分量。如在元组($c2$，经济学，32)中对应于学时属性的分量是 32，对应于课程号属性的分量是 $c2$。

(6) 关系模式(relation schema)。二维表的结构称为关系模式，或者说关系模式就是二维表的表框架或结构，它相当于文件结构或记录结构。设关系名为 REL，其属性为 A_1，

$A_2,\cdots,A_n$，则关系模式可以表示为

$$\mathrm{REL}(A_1,A_2,\cdots,A_n)$$

对每个 $A_i(i=1,\cdots,n)$ 还包括该属性到值域的映像，即属性的取值范围。图 2-3 的关系模式可以表示为如下形式：

课程（课程号，课程名，学时）

如果将关系模式理解为数据类型，则关系就是一个具体的值。

(7) 关系模型(relation model)。关系模型是所有的关系模式、属性名和关键字的汇集，是模式描述的对象。

(8) 关系数据库(relation database)。对应于一个关系模型的所有关系的集合称为关系数据库。

同样，关系模型是“型”，而关系数据库是“值”。数据模型是相对稳定的，而数据库则随时间不断变化(因为数据库中的记录不断地被更新)。

(9) 候选关键字(candidate key)。如果一个属性集的值能够唯一标识一个关系的元组而又不含有多余的属性，则称该属性集为候选关键字。候选关键字又称为候选码或候选键。在一个关系上可以有多个候选关键字。

(10) 主关键字(primary key)。有时一个关系中有多个候选关键字，这时可以选择其中一个作为主关键字，简称关键字。主关键字也称为主码或主键。每一个关系都有一个并且只有一个主关键字。

(11) 主属性(primary attribute)。包含在任一候选关键字中的属性称为主属性。

(12) 非主属性(nonprimary attribute)。不包含在任一候选关键字中的属性称为非主属性。

(13) 外部关键字(foreign key)。如果一个属性集不是所在关系的关键字，但是是其他关系的关键字，则该属性集称为外部关键字。外部关键字也称为外码或外键。

(14) 参照关系(referencing relation)和被参照关系(referenced relation)。在关系数据库中可以通过外部关键字使两个关系关联，这种联系通常是一对多(1∶n)的，其中主(父)关系(1 方)称为被参照关系，从(子)关系(n 方)称为参照关系。图 2-4 说明了通过外部关键字关联的两个关系，其中教师表通过外部关键字“院系”参照学院表的主关键字“编号”。

思考题

1. 为什么说关系的概念源于数学？

2. 为什么可以把关系称做表格或二维表？

3. 值域是一个什么样的概念？它和列有什么关系？

4. 关系有哪些基本性质？如果有表格或二维表不满足其中的某个性质，这样的表格或二维表是关系吗？

5. 讨论关系、关系模式、关系模型、关系数据库的概念。

6. 讨论属性、值域、元组、分量的概念。

7. 讨论主属性、非主属性、候选关键字、主关键字、外部关键字的概念。

8. 讨论参照关系、被参照关系的概念。

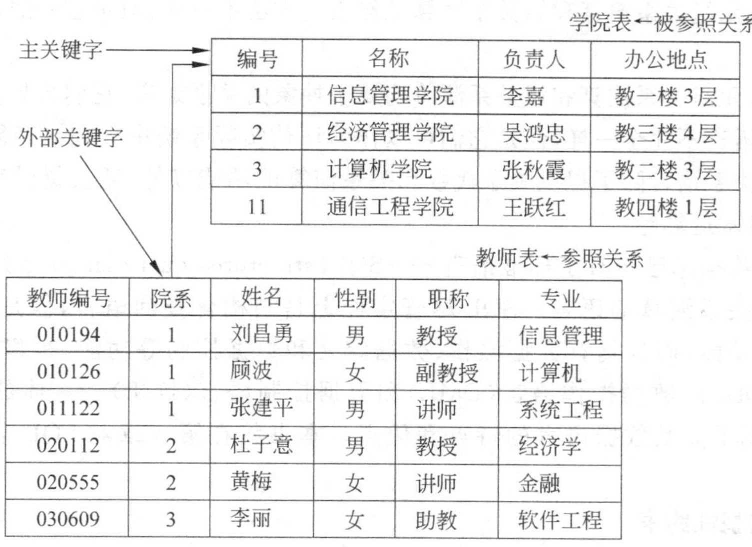

编号	名称	负责人	办公地点
1	信息管理学院	李嘉	教一楼3层
2	经济管理学院	吴鸿忠	教三楼4层
3	计算机学院	张秋霞	教二楼3层
11	通信工程学院	王跃红	教四楼1层

教师编号	院系	姓名	性别	职称	专业
010194	1	刘昌勇	男	教授	信息管理
010126	1	顾波	女	副教授	计算机
011122	1	张建平	男	讲师	系统工程
020112	2	杜子意	男	教授	经济学
020555	2	黄梅	女	讲师	金融
030609	3	李丽	女	助教	软件工程

图 2-4　参照关系与被参照关系

2.2　关系数据模型

所谓关系数据模型就是用关系来表示现实世界中实体以及实体和实体之间的联系的数据模型。

2.2.1　关系模型及其要素

关系数据模型包括关系数据结构、关系操作集合和关系完整性约束 3 个重要因素。

1. 关系数据结构

关系数据结构非常简单，在关系数据模型中，现实世界中的实体及实体与实体之间的联系均用关系来表示。从逻辑或用户的观点来看，关系就是二维表。

2. 关系操作集合

关系数据模型中的操作可以分为 3 类，它们是传统的集合运算、专门的关系运算和关系数据操作。实际上，传统的集合运算和专门的关系运算是传统数学意义上的关系运算，而关系数据操作则是在关系模型的应用中扩展的一类运算或操作。

传统的集合运算包括并、交、差和广义笛卡儿积运算。

专门的关系运算包括选择、投影、连接和除运算。

关系数据操作包括查询、插入、删除和修改操作。

在数据库应用中，查询表达能力是最重要的，它意味着数据库能否以便捷的方式为用户提供丰富的信息，而关系操作集合恰恰提供了丰富的查询表达能力，读者可以在第 3 章（关系数据库标准语言）中得到体验。

关系的操作能力可以用代数方式和逻辑方式来表示。代数方式是通过关系代数对关系的运算来表达查询要求的方式；逻辑方式是通过关系演算、用谓词表达对关系的查询要求的方式。关系演算又可以按谓词变元的基本对象是元组变量还是域变量分为元组关系演算和域关系演算。

关系代数、元组关系演算和域关系演算虽然表达方法不一样，但是它们的表达能力是一样的。

关系代数、元组关系演算和域关系演算均属于抽象的关系语言，它们与具体的数据库管理系统实现的语言不完全一样，但是它们可以作为评估实际系统中查询语言能力的标准和基础。实际的关系语言除了提供关系代数和关系演算的功能以外，还会提供很多附加的功能，如函数和算术运算等。

现在关系数据库已经有了标准语言——SQL(structured query language)，它是一种介于关系代数和关系演算的语言。SQL 尽管字面上是结构化查询语言，但是 SQL 不仅具有丰富的查询功能，而且具有数据操作、数据定义和数据控制等功能，是集查询语言、数据定义语言(DDL)、数据操作语言(DML)和数据控制语言(DCL)于一体的关系数据语言，它充分体现了关系数据语言的特点和优点。本书将在第 3 章对 SQL 语言进行详细介绍。

3. 关系完整性约束

在数据库中数据完整性是指保证数据正确的特性。数据完整性是一种语义概念，它包括两方面的内容：

- 与现实世界中应用需求的数据的相容性和正确性；
- 数据库内数据之间的相容性和正确性。

例如，学生的学号必须唯一，学生的性别只能是男或女，学生所选修的课程必须是已经开设的课程等。所以，数据库是否具有数据完整性的特征，关系到数据库系统能否真实反映现实世界的情况，数据完整性是数据库的一个非常重要的内容。

数据完整性由完整性规则来定义，而关系模型的完整性规则就是对关系的某种约束条件。在关系数据模型中一般将数据完整性分为 3 类，即实体完整性、参照完整性和用户定义完整性。其中实体完整性和参照完整性是关系模型必须满足的完整性约束条件，是系统一级的约束；用户定义完整性是为了满足用户对数据的约束条件或语义需求，其中最常见的是对属性取值范围的约束，即域完整性约束，这属于应用一级的约束；数据库管理系统将提供对这些数据完整性约束的支持。

2.2.2 关系完整性约束

关系模型的完整性约束包括实体完整性、参照完整性和用户定义完整性。

1. 实体完整性规则

实体完整性的目的是要保证关系中的每个元组都是可识别和唯一的。

实体完整性规则的具体内容是：若属性 A 是关系 R 的主属性，则属性 A 不可以为空值。

所谓空值就是“不知道”或“没有确定”，它既不是数值 0，也不是空字符串，而是一个未知的量。

实体完整性规则规定了关系的所有主属性都不可以取空值，例如有学生关系：

学生(学号，姓名，性别，…)

其中，学号是关键字，不可以取空值；再例如有关系：

选课(学号,课程号,考试成绩)

其中,学号和课程号共同构成关键字,则学号和课程号均不可以取空值。

对实体完整性规则可以有如下几点解释和说明:

(1) 实体完整性规则是针对关系而言的,而关系则对应一个现实世界中的实体集。例如,学生关系对应现实世界中的学生实体集。

(2) 现实世界中的实体是可区分的,它们具有某种标识特征;相应地,关系中的元组也是可区分的,在关系中用主关键字作唯一性标识。

(3) 主关键字中的属性,即主属性不能取空值。如果主属性取空值,则意味着关系中的某个元组是不可标识的,即存在不可区分的实体,这与实体的定义也是矛盾的。

实体完整性是关系模型必须满足的完整性约束条件,也称做是关系的不变性。关系数据库管理系统可以用主关键字实现实体完整性(非主关键字的属性也可以说明为唯一和非空值的),这是由关系系统自动支持的。

2. 参照完整性规则

现实世界中的实体之间存在着某种联系,而在关系模型中实体是用关系描述的,实体之间的联系也是用关系描述的,这样就自然存在着关系和关系之间的参照或引用。

参照完整性也是关系模型必须满足的完整性约束条件,是关系的另一个不变性。下面通过一个例子来说明什么是参照完整性,以及为什么需要参照完整性。

设有如图 2-5 所示的数据库,其中含有 4 个实体(关系)和 3 个联系。

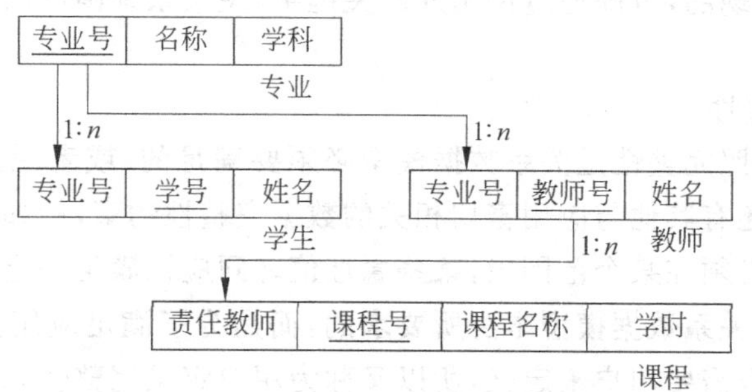

图 2-5 说明关联和参照关系

在专业关系和学生关系之间存在参照或引用关系,学生关系的专业号属性的取值需要参照专业关系的主关键字“专业号”;这时学生关系的专业号属性是学生关系的外部关键字。从语义上讲,一个学生肯定隶属于一个已经存在的专业,而不会属于一个不存在的专业。这里,专业关系是被参照关系,学生关系是参照关系,学生关系专业号属性的取值需要参照专业关系专业号属性的值。

再来看专业关系和教师关系以及教师关系和课程关系之间的参照关系。

在专业关系和教师关系之间,专业关系仍然是被参照关系,教师关系是参照关系,专业号属性是专业关系的主关键字,是教师关系的外部关键字,教师关系的专业号的取值需要参照专业关系的专业号属性值。从语义上讲,每名教师都属于某一个专业(或院、系、部)。

在教师关系和课程关系之间,教师关系是被参照关系,课程关系是参照关系。这里,假设了每名教师可以负责多门课程,一门课程只有一名责任教师,课程关系的责任教师属性参照教师关系的教师号属性，教师号属性是教师关系的主关键字、责任教师属性是课程关系的外部关键字，教师号属性和责任教师属性的取值出自同一个值域，由此可以看出，参照和被参照属性不一定有相同的名称。

参照关系和被参照关系的定义：设 F 是关系 R 的一个属性或属性组，但不是关系 R 的关键字，另外，有主关键字为 K 的关系 S。如果关系 R 的属性或属性组 F 与关系 S 的主关键字 K 相对应，则称 F 是关系 R 的外部关键字，并称关系 R 是参照关系、S 是被参照关系(或目标关系)。关系 R 和 S 可以是同一个关系。

从定义和前面的讨论可以看出来，参照关系的外部关键字和被参照关系的主关键字是出自同一个值域的，并且在实际应用中往往也给予相同的名称(注意：不是必须的)。

参照完整性规则定义了外部关键字与主关键字之间的引用规则。

参照完整性规则的内容是：如果属性(或属性组)F 是关系 R 的外部关键字，它与关系 S 的主关键字 K 相对应，则对于关系 R 中每个元组在属性(或属性组)F 上的值必须为：

- 或者取空值(F 的每个属性均为空值)；
- 或者等于 S 中某个元组的主关键字的值。

再来看前面讨论的教师关系和课程关系之间的参照问题。如果课程关系中某个元组的责任教师属性为空值，则意味着该课程尚未确定负责该门课程建设的教师；如果是非空值，则一定是教师关系中某一已经存在的元组的主关键字，说明该门课程由这名教师负责。

在关系系统中通过说明外部关键字来实现参照完整性，而说明外部关键字是通过说明引用的主关键字来实现的，也即通过说明外部关键字，关系系统则可以自动支持关系的参照完整性。

3. 用户定义完整性

实体完整性和参照完整性是关系数据模型必须要满足的，或者说是关系数据模型固有的特性。除此之外，还有其他与应用密切相关的数据完整性约束，例如某个属性的值必须唯一，某个属性的取值必须在某个范围内，某些属性值之间应该满足一定的函数关系等。类似这些方面的约束不是关系数据模型本身所要求的，而是为了满足应用方面的语义要求提出来的，这些完整性需求需要用户来定义，所以又称为用户定义完整性。数据库管理系统需提供定义这些数据完整性的功能和手段，以便统一进行处理和检查，而不是由应用程序去实现这些功能。

在用户定义完整性中最常见的是限定属性的取值范围，即对值域的约束，这包括说明属性的数据类型、精度、取值范围、是否允许空值等。对取值范围又可以分为静态定义和动态定义两种，静态取值范围是指属性的值域范围是固定的，而动态取值范围是指属性值域的范围动态依赖于其他属性的值。

对属性值域范围的约束又称为域完整性约束。

第 3.3 节将通过 SQL 的数据定义功能来实现数据完整性约束的定义，第 3.4 节将通过数据操作(INSERT，DELETE 和 UPDATE)来体验这些完整性约束的作用，从而加深对数据完整性及其约束的理解。

思考题

1. 什么是数据模型？什么是关系数据模型？

2. 关系数据模型有哪几个要素？并说明这些要素所包含的内容。
3. 讨论实体完整性规则，它涉及哪些概念？
4. 讨论参照完整性规则，它涉及哪些概念？
5. 用户定义完整性可以完成哪些方面的约束？
6. 分别讨论实体完整性约束和参照完整性约束是如何实现的。
7. 讨论关系完整性约束在保证数据正确性方面是如何发挥作用的。

2.3 关系代数

关系代数是实现关系操作的一种方法，是理解关系操作的基础。

2.3.1 传统的集合运算

传统的集合运算包括并(union)、交(intersection)、差(difference)和广义笛卡儿积(extended cartesian product)运算。

通常用大写字母表示关系模式或关系，用对应的小写字母表示关系中的元组，例如，R是一个关系，则$r \in R$表示r是R的一个元组。

1. 集合的并运算

如果关系R和关系S都是n元关系，并且对应的属性出自同一个值域，则关系R和关系S的集合并运算可以记作

$$R \cup S=\{t \mid t \in R \vee t \in S\}$$

该运算将产生一个新的关系，它由属于关系R和属于关系S的所有元组组成(因为关系是元组的集合，所以不会有重复元组)。

假设R是“信息系统专业课程”关系(见表2-1)，S是“电子商务专业课程”关系(见表2-2)，则这两个关系“并”运算的结果见表2-3。

表2-1 R(信息系统专业课程关系)

责任教师	课程号	课程名称	学时
010126	B00016	数据库	56
010194	B00018	系统分析与设计	48
011122	B00101	运筹学	56
010194	X00201	信息资源管理	32

表2-2 S(电子商务专业课程关系)

责任教师	课程号	课程名称	学时
010126	B00016	数据库	56
020112	B00221	经济学原理	48
011122	B00101	运筹学	56
020194	X00205	电子商务网站开发	32
020196	B00210	电子商务运营与管理	40

表 2-3 R 和 S“并”运算的结果

责任教师	课程号	课程名称	学时
010126	B00016	数据库	56
010194	B00018	系统分析与设计	48
011122	B00101	运筹学	56
010194	X00201	信息资源管理	32
020112	B00221	经济学原理	48
020194	X00205	电子商务网站开发	32
020196	B00210	电子商务运营与管理	40

由表 2-3 所示的运算结果可以看出，这是两个专业所开课程的“并”集，即无论是这两个专业中的哪个专业开设的课程都在“并”运算结果关系中。

2. 集合的交运算

如果关系 R 和关系 S 都是 n 元关系，并且对应的属性出自同一个值域，则关系 R 和关系 S 的集合交运算可以记作

$$R \cap S = \{t \mid t \in R \land t \in S\}$$

该运算产生一个新的关系，它由既属于关系 R 又属于关系 S 的公共元组组成。

表 2-4 示意了 R（信息系统专业课程关系，见表 2-1）和 S（电子商务专业课程关系，见表 2-2）“交”运算的结果，从中可以看出，这是两个专业所开课程的“交”集，即两个专业都开设的课程。

表 2-4 R 和 S“交”运算的结果

责任教师	课程号	课程名称	学时
010126	B00016	数据库	56
011122	B00101	运筹学	56

3. 集合的差运算

如果关系 R 和关系 S 都是 n 元关系，并且对应的属性出自同一个值域，则关系 R 和关系 S 的集合差运算可以记作

$$R - S = \{t \mid t \in R \land t \notin S\}$$

该运算将产生一个新的关系，它由属于关系 R 但不属于关系 S 的元组构成。

表 2-5 示意了 R（信息系统专业课程关系，见表 2-1）和 S（电子商务专业课程关系，见表 2-2）“差”运算的结果，从中可以看出，这是两个专业所开课程的一个“差”集，即“信息系统专业”开设而“电子商务专业”不开设的课程（R 中有而 S 中没有的课程）。

表 2-5 R 和 S“差”运算的结果

责任教师	课程号	课程名称	学时
010194	B00018	系统分析与设计	48
010194	X00201	信息资源管理	32

注意：关系的并、交、差运算要求两个关系对应列具有相同的值域。

4. 集合的广义笛卡儿积运算

设 R 为 m 元关系，S 为 n 元关系，并且

$$r=(r_1,r_2,\cdots,r_m)\in R$$
$$s=(s_1,s_2,\cdots,s_n)\in S$$

则 $\widehat{rs}=(r_1,r_2,\cdots,r_m,s_1,s_2,\cdots,s_n)$ 称为元组的连串。这是一个 $(m+n)$ 元组，前 m 个分量为 R 中的一个 m 元组，后 n 个分量为 S 中的一个 n 元组。

设 R 和 S 是两个关系，如果 R 是 m 元关系，有 k 个元组，S 是 n 元关系，有 l 个元组，则广义笛卡儿积 $R\times S$ 是一个 $m+n$ 元关系，有 $k\times l$ 个元组。广义笛卡儿积可以记作

$$R\times S=\{\widehat{rs}\mid r\in R,s\in S\}$$

设有表 2-1 所示的课程关系 R 和表 2-6 所示的教师关系 T，并且：

$r=$（010126，B00016，数据库，56）$\in R$

$t=$（010194，刘昌勇，教授，信息管理）$\in T$

表 2-6 教师关系

教师编号	姓 名	职 称	专 业
010194	刘昌勇	教授	信息管理
010126	顾波	副教授	计算机

则下面是元组 r 和元组 t 的连串：

(010126, B00016, 数据库, 56, 010194, 刘昌勇, 教授, 信息管理)

表 2-7 示意的是关系 R 和关系 T 的广义笛卡儿积。

表 2-7 *R* 和 *T* 的广义笛卡儿积

责任教师	课程号	课程名称	学时	教师编号	姓名	职称	专 业
010126	B00016	数据库	56	010194	刘昌勇	教授	信息管理
010194	B00018	系统分析与设计	48	010194	刘昌勇	教授	信息管理
011122	B00101	运筹学	56	010194	刘昌勇	教授	信息管理
010194	X00201	信息资源管理	32	010194	刘昌勇	教授	信息管理
010126	B00016	数据库	56	010126	顾波	副教授	计算机
010194	B00018	系统分析与设计	48	010126	顾波	副教授	计算机
011122	B00101	运筹学	56	010126	顾波	副教授	计算机
010194	X00201	信息资源管理	32	010126	顾波	副教授	计算机

2.3.2 专门关系运算

专门的关系运算包括选择（select）、投影（project）、连接（join）和除（divide）运算。

1. 选择运算

选择运算是最简单的运算，它从指定的关系中选择某些元组形成一个新的关系，被选择的元组是用满足某个逻辑条件来指定的。

选择运算表示为

$$\sigma_F(R)=\{r\mid r\in R\wedge F\}$$

其中，R 是关系名，r 是元组，σ 是选择运算符，F 是结果为“真”的逻辑表达式。

例如，对表 2-1 所示的关系 R 选择学时为 56 的课程元组，则可以有如下表达式

$$\sigma_{学时=56}(R)$$

结果包含如下两个元组：

(010126, B00016, 数据库, 56)
(011122, B00101, 运筹学, 56)

2. 投影运算

投影运算是对指定的关系进行投影操作，根据该关系分两步产生一个新关系：

(1) 选择指定的属性，形成一个可能含有重复行的表格。

(2) 删除重复行，形成新的关系。

投影运算表示为

$$\pi_A(R)=\{r.A \mid r\in R\}$$

其中，R 是关系名，π 是投影运算符，A 是被投影的属性或属性集，$r.A$（或 $r[A]$）表示 r 这个元组中相应于属性 A 的一个分量。

假设对表 2-6 所示的关系 T 选择“姓名和职称”两列进行投影，则可以表示为

$$\pi_{姓名,职称}(T)$$

结果包含如下两个元组：

(刘昌勇，教授)
(顾波，副教授)

3. 连接运算

连接运算用来连接相互之间有联系的两个关系，被连接的两个关系通常是具有一对多联系的父子关系。所以连接过程一般是由参照关系的外部关键字和被参照关系的主关键字来控制的，这样的属性通常也称为连接属性。

一般的连接运算也称为 θ 连接运算，θ 是比较运算符。θ 连接一般表示为

$$R\underset{A_i\theta B_j}{\bowtie}S=\{\widehat{rs}\mid A_i\subset R\wedge B_j\subset S\wedge A_i\theta B_j\}$$

这里，A_i 是 R 中的属性，B_j 是 S 中的属性，θ 连接的结果是一个广义笛卡儿乘积的子集，其中的元组满足 A_i 和 B_j 之间的 θ 关系。当 θ 为“$=$”时，称为等值连接；θ 为“$<$”时，称为小于连接；θ 为“$>$”时，称为大于连接等。

在连接运算中最常用的连接是自然连接。

设有关系 $R(A_1,A_2,\cdots,A_n)$ 和 $S(B_1,B_2,\cdots,B_m)$，自然连接运算一般表示为

$$R\bowtie S=\{\widehat{rs}[X]\mid r[A_i]=S[B_j]\wedge X \text{ 是 } \widehat{rs} \text{ 中全体不重复的属性}\}$$

其中，A_i 和 B_j 要出自同一个值域，并且在实际应用中，这两个属性常常具有相同的属性名（注意：不是必须的）。从以上公式中也可以看出，自然连接做了 3 件事：

(1) 计算广义笛卡儿积 $R\times S$；

(2) 选择满足条件 $r[A_i]=s[B_j]$ 的所有元组；

(3) 去掉重复的属性。

注意：自然连接和等值连接很相像，但实际上它们是不同的。自然连接要去掉重复的

属性，而等值连接却不需要去掉重复的属性。

表 2-1 所示的课程关系 R 和表 2-6 所示的教师关系 T 的等值连接（通过关系 R 的责任教师属性和关系 T 的教师编号属性）可以表示为 $R \underset{责任教师=教师编号}{\bowtie} T$，结果如表 2-8 所示。

表 2-8　R 和 T 等值连接的结果

责任教师	课程号	课程名称	学时	教师编号	姓名	职　称	专　业
010194	B00018	系统分析与设计	48	010194	刘昌勇	教授	信息管理
010194	X00201	信息资源管理	32	010194	刘昌勇	教授	信息管理
010126	B00016	数据库	56	010126	顾波	副教授	计算机

4. 除运算

设有关系模式 $R(X,Y)$，其中 X,Y 可以是单个属性，也可以是属性集，定义当 X 取值为 x 时，x 在 R 中的映像集为

$$Y_x = \{r.Y \mid r \in R \wedge r.X = x\}$$

例如，对于图 2-1 所示的关系 R，假设“学时”属性为 X，“课程名称”属性为 Y，则当 X 取值为 56 时，相应的映像集为{数据库，运筹学}。

设有关系 $R(X,Y)$ 和 $S(Y)$，其中 X,Y 可以是单个属性或属性集，则除法运算定义为

$$R \div S = \{r.X \mid r \in R \wedge Y_x \supseteq S\}$$

除运算实际上也很容易理解，在被除关系中给定的 x 值所对应的那一组 y 值如果包含了除关系中的所有 y 值，则 x 就在商关系中。除运算经常用来完成至少包含了 Y 中所列内容的查询，例如 Y 是一个课程关系的子集，那么查询至少选修了 Y 中所列课程的查询，就可以用 Y 作为除关系来完成相应的查询。

假设如表 2-9 所示的“选课”关系 W，如果要计算哪些学生至少选修了“数据库”和“运筹学”课程，则可以运用除法运算来完成，计算结果是{吴红霞，李丽}。

表 2-9　“选课”关系 W

学　生	课 程 名 称
吴红霞	数据库
吴红霞	系统分析与设计
吴红霞	运筹学
吴红霞	电子商务概论
吴红霞	计算机网络
李丽	运筹学
李丽	电子商务概论
李丽	数据库
张君	系统分析与设计
张君	数据库
赵三太	数据库

思考题

1. 为什么要学习和了解关系代数？

2. 两个关系的并、交、差运算有什么约束？分别讨论它们的运算结果。

3. 选择运算是一种什么运算？它可以完成什么样的查询运算？

4. 投影运算是一种什么运算？它可以完成什么样的查询运算？

5. 连接运算是一种什么运算？它可以完成什么样的查询运算？

6. 讨论自然连接和等值连接的关系。

7. 讨论各种 θ 连接的含义(如 θ 为"＞","＜"等)。

8. 讨论除运算的实际含义和用途。

9. 在书中所介绍的关系代数运算中，哪些运算是基本运算？哪些运算可以用其他运算推导出来？

2.4 关系数据库管理系统 SQL Server 介绍

目前，各领域广泛使用的是关系数据库管理系统，其中微软公司的 SQL Server、甲骨文公司的 Oracle、赛贝斯公司的 Sybase 和 IBM 公司的 DB2 等大型数据库管理系统占领了市场的大部分份额，本节将对微软公司的 SQL Server 作一简单介绍，同时也建议选择 SQL Server 作为本课程的实践平台。

2.4.1 SQL Server 的基本结构

目前 SQL Server 最常用的版本是 SQL Server 2005。现在的数据库管理系统已经不仅仅包含数据的存储、管理、操作和查询功能，它还提供越来越多的各种数据服务功能。图 2-6 示意了 SQL Server 2005 的核心结构。

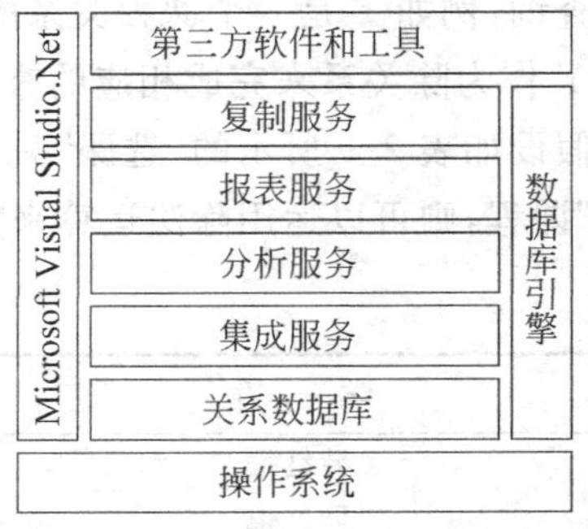

图 2-6 SQL Server 2005 核心结构示意图

数据库引擎是存储、管理和保护数据的核心，也是传统意义上的数据库管理系统。

分析服务可以用来进行在线数据分析、数据挖掘，为管理决策提供服务。

报表服务可以从多种数据源获取数据，并生成报表。

集成服务可以提供不同平台的数据集成解决方案。

复制服务用于提供分布式数据管理。

Microsoft Visual Studio. Net 是微软公司提供的集成开发环境，可以用来进行数据库应用系统的开发。

另外，SQL Server 2005 还支持第三方软件商提供的数据库应用软件和数据库开发工具。

SQL Server 2005 为了适应不同层次和不同规模的应用提供了企业版(Enterprise)、标准版(Standard)、工作组版(Workgroup)和学习版或简易版(Express)等多个版本供用户选用。

2.4.2 SQL Server 数据库及其建立

在 SQL Server 数据库中，数据被组织为用户可以看得见的逻辑组件，这些逻辑组件主要包括基本表、视图、存储过程、触发器和用户等。

SQL Server 将用户可以看得见的这些逻辑组件物理地存储在磁盘上的操作系统文件

中。作为普通用户只需要关心逻辑组件的存在，而它们的物理实现在很大程度上是透明的，一般只有数据库管理员需要了解和处理数据库的物理实现。图2-7示意了SQL Server数据库的存储结构。

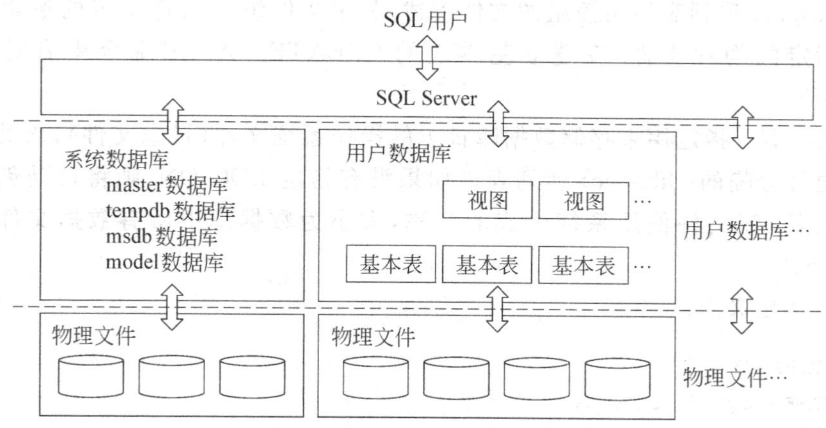

图2-7 SQL Server数据库的存储结构

在每台计算机上运行的SQL Server称做一个SQL Server实例。每个SQL Server实例包括4个系统数据库(master、model、tempdb和msdb)以及一个或多个用户数据库。根据定义的安全权限，每个SQL Server实例都可以使所有连接到实例的用户使用该实例上的所有数据库。一个大型企业的数据库可能需要运行在多台数据库服务器上的SQL Server实例的支持，多个SQL Server实例上的数据库可以集中管理，一个应用程序可以使用不同SQL Server实例上的数据库。

当连接到SQL Server实例时，每个连接会与服务器上的某个具体数据库相关联。这个数据库就称为当前数据库。初始时可以设置一个默认的当前数据库，在应用中也可以切换到其他数据库，但需要有连接、注册到具体数据库的权限。

从图2-7可以看出，数据库是建立在操作系统文件之上的，SQL Server在发出CREATE DATABASE命令建立数据库时，会同时发出建立操作系统文件、申请物理存储空间的请求；当CREATE DATABASE命令成功执行后，在物理上和逻辑上都建立了一个新的数据库；然后就可以在数据库中建立各种用户所需要的逻辑组件，如基本表、视图等。

CREATE DATABASE的常用格式是：

```
CREATE DATABASE database_name
ON
<filespec>[, <filespec>, ...]
[, FILEGROUP filegroup_name <filespec>[, <filespec>, ...]]
[LOG ON <filespec>[, <filespec>, ...]]
```

其中各关键字和参数的含义是：

- database_name 要建立的数据库的名称，数据库名称必须唯一，并且符合标识符的规则；database_name最多可以包含128个字符。
- ON 指定用来存储数据库的操作系统文件(存储在磁盘上的数据文件)，该关键字后跟以逗号分隔的<filespec>项列表。

- <filespec> 用于定义对应的操作系统文件的属性,后面给出该项的格式并做出解释。
- FILEGROUP 用于定义用户文件组,filegroup _ name 是组名称,后续的<filespec>项列表给出该组的文件描述。利用文件组可以将指定的逻辑组件存储到指定的物理文件(在建立基本表的 CREATE TABLE 命令中有对文件组的引用)。
- LOG ON 指定用来存储数据库日志的操作系统文件(日志文件),该关键字后跟以逗号分隔的<filespec>项列表。如果没有指定 LOG ON,则将自动创建一个日志文件,该文件使用系统生成的名称,大小为数据库中所有数据文件大小总和的 25%。

<filespec>定义为:

```
[PRIMARY]
(NAME=logical_file_name,
FILENAME='os_file_name'
[, SIZE=size]
[, MAXSIZE={max_size|UNLIMITED}]
[, FILEGROWTH=growth_increment])
```

其中各关键字和参数的含义是:

- PRIMARY 为数据库指定主文件。一个数据库只能有一个主文件,如果没有指定 PRIMARY,那么 CREATE DATABASE 语句中列出的第一个文件将成为主文件。
- NAME 为定义的操作系统文件指定逻辑名称 logical_file_name,该名称将由 SQL Server 管理和引用。logical_file_name 在数据库中必须唯一,并且符合标识符的规则。
- FILENAME 指定要建立的操作系统文件名"os_file_name","os_file_name"包含完整的路径名和文件名,并且不能指定压缩文件系统中的目录。
- SIZE 指定所创建的操作系统文件的大小(size),size 的单位可以是 KB(千字节)、MB(兆字节)、GB(千兆字节)或 TB(兆兆字节),默认是 MB。size 必须是整数,最小值为 512 KB。如果主文件没有提供 SIZE 参数,则默认是 model 数据库中的主文件大小;如果次要文件或日志文件没有指定 SIZE 参数,则默认为 1MB。
- MAXSIZE 指定定义的操作系统文件可以增长到的最大尺寸(max_size)。max_size 的单位可以是 KB,MB,GB 或 TB,默认值为 MB。max_size 必须是整数。如果没有指定该参数,那么文件可以增长到磁盘满为止(注意:在磁盘即将变满时,Microsoft Windows NT 系统日志会警告 SQL Server 系统管理员)。
- UNLIMITED 显式指定定义的操作系统文件将增长到磁盘满为止。
- FILEGROWTH 指定定义的操作系统文件的增长增量 growth_increment,该项设置的结果不能超过 MAXSIZE 设置。growth_increment 为整数(0 表示不增长),单位可以是 KB,MB,GB,TB 或百分比(%)。如果未在数量后面指定 KB、MB 或%,则默认值为 MB。如果指定%,则增量大小为发生增长时文件大小的指定百分比。如果没有指定 FILEGROWTH,则默认值为 10%,最小值为 64 KB。

举例：

```
CREATE DATABASE 学生
ON
(NAME=student,
FILENAME='c:\mssql\data\student.mdf',
SIZE=10,
MAXSIZE=50,
FILEGROWTH=5)
LOG ON
(NAME=student_log,
FILENAME='d:\mssql\log\student.ldf',
SIZE=5MB,
MAXSIZE=25MB,
FILEGROWTH=5MB)
```

注意：在建立数据库之前，为操作系统文件指定的目录路径必须存在。以上命令在C盘的\mssql\data\目录下建立10 MB的文件student.mdf作为数据主文件，在D盘的\mssql\log\目录下建立5 MB的文件student.ldf作为日志文件。

上面的例子创建名为“学生”的数据库，因为没有使用关键字PRIMARY，第一个文件(student.mdf)将自动成为主文件。因为没有为文件student.mdf的SIZE参数指定单位(MB或KB等)，因此默认为MB，即以兆字节为单位进行分配。而日志文件student.ldf指定了以兆字节为单位进行分配，即SIZE参数中显式声明了MB后缀。

思考题

1. 登录有关网站了解主流数据库管理系统的最新版本和发展，Microsoft公司SQL Server的中文主页是：

    http://www.microsoft.com/china/sql/default.mspx

    Oracle公司的中文主页是：

    http://www.oracle.com/global/cn/index.html

    IBM公司DB2的中文主页是：

    http://www-306.ibm.com/software/cn/db2/

    Sybase公司的中文主页是：

    http://www.sybase.com.cn/gvswse/site/china/index.jsp

2. SQL Server除了是数据库管理系统，它还具有哪些功能和特点？
3. Oracle、DB2、Sybase和SQL Server，作为数据库管理系统和解决方案各自有什么特点？
4. 通过SQL Server的数据库存储结构理解大型数据库系统的存储方法。
5. 讨论SQL Server的CREATE DATABASE命令各个短语的作用。

本章小结

本章首先介绍了关系数据库的基本概念和基础理论，它们包括关系的定义、关系的基本性质，以及相关的基本概念和术语，这些术语都蕴含着内在的概念，只有真正理解这些术语，才有可能理解和学习后续内容。这些术语包括：关系、属性、值域、元组、分量、关系模式、关系模型、关系数据库、候选关键字、主关键字、主属性、非主属性、外部关键字、参照关系和被参照关系等。

然后介绍了关系模型及其 3 个要素。关系数据模型的 3 个要素是关系数据结构、关系操作集合和关系完整性约束。其中详细解释了关系完整性约束的概念，它包括实体完整性、参照完整性和用户定义完整性。

理解以上基础知识对学习和掌握关系数据库系统至关重要，第 3 章将通过关系数据库标准语言 SQL 对这些知识进行实践，并通过实践进一步加深对这些基本概念的理解。第 3.3 节介绍关系的定义和关系完整性约束的定义，第 3.4 节通过数据操作进一步体会关系完整性约束的作用。

关系代数是关系操作的基础，通过关系代数理解关系的基本运算。关系代数是一种抽象语言，关系数据库系统已经有了相应的标准语言 SQL，第 3 章将对其加以详细介绍。

本章最后简单介绍了关系数据库管理系统 SQL Server，通过 SQL Server 数据库的存储结构和建立数据库的 CREATE DATABASE 命令希望读者能够了解大型数据库系统的存储方法。另外，本书也以 SQL Server 为基础来建立相应的实验环境和进行与实践环节相关的教学。

习题 2

1. 为了管理学生信息，设计一个学生关系；为了管理课程信息，设计一个课程关系；为了管理学生选修课程，设计一个选课关系。要求：

(1) 说明关系的属性、值域和主关键字；

(2) 3 个关系之间有无参照和被参照关系？如果有，请指出哪个是参照关系，哪个是被参照关系？关系之间是如何实现参照的？

2. 假设有如下关系：

学院 (编号，名称，院长)
教师 (所属学院，教师编号，姓名，职称，研究方向)
课程 (编号，名称，类型，学时，责任教师)

其中，教师的所属学院属性参照学院的编号属性，课程的责任教师属性参照教师的教师编号属性。请用关系代数完成如下查询：

(1) 查询职称为“教授”的教师信息。

(2) 列出所有课程名称及其学时。

(3) 查询“操作系统”课程的责任教师的姓名。

(4) 查询至少负责一门“必修”和一门“选修”(课程关系的类型属性值)课程的责任教师的教师编号。

3. 试述 CREATE DATABASE 命令中 ON 短语各部分的内容和作用。

实验1 建立数据库

实验名称：建立数据库。

实验内容：在 SQL Server 环境下建立数据库和维护数据库。

实验目的：理解 SQL Server 数据库的存储结构，掌握 SQL Server 数据库的建立方法和维护方法。

实验方法：在 SQL Server 环境下用 CREATE DATABASE 命令建立数据库(**注意**：需要是系统管理员用户，或者被指定 dbcreator 固定服务器角色的成员，或者被显式地授予 CREATE DATABASE 权限，有关权限的内容请参见第 5.2 节)。

实验要求：

1. 根据具体要求创建如下 3 个数据库：

(1) 创建数据库 test1(使用一个数据文件和一个日志文件)，要求指定一个数据文件、一个事务日志文件，并把它们安排在不同的硬盘上。

(2) 创建数据库 test2(使用多个数据文件和多个日志文件)，要求使用 3 个数据文件和两个事务日志文件，主数据文件是列表中的第一个文件或者用关键字 PRIMARY 指定(文件扩展名：主数据文件使用.mdf，次数据文件使用.ndf，事务日志文件使用.ldf)。

(3) 创建数据库 test3(使用文件组)，要求使用 3 个文件组(含主文件组，即默认的文件组)，每个文件组包含两个数据文件，并且每个文件组要安排在不同的硬盘上。

2. 修改建立的 test1 数据库，为之添加一个 5 MB 大小的新数据文件。

3. 修改建立的 test2 数据库，将其中的主数据文件增加 5 MB 的存储空间。

4. 删除建立的数据库 test1。

相关命令：

建立数据库的命令是 CREATE DATABASE，其常用格式是(命令解释参见第 2.4.2 节)：

```
CREATE DATABASE database_name
ON
<filespec>[, <filespec>, …]
[, FILEGROUP filegroup_name <filespec>[, <filespec>, …]]
[LOG ON <filespec>[, <filespec>, …]]
```

修改数据库的命令是 ALTER DATABASE，其常用格式是(命令解释参见 SQL Server 联机帮助)：

```
ALTER DATABASE database
{ADD FILE <filespec >
| ADD LOG FILE <filespec >
| MODIFY FILE <filespec >
| MODIFY NAME = new_dbname
}
```

删除数据库的命令是 DROP DATABASE，其格式是：

```
DROP DATABASE database_name
```

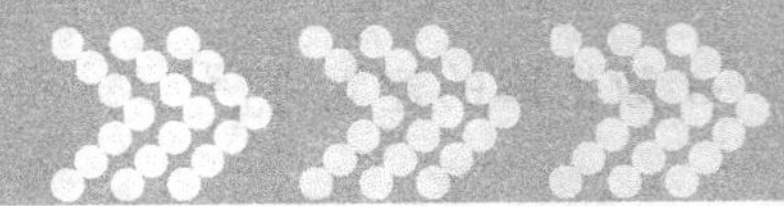

第3章 关系数据库标准语言SQL

本章导读

主要内容

SQL是Structured Query Language(结构化查询语言)的缩写。可以说查询是SQL语言的重要组成部分,但不是全部,SQL还包含数据定义、数据操纵和数据控制功能等部分。SQL已经成为关系数据库的标准数据语言,所以,现在所有的关系数据库管理系统都支持SQL。

学习目标

- 了解SQL的发展过程和主要功能;
- 熟练掌握SQL的CREATE TABLE语句和数据完整性约束的定义方法;
- 熟练掌握SQL的数据操作语句,深刻理解数据完整性约束的作用;
- 熟练掌握SQL SELECT语句,能够运用该语句完成关系数据库上的各种查询;
- 理解关系数据库的视图概念,掌握视图的定义和使用方法。

重点、难点

SQL语言本身就是学习数据库的重点,所以要求学生应熟练掌握,具体就是要熟练掌握SQL CREATE TABLE语句、SQL INSERT语句、SQL DELETE语句、SQL UPDATE语句和SQL SELECT语句。

本章学习的难点是CREATE TABLE语句中有关数据完整性约束的定义,以及SQL SELECT语句中复杂的连接和嵌套查询。

3.1 SQL语言概述

最早的SQL标准是于1986年10月由美国ANSI(American National Standards Institute)公布的。随后,ISO(International Standards Organization)于1987年6月也正式采纳它为国际标准,并在此基础上进行了补充。1989年4月,ISO提出了具有完整性特征的SQL,并称其为SQL89。SQL89标准公布之后,对数据库技术的发展和数据库的应用都起到了很大的推动作用。尽管如此,SQL89仍有许多不足或不能满足应用需求之处。为此,在SQL89的基础上,经过3年多的研究和修改,ISO于1992年11月又公布了SQL的新标准,即SQL92标准,也称为SQL2。SQL92标准将其内容分为3个级别,即基本级、标准级和完全级。现在又发布了SQL99,也称为SQL3,它又增加了对象数据、递归、触发器等

的支持能力。最新的标准是2003年发布的SQL2003。随着数据库技术的发展，将来还会推出更新的标准。但是，需要说明的是，公布的SQL标准只是一个建议标准，目前一些主流数据库产品也只达到了基本级的要求，并没有完全实现这些标准。

下面简单概括一下SQL语言的主要特点。

(1) SQL是一种一体化的语言，它包括了数据定义、数据查询、数据操纵和数据控制等方面的功能，可以完成数据库活动中的全部工作。以前的非关系模型的数据语言一般包括存储模式描述语言、概念模式描述语言、外部模式描述语言和数据操纵语言等，那种模型的数据语言，一是内容多，二是掌握和使用起来都不像SQL那样简单、实用。

(2) SQL语言是一种高度非过程化的语言，它没有必要一步步地告诉计算机“如何”去做，而只需要描述清楚用户要“做什么”，SQL语言就可以将要求交给系统，自动完成全部工作。

(3) SQL语言非常简洁。虽然SQL语言功能很强，但它只有为数不多的几条命令，SQL的语法也非常简单，它很接近自然语言(英语)，因此容易学习、掌握。

(4) SQL语言可以直接以命令方式交互使用，也可以嵌入到程序设计语言中以程序方式使用。现在很多数据库应用开发工具，都将SQL语言直接融入自身的语言之中，使用起来更加方便。这些使用方式为用户提供了灵活的选择余地。此外，尽管SQL的使用方式不同，但SQL语言的语法基本上是一致的。

3.2 样本数据库

本章使用图3-1所示的样本数据库，该数据库命名为“学生”数据库，假设是在第2.4节用CREATE DATABASE命令创建的(只创建了数据库，还没有创建数据库中的对象)。图3-1是在SQL Server 2005中建立了表之后自动生成的。

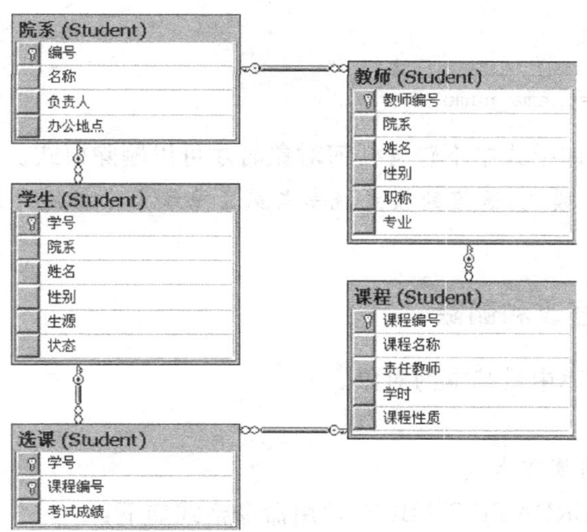

图3-1 样本数据库

学生数据库中包含院系、教师、学生、课程和选课5个表，图3-1示意了这5个表之间的关系。第3.3节将给出这些表的详细描述和定义这些表的SQL命令(包括数据完整性定义)。第3.4节将给出这些表中的数据,并介绍插入(INSERT)、修改(UPDATE)和删除(DELETE)操作,同时体会数据完整性约束对这些操作的作用。第3.5节介绍SQL的查询功能,并在这些表上实现各种查询操作。

需要说明的是,在数据库上执行所有SQL命令是需要相应权限的,不同的用户可能拥有不同的权限,他们所能执行的操作是不一样的。关于用户的权限将在第5.2节介绍,本章假设用户拥有相应的全部权限。

3.3 数据定义功能与数据完整性约束的实现

SQL的定义功能包括模式、表、视图、存储过程、触发器、规则、默认值等的定义。本节首先介绍模式和表的定义,其他对象的定义将在后续章节陆续介绍。

3.3.1 模式的定义和删除

一个数据库通常可能会面向不同的应用,可能需要将数据库中的一组各种对象逻辑地组织在一起。模式(schema)正是数据库中这样的一种逻辑结构,通过模式可以使数据库管理起来更加方便。

定义模式的命令是CREATE SCHEMA,常用命令格式如下:

```
CREATE SCHEMA schema_name [AUTHORIZATION owner_name]
```

模式通常由DBA创建,也可以由得到CREATE SCHEMA授权的用户创建;使用短语AUTHORIZATION owner_name可以指定模式的管理者(默认是创建者)。

例如,创建一个student模式的命令如下:

```
CREATE SCHEMA Student
```

删除模式的命令如下:

```
DROP SCHEMA schema_name
```

只有在模式为空,即模式中不包含任何对象时才可以删除模式。

注意:此模式非彼模式,这里的模式概念与第1章和第2章所介绍的模式概念不同,注意不要混淆。

3.3.2 表的定义、修改和删除

表即关系,是数据库中最基本的对象。

1. 表的定义

(1) 定义表命令的基本格式

建立表的命令是CREATE TABLE,常用命令格式如下:

```
CREATE TABLE [schema_name.]table_name
({<column_definition>|<computed_column_definition> }
[<table_constraint> ] [,...,n])
```

一个表由若干列构成,在SQL Server 2005中不仅可以定义实列(简称列,column_

definition),还可以定义虚列(即计算列,computed_column_definition)。

(2) 定义列

列的定义(<column_definition>)常用格式如下:

```
column_name <data_type>  [NULL|NOT NULL]
  [[CONSTRAINT constraint_name] PRIMARY KEY|UNIQUE|[FOREIGN KEY]
  REFERENCES [schema_name .] referenced_table_name [(ref_column)]
  [ON DELETE {NO ACTION|CASCADE|SET NULL|SET DEFAULT}]
  [ON UPDATE {NO ACTION|CASCADE|SET NULL|SET DEFAULT}]
  | CHECK (logical_expression)]
  [DEFAULT constant_expression]
```

列名(column_name)和数据类型(<data_type>)必须指定。在 SQL Server 2005 中可以使用的数据类型见表 3-1。

表 3-1 SQL Server 2005 的数据类型

数据类型	说明
bigint	8 字节整数类型
int	4 字节整数类型
smallint	2 字节整数类型
tinyint	无符号单字节整数类型
numeric	数值类型(固定精度和小数位)
decimal	同 numeric
float	双精度浮点数类型
real	浮点数类型
money	货币类型
smallmoney	短货币类型
char	字符(串)类型,最长 8 000 字符
varchar	可变长度字符(串)类型,最长 8 000 字符
varchar(max)	大变长字符(串)类型,超过 8 000 字符时使用
nchar	unicode 字符(串)类型,最长 4 000 字符
nvarchar	unicode 可变长度字符(串)类型,最长 4 000 字符
nvarchar(max)	大 unicode 变长字符(串)类型,超过 4 000 字符时使用
datetime	日期时间类型
smalldatetime	短日期时间类型
binary	二进制类型,最大 8 000 字节
varbinary	可变长度二进制类型,最大 8 000 字节
varbinary(max)	大变长二进制类型,超过 8 000 字节时使用
bit	位,可取值 0,1 或 NULL
table	表类型,通常用于临时存储查询结果供后继使用
timestamp	时间印类型,系统自动生成、带时间印记的值
uniqueidentifier	唯一标识类型,系统自动生成、系统内可唯一标识
xml	XML 数据类型

NULL|NOT NULL 说明该列允许或不允许取空值。

CONSTRAINT 短语用来指定列级约束，该关键词和约束名（constraint_name）可以省略。列级约束包括：

- PRIMARY KEY　主关键字约束，说明该列是主关键字；
- UNIQUE　唯一性约束，说明该列取值必须唯一；
- FOREIGN KEY　外部关键字约束，用来说明表之间的参照关系，语法格式为

```
REFERENCES [schema_name .] referenced_table_name [(ref_column)]
```

它指出了被参照的表（referenced_table_name）和列（ref_column，如果参照列和被参照列同名则可以省略），schema_name 限定了被参照的表所在的模式；同时用如下短语说明了在被参照表的被参照记录上发生删除（DELETE）和更新（UPDATE）操作时的处理方式：

```
[ON DELETE {NO ACTION|CASCADE|SET NULL|SET DEFAULT}]
[ON UPDATE {NO ACTION|CASCADE|SET NULL|SET DEFAULT}]
```

其中，NO ACTION 说明禁止删除或更新被参照记录，CASCADE 说明进行级联处理（删除或更新），SET NULL 说明将参照记录的对应字段设置为空值，SET DEFAULT 说明将参照记录的对应字段设置为默认值。

- CHECK 约束　即域完整性约束，用来说明该列的取值范围，本约束用逻辑表达式（logical_expression）进行说明，如果列值使表达式为真，则是合法值，否则，就是非法值。

DEFAULT 短语用常量表达式（constant_expression）来说明列的默认取值。

（3）定义计算列

定义计算列（<computed_column_definition>）的常用格式如下：

```
column_name AS computed_column_expression [PERSISTED [NOT NULL]]
[[CONSTRAINT constraint_name]
{PRIMARY KEY|UNIQUE}|[FOREIGN KEY]
  REFERENCES referenced_table_name [(ref_column)]
  [ON DELETE {NO ACTION|CASCADE}]
  [ON UPDATE {NO ACTION}]
  |CHECK (logical_expression)]
```

其中，column_name 给出计算列的列名，computed_column_expression 是对应的计算表达式，PERSISTED 说明物理存储计算列的值。其他选项与定义实列时类似，所以不再重复解释。

计算列由于是虚列，所以不能作为 INSERT 或 UPDATE 语句的操作目标。

（4）定义表级完整性约束

如果某个完整性约束与多个列相关，则这样的完整性约束不能定义在单个列上，这时就需要表级完整性约束（<table_constraint>），定义表级完整性约束的常用格式是：

```
[CONSTRAINT constraint_name]
{{PRIMARY KEY|UNIQUE}|FOREIGN KEY (column [,...,n])
  REFERENCES referenced_table_name [(ref_column [,...,n])]
  [ON DELETE {NO ACTION|CASCADE|SET NULL|SET DEFAULT}]
```

```
  [ON UPDATE {NO ACTION|CASCADE|SET NULL|SET DEFAULT}]
  | CHECK (logical_expression)
}
```

这里用(column [,…,n])说明完整性约束是定义在多个列上的,其他各选项与定义列级完整性约束时类似,这里不再重复解释。

(5) 表定义举例

例 3-1 在 student 模式中定义院系表,其中编号为主关键字,名称应该唯一,并且不允许为空值。

```
CREATE TABLE student.院系
(编号 tinyint PRIMARY KEY,
 名称 char(30) UNIQUE NOT NULL,
 负责人 char(10),
 办公地点 char(40)
)
```

例 3-2 在 student 模式中定义学生表,其中规定:

(1) 学号列是主关键字。

(2) 院系列为计算列(取学号列的第 3 和第 4 个字符),并且院系值参照院系表的编号值(院系表是被参照表,主关键字是编号;参照表是学生表,外部关键字是院系),此约束说明一名学生一定属于某个院系。

(3) 姓名列不允许为空值。

(4) 性别必须取值“男”或“女”。

(5) 学生的学籍状态为正常、留级、休学或退学。

```
CREATE TABLE student.学生
(学号 char(8) PRIMARY KEY,
 院系 AS CONVERT(Tinyint,SUBSTRING(学号,3,2)) PERSISTED NOT NULL
    FOREIGN KEY REFERENCES student.院系(编号),
 姓名 char(10) NOT NULL,
 性别 char(2) CHECK (性别='男' OR 性别='女'),
 生源 char(6),
 状态 char(4) CHECK (状态 IN('正常','留级','休学','退学'))
)
```

例 3-3 在 student 模式中定义教师表,其中规定:

(1) 教师编号是主关键字。

(2) 院系列为计算列(取教师编号的第 1 和第 2 个字符),并且院系值参照院系表的编号值,此约束说明一名教师一定属于某个院系。

(3) 姓名列不允许为空值。

(4) 性别必须取值“男”或“女”。

(5) 职称的取值为教授、副教授、讲师或助教。

```
CREATE TABLE student.教师
```

```
(教师编号 char(6) PRIMARY KEY,
 院系 AS CONVERT(Tinyint,SUBSTRING(教师编号,1,2)) PERSISTED NOT NULL
    FOREIGN KEY REFERENCES student.院系(编号),
 姓名 char(10) NOT NULL,
 性别 char(2) CHECK (性别='男' OR 性别='女'),
 职称 char(6) CHECK (职称 IN ('教授','副教授','讲师','助教')),
 专业 char(16)
)
```

例 3-4 在 student 模式中定义课程表,其中规定:

(1) 课程编号是主关键字。

(2) 课程名称不允许为空值。

(3) 责任教师参照教师表的教师编号值,此约束说明责任教师一定是已经在编的教师。

(4) 学时不允许为空值。

(5) 课程性质分为公共基础、专业基础、专业选修和任意选修。

```
CREATE TABLE student.课程
(课程编号 char(6) PRIMARY KEY,
 课程名称 char(24) NOT NULL,
 责任教师 char(6) CONSTRAINT duty_teacher
    FOREIGN KEY REFERENCES student.教师(教师编号),
 学时 tinyint NOT NULL,
 课程性质 char(8) CHECK (课程性质 IN ('公共基础','专业基础','专业选修','任意选修'))
)
```

例 3-5 在 student 模式中定义选课表,其中规定:

(1) 学号和课程编号两列构成主关键字(需要表级完整性约束)。

(2) 学号参照学生表的学号(约束选课的学生必须存在)。

(3) 课程编号参照课程表的课程编号(约束被选的课程必须存在)。

(4) 考试成绩取值在 0~100 之间,并且默认为空值。

```
CREATE TABLE student.选课
(学号 char(8) FOREIGN KEY REFERENCES student.学生,
 课程编号 char(6) FOREIGN KEY REFERENCES student.课程,
 考试成绩 tinyint CHECK (考试成绩 BETWEEN 0 AND 100) DEFAULT NULL
 PRIMARY KEY (学号,课程编号)
)
```

以上 5 个例子建立了如图 3-1 所示的数据库,在建立这些表的过程中要注意先建立被参照表,然后建立参照表。这些例子在完成表的定义时同时完成了完整性约束定义,在第 3.4 节将通过数据操作(INSERT,DELETE 和 UPDATE)来体验这些完整性约束的作用。

2. 修改表结构

修改表结构的命令是 ALTER TABLE,基本语法格式如下:

```
ALTER TABLE [schema_name.]table_name
{ALTER COLUMN column_name <data_type> [NULL|NOT NULL]
```

```
  |ADD <column_definition> |<computed_column_definition> |<table_constraint>
  |DROP [CONSTRAINT] constraint_name |COLUMN column_name
}
```

从语法格式可以看出修改表结构包括：

- ALTER COLUMN　修改已有列的定义，但是只能修改为兼容数据类型或重新定义是否允许空值；
- ADD　添加新列或新的计算列或表级完整性约束；
- DROP　删除指定的完整性约束或指定的列。

相关内容的解释请参见定义表的命令(CREATE TABLE)。

例 3-6　规定学生表的性别字段不允许为空值。

```
ALTER TABLE student.学生 ALTER COLUMN 性别 char(2) NOT NULL
```

以上命令对性别字段的修改不会影响原先定义在该列上的其他约束(如 CHECK 约束)。

例 3-7　删除课程表中的责任教师列。

```
ALTER TABLE student.课程 DROP COLUMN 责任教师
```

由于在责任教师列上定义了外部关键字约束，即有约束绑定在此列上，所以责任教师列不能直接删除，需要先删除相关的约束：

```
ALTER TABLE student.课程 DROP duty_teacher
```

或

```
ALTER TABLE student.课程 DROP CONSTRAINT duty_teacher
```

然后则可以删除相应的列。

注意：*在定义约束时，CONSTRAINT 短语是可以省略的，此时系统会自动生成一个约束名，例如"FK_课程_责任教师_239E4DCF"，该约束名可以通过 Management Studio 交互环境查询到。*

例 3-8　为课程表增加责任教师列，列描述如下：

(1) 字符类型，长度为 6。

(2) 允许空值。

(3) 外部关键字，参照教师表的教师编号列，当删除被参照记录时该列置为空值，当修改被参照记录的主关键字时，级联修改参照记录的外部关键字值。

```
ALTER TABLE student.课程
ADD 责任教师 char(6) NULL
CONSTRAINT ref_teacher FOREIGN KEY REFERENCES student.教师 (教师编号)
ON DELETE SET NULL
ON UPDATE CASCADE
```

经过以上修改，课程表的责任教师列是外部关键字、允许为空值，当删除被参照的记录(教师表的记录)时，参照记录的责任教师字段值设置为空值(NULL)，当修改被参照记录的主关键字(教师编号)时,将级联修改责任教师字段值。

3. 删除表

删除表的命令是 DROP TABLE,常用格式如下:

```
DROP TABLE [schema_name.]table_name [,…,n]
```

其中,schema_name 指出模式名,table_name 给出被删除的表名,[,…,n]说明一次可以删除多个表。

注意:不能使用 DROP TABLE 删除被 FOREIGN KEY 约束参照的表。如果要在同一个 DROP TABLE 语句中删除参照表以及被参照表,则必须先列出参照表。

思考题

1. 在 SQL 中 CREATE SCHEMA 是一条什么命令?创建的 SCHEMA 是一种什么对象?它有什么作用?

2. 在表中定义约束时,PRIMARY KEY 和 UNIQUE 有什么区别?

3. 在 CREATE TABLE 命令中,哪些内容与定义参照完整性有关?讨论它们的具体作用。

4. 约束一般定义在列上,为什么还需要表级约束?

5. 定义计算列时选用关键词 PERSISTED 有什么作用?

6. 计算列是否可以作为参照列(外部关键字)?

7. 如果在定义约束时没有使用 CONSTRAINT 短语给出约束名,而事后又要删除该约束应该怎么办?

8. 对已有的表可以进行哪些方面的表结构修改?

3.4 数据操作功能及数据完整性的作用

SQL 的数据操作功能是指对数据库中数据的操作功能,包括数据的插入、更新和删除操作。这些操作会改变数据库中的数据,用户的操作能否保证操作后的数据仍然正确,这时候数据完整性约束将发挥作用。本节在学习 SQL 操作语句的同时,也体验和理解数据完整性的作用。

3.4.1 插入操作

SQL 的插入语句是 INSERT,常用格式如下:

```
INSERT INTO [schema_name.]table_or_view_name[(column_list)]
VALUES({expression|DEFAULT|NULL} [,…,n])
```

其中:

- schema_name 指出模式名。
- table_or_view_name 指出表名或视图名(关于视图的解释见第 3.6 节)。
- column_list 给出插入操作所涉及列的列表(默认是表的全部列)。
- {expression|DEFAULT|NULL} [,…,n]给出对应于 column_list 的各个列的值,

可以用表达式(expression)给出一个具体的值,也可以说明插入默认值(DEFAULT)或空值(NULL)。

假设院系表的记录如表 3-2 所示。

表 3-2 院系表

编号	名称	负责人	办公地点
1	信息管理学院	李嘉	教一楼 3 层
2	经济管理学院	吴鸿忠	教三楼 4 层
3	计算机学院	张秋霞	教二楼 3 层
11	通信工程学院	王跃红	教四楼 1 层

例 3-9 插入院系表的第 1 个元组(记录)。

如下命令可插入第 1 条记录:

```
INSERT INTO student.院系(编号,名称,负责人,办公地点)
VALUES(1,'信息管理学院','李嘉','教一楼 3层')
```

例 3-10 省略列名、插入院系表的第 2 个元组。

插入一条完整的记录通常可以省略列名,如下命令可以插入第 2 条记录:

```
INSERT INTO student.院系 VALUES(2,'经济管理学院','吴鸿忠','教三楼 4层')
```

例 3-11 违背 PRIMARY KEY 约束的插入操作。

接着尝试执行如下命令:

```
INSERT INTO student.院系 VALUES(2,'计算机学院','张秋霞','教二楼 3层')
```

结果是"违反了 PRIMARY KEY 约束"(编号是主关键字,编号为 2 的院系已经存在),所以以上命令不能成功执行。

例 3-12 违背 UNIQUE 约束的插入操作。

再尝试执行如下命令:

```
INSERT INTO student.院系 VALUES(3,'经济管理学院','张秋霞','教二楼 3层')
```

结果是"违反了 UNIQUE 约束",因为院系表的名称列不允许重复,而名称为"经济管理学院"的院系已经存在,所以以上命令不能成功执行。

例 3-13 违背 NOT NULL 约束的插入操作。

接着再尝试执行如下命令:

```
INSERT INTO student.院系(编号,负责人,办公地点) VALUES(3,'张秋霞','教二楼 3层')
```

结果是"违反了名称不能为空值的约束"(因为在院系表的名称列规定了 NOT NULL,而又没有规定默认值),所以以上命令不能成功执行。

在定义院系表时规定了编号列的 PRIMARY KEY 约束,名称列的 UNIQUE 约束和 NOT NULL 约束,通过以上 3 个例子,读者也看到了这些约束的作用。剩余的院系表记录,读者可以自行完成插入操作。

假设学生表的记录如表 3-3 所示。

表 3-3 学生表

学　　号	院系	姓　名	性别	生源	状态
04014101	1	曹波	男	湖北	正常
04014111	1	程鸣	女	湖南	正常
04014122	1	吴红霞	女	浙江	正常
04026205	2	张鸿飞	男	北京	正常
04026210	2	张雪梅	女	贵州	休学
04016108	1	林报国	男	上海	正常
04016116	1	王丽	女	北京	正常
05113102	11	郝海涛	男	河南	正常
05113110	11	王伟	男	北京	正常

例 3-14 插入学生表的第 1 个元组。

如下命令可以成功插入第 1 条学生记录：

```
INSERT INTO student.学生(学号,姓名,性别,生源,状态)
VALUES('04014101','曹波','男','湖北','正常')
```

注意：学生表的院系列是计算列，是不能被插入语句操作的。

例 3-15 插入学生表的第 2 条记录(指定正确的院系值)。

如下插入命令表面上是正确的：

```
INSERT INTO student.学生(学号,院系,姓名,性别,生源,状态)
VALUES('04014111',1,'程鸣','女','湖南','正常')
```

由于院系是计算列，所以此命令不能成功执行。

例 3-16 正确插入学生表的第 2 条记录(省略列名)。

如下命令省略列名仍然可以成功执行：

```
INSERT INTO student.学生 VALUES('04014111','程鸣','女','湖南','正常')
```

从中可以看出，当省略列名时，系统会自动忽略计算列。

例 3-17 违背参照完整性的插入。

如下插入命令表面上是正确的：

```
INSERT INTO student.学生 VALUES('04074122','吴红霞','女','浙江','正常')
```

在执行插入操作时，系统会自动计算院系列的值是 7，而院系列参照院系表的编号值，此时在院系表中找不到编号为 7 的院系，所以插入操作失败(避免了一名不属于任何院系的学生记录的插入)。

例 3-18 违背域完整性的插入操作。

如下命令误将性别输入为“南”：

```
INSERT INTO student.学生 VALUES('04026205','张鸿飞','南','北京','正常')
```

结果违反了定义在性别列上的“(性别='男' OR 性别='女')”的约束，命令不能成功执行。

剩余的学生表记录，读者可以自行完成插入操作。

假设教师表的记录如表 3-4 所示。读者可以自行完成教师表记录的插入,注意教师编号的 PRIMARY KEY 约束、院系是计算列及其 REFRENCES 约束、姓名的 NOT NULL 约束以及性别和职称的 CHECK 约束等。

表 3-4 教师表

教师编号	院系	姓 名	性别	职 称	专 业
010194	1	刘昌勇	男	教授	信息管理
010126	1	顾波	女	副教授	计算机
011122	1	张建平	男	讲师	系统工程
020112	2	杜子意	男	教授	经济学
020555	2	黄梅	女	讲师	金融
030609	3	李丽	女	助教	软件工程

假设课程表的记录如表 3-5 所示。读者可以自行完成课程表记录的插入(第 6 条记录的插入见例 3-19),注意课程编号的 PRIMARY KEY 约束、课程名称的 NOT NULL 约束、责任教师的 REFRENCES 约束以及课程性质的 CHECK 约束等。

表 3-5 课程表

课程编号	课程名称	学时	课程性质	责任教师
B00016	数据库	56	专业基础	010126
B00018	系统分析与设计	48	专业基础	010194
B00101	运筹学	56	专业基础	011122
X00201	信息资源管理	32	专业选修	010194
B00221	经济学原理	56	专业基础	020112
X00206	系统开发工具与环境	48	专业选修	NULL

例 3-19 插入课程表的第 6 条记录。

本条记录的责任教师是空值 NULL,插入命令如下:

```
INSERT INTO student.课程
VALUES('X00206','系统开发工具与环境',48,'专业选修',NULL)
```

责任教师是外部关键字,需要参照教师表的教师编号列,允许为空值说明可以暂时不确定责任教师。

假设选课表的记录如表 3-6 所示。

表 3-6 选课表

学 号	课程编号	考试成绩
04014122	B00016	88
04014122	B00018	98
04014122	B00101	76
04014122	X00201	55
04014122	B00221	89
04014111	B00101	90

续表

学　号	课程编号	考试成绩
04014111	X00201	NULL
04014111	B00016	NULL
04014101	B00018	NULL
04014101	B00016	66
04016116	B00016	52

例 3-20　插入选课表的第 1 条记录。

如下命令可以正确插入选课表的第 1 条记录：

```
INSERT INTO student.选课(学号,课程编号,考试成绩)
VALUES('04014122','B00016',88)
```

例 3-21　指定空值(NULL)的插入。

如下命令插入选课表的第 7 条记录：

```
INSERT INTO student.选课 VALUES('04014111','X00201',NULL)
```

这里用 NULL 指定考试成绩列为空值。

例 3-22　指定默认值(DEFAULT)的插入。

如下命令插入选课表的第 8 条记录：

```
INSERT INTO student.选课 VALUES('04014111','B00016',DEFAULT)
```

这里用 DEFAULT 指定考试成绩列为默认值，而在定义选课表时规定考试成绩列的默认值是 NULL(空值)。

例 3-23　省略考试成绩列的插入。

如下命令插入选课表的第 9 条记录：

```
INSERT INTO student.选课(学号,课程编号) VALUES('04014101','B00018')
```

这里只给出了学号和课程编号的值，而未给出的考试成绩的值默认为空值 NULL。

例 3-24　违背参照完整性的插入。

如下命令插入选课表的第 10 条记录，误将课程编号输入为 B00017：

```
INSERT INTO student.选课 VALUES('04016116','B00017',52)
```

由于课程编号参照课程表的课程编号列，结果因为没有编号为 B00017 的课程而拒绝插入操作(把课程号改回到 B00016 就可以完成最后一条记录的插入)。

执行插入操作时检查完整性

从以上的例子读者可以体验到，执行插入操作时需要分别检查实体完整性规则、参照完整性规则和用户定义完整性规则。

首先检查实体完整性规则。如果插入元组的主关键字的属性不为空值，并且相应的属性值在关系中不存在(即保持唯一性)，则可以执行插入操作，否则不可以执行插入操作。

接着再检查参照完整性规则。如果是向被参照关系插入元组，则无须检查参照完整性；

如果是向参照关系插入元组，则要检查外部关键字属性上的值是否在被参照关系中存在对应的主关键字的值，如果存在，则可以执行插入操作，否则，不允许执行插入操作。另外，如果插入元组的外部关键字允许为空值，则当外部关键字是空值时也允许执行插入操作。

最后检查用户定义完整性规则。如果插入的元组在相应的属性值上遵守了用户定义完整性规则，则可以执行插入操作，否则不可以执行插入操作。

综上所述，在插入一个元组时，只有满足了所有的数据完整性规则，插入操作才能成功，否则插入操作不会成功。

3.4.2 删除操作

SQL 的删除语句是 DELETE，常用格式如下：

```
DELETE [FROM] [schema_name.]table_or_view_name
[WHERE <search_condition>]
```

其中：

- schema_name 指出模式名。
- table_or_view_name 指出从哪个表或视图删除记录(关于视图的解释见第 3.6 节)。
- <search_condition>用来指出删除记录的条件，默认是删除全部记录。

例 3-25 删除姓名为吴红霞的学生记录。

```
DELETE student.学生 WHERE 姓名='吴红霞'
```

删除操作失败。因为有“选课”记录参照了该记录(学号为 04014122)，而相应的删除参照完整性规则默认为 NO ACTION(即如果有记录参照，则禁止删除操作)。

例 3-26 删除教师编号为 011122 的教师记录。

```
DELETE student.教师 WHERE 教师编号='011122'
```

删除操作成功。由于删除参照完整性规则定义为 SET NULL(将参照记录的外部关键字值设置为空值 NULL)，所以课程表的相应记录的责任教师列将被置为空值 NULL。

例 3-27 删除课程编号为 B00018、考试成绩为 NULL 的选课记录。

```
DELETE student.选课 WHERE 课程编号='B00018' AND 考试成绩 IS NULL
```

删除操作成功。由于选课表不是被参照表，所以在该表上的删除操作不会受到数据完整性的约束。

注意：因为 NULL 是一个概念而不是一个值，所以判断一个字段是否为空值不能用比较运算相等或不相等，而应使用 IS NULL 或 IS NOT NULL 来判断。

执行删除操作时检查完整性

执行删除操作时一般只需要检查参照完整性规则。

如果删除的是参照关系的元组，则不需要进行参照完整性检查，可以执行删除操作(如例 3-27)。

如果删除的是被参照关系的元组，则检查被删除元组的主关键字属性的值是否被参照关系中某个元组的外部关键字所引用，如果未被引用，则可以执行删除操作；否则，可能有 4

种情况：

(1) 不可以执行删除操作，即拒绝删除(如例 3-25)。

(2) 可以删除，但需同时将参照关系中引用了该元组的对应元组一起删除，即执行级联删除(一般不作级联删除，这样比较危险)。

(3) 可以删除，但需同时将参照关系中引用了该元组的对应元组的外部关键字置为空值(如例 3-26)。

(4) 可以删除，但需同时将参照关系中引用了该元组的外部关键字值置为默认值。

删除操作所遵循的参照完整性规则是在定义表时定义的。

3.4.3 更新操作

SQL 更新记录的语句是 UPDATE，常用格式如下：

```
UPDATE [schema_name.]table_or_view_name
SET column_name =  {expression|DEFAULT|NULL} [,…,n]
[WHERE {<search_condition> ]
```

其中：

- schema_name 指定模式名。
- table_or_view_name 给出要更新数据的表或视图名(视图的概念见第 3.6 节)。
- SET 短语说明要更新的列，column_name 给出要更新的列，它可以指定新的值(用表达式 expression 指定)或默认值(DEFAULT，定义表时规定的)或空值(NULL)。
- 参数“[,…,n]”说明一次可以更新多列。
- WHERE 指定更新哪些记录，即用逻辑表达式<search_condition>指定更新条件。

例 3-28 将教师刘昌勇的教师编号修改为 040101。

```
UPDATE student.教师 SET 教师编号='040101' WHERE 姓名='刘昌勇'
```

更新操作失败。因为教师表所参照的院系表中不存在编号为 4 的院系。

例 3-29 将教师刘昌勇的教师编号修改为 020101。

```
UPDATE student.教师 SET 教师编号='020101' WHERE 姓名='刘昌勇'
```

更新操作成功。因为相应的更新参照完整性定义为 CASCADE(级联)，因此参照该记录的课程表中相应记录的责任教师字段的值也自动进行了更新。

例 3-30 将 04014122 号学生的 B00101 课程的考试成绩修改为 78 分。

```
UPDATE student.选课 SET 考试成绩=78
WHERE 学号='04014122' AND 课程编号='B00101'
```

执行更新操作时检查完整性

执行更新操作可以看做是先删除旧的元组，然后再插入新的元组。所以执行更新操作时的完整性检查综合了插入和删除操作的数据完整性检查。

思考题

1. 执行插入操作时会进行哪些数据完整性检查？如果违背某项数据完整性约束，结果会怎样？

2. 在 INSERT 语句中可以使用关键词 DEFAULT 插入默认值，如果在定义表时没有定义相应的默认值，结果会怎样？

3. 表达式"考试成绩=NULL"是否正确？为什么？

4. 当插入的表有计算列时要注意什么？

5. 执行删除操作时会进行哪些数据完整性检查？

6. 当删除被参照表的记录时会进行参照完整性检查，如果发现有参照表的记录参照被删除的记录时有哪些处理方法？具体如何实施？

7. 修改教师表的语句

```
UPDATE student.教师 SET 院系= 2 WHERE 姓名='张建平'
```

能够正确执行吗？为什么？

8. 执行更新操作时会进行哪些数据完整性检查？为什么？

3.5 数据查询功能

SQL 的核心是查询。SQL 的查询命令也称做 SQL SELECT 命令，该命令使用非常灵活，可以完成复杂的查询。

3.5.1 SQL SELECT 命令的语法

SQL SELECT 命令的基本形式由 SELECT-FROM-WHERE 组成。其中，SELECT 指出查询的结果，FROM 指出从哪里查询，WHERE 指出查询的条件。SQL SELECT 命令的基本格式如下：

```
SELECT [ALL|DISTINCT][TOP expression [PERCENT] [WITH TIES]] select_list
[INTO new_table]
FROM table_source
[WHERE search_condition]
[GROUP BY group_by_expression [HAVING search_condition]]
[ORDER BY order_expression [ASC|DESC]]
[COMPUTE {{AVG|COUNT|MAX|MIN|STDEV|STDEVP|VAR|VARP|SUM}
(expression)} [,…,n] [BY expression [,…,n]]]
```

其中常用短语的含义如下：

- SELECT 短语描述查询结果；
- FROM 短语说明查询基于哪个(些)表；
- WHERE 短语说明查询条件；
- GROUP BY 短语说明查询分组，与之配套的 HAVING 短语说明分组条件；
- ORDER BY 短语说明查询结果的排序方式。

其他短语以及各短语的使用方法将结合实例在第 3.5.2 节～3.5.5 节进行详细解释。

另外，SQL Server 2005 还支持查询结果的并(UNION)、交(INTERSECT)、差(EXCEPT)运算。

3.5.2 简单查询

本小节从最简单的查询开始，通过实例来介绍 SQL SELECT 语句。

在 SELECT 短语中，select_list 列出具体的查询结果需求，它通常是表中的列名列表（如果要查询表中的所有列，则可以用星号“*”代替），也可以是合法的表达式列表（表达式可以是表中的列名、常量、计算表达式或函数等）。另外，可以为查询列指定别名。

1. 简单无条件查询

例 3-31 查询学生的全部信息。

```
SELECT * FROM student.学生
```

例 3-32 查询所有课程名称和学时信息。

```
SELECT 课程名称,学时 FROM student.课程
```

2. 简单条件查询

WHERE 短语用来指定查询条件。它可以是由单个表达式构成的简单条件，也可以是由多个条件构成的复杂条件。

在表达式中可以使用的关系运算符包括：等于(=)、不等于(<>或!=)、大于(>)、大于等于(>=)、不大于(!>)、小于(<)、小于等于(<=)和不小于(!<)等。

可以用逻辑与(AND)、逻辑或(OR)、逻辑非(NOT)对表达式进行逻辑运算。

例 3-33 查询学时大于等于 40 的课程编号和课程名称。

```
SELECT 课程编号,课程名称 FROM student.课程 WHERE 学时>=40
```

或

```
SELECT 课程编号,课程名称 FROM student.课程 WHERE 学时!<40
```

例 3-34 查询课时在 50～60(含)之间的课程信息。

```
SELECT * FROM student.课程 WHERE 学时>=50 AND 学时<=60
```

3. 使用[NOT] BETWEEN...AND...指定值的区间

可以使用[NOT] BETWEEN...AND...指定值的区间，可称其为 BETWEEN 表达式，语法格式是：

```
test_expression [NOT] BETWEEN begin_expression AND end_expression
```

其中，test_expression 是测试表达式，begin_expression 是区间的起始值，end_expression 是区间的终止值。

例 3-35 查询课时在 50～60(含)之间的课程信息(同例 3-34)。

```
SELECT * FROM student.课程 WHERE 学时 BETWEEN 50 AND 60
```

如果查询学时不在 50～60 之间的，则有：

```
SELECT * FROM student.课程 WHERE 学时 NOT BETWEEN 50 AND 60
```

使用[NOT] BETWEEN...AND...不仅可以指定数值的区间，还可以指定任何可比较

数据的区间，如某两个日期之间、某两个字符串之间等。

4. 字符串匹配

可以使用[NOT] LIKE 进行字符串匹配查询，语法格式是：

```
match_expression [NOT] LIKE pattern
```

其中，match_expression 是要进行匹配比较的字符串表达式，pattern 是含有通配符的字符串"模版"。表 3-7 对通配符进行了解释。

表 3-7 通配符

通配符	说明	示例
%	包含零个或多个字符的任意字符串	WHERE 课程名称 LIKE '%计算%' 将查找在课程名称中任意位置包含单词"计算"的所有记录
_（下划线）	任何单个字符	WHERE 学号 LIKE '040141_1'将查找 040141 班学号最后 1 位为 1 的所有记录
[ ]	指定范围（如[a～f]）或集合（如[abcdef]）中的任何单个字符	WHERE 学号 LIKE '0[46]%'将查找 04 级和 06 级(学号的前两位为 04 或 06)的所有记录
[^]	不属于指定范围（如[^a～f]）或集合（如[^abcdef]）的任何单个字符	WHERE 学号 LIKE '%[^3～8]'将查找学号的最后 1 位不是 3～8 的所有记录

例 3-36 查询具有教授和副教授职称的教师信息。

```
SELECT * FROM student.教师 WHERE 职称 LIKE '%教授'
```

其中通配符"%"表示 0 或多个字符。如果查询不具有教授和副教授职称的教师信息，则可以：

```
SELECT * FROM student.教师 WHERE 职称 NOT LIKE '% 教授'
```

5. 空值查询

使用 IS [NOT] NULL 来判断表达式是否为空值，语法格为

```
expression IS [NOT] NULL
```

空值是一个概念而不是一个具体的值，所以不能用相等或不相等来进行比较。

例 3-37 查询没有确定责任教师的课程信息(责任教师字段为空值的记录)。

```
SELECT * FROM student.课程 WHERE 责任教师 IS NULL
```

如果查询已经确定了责任教师的课程信息，则有：

```
SELECT * FROM student.课程 WHERE 责任教师 IS NOT NULL
```

6. IN 表达式

IN 表达式用来确定给定的表达式的值是否与子查询或集合列表中的值匹配，格式是：

```
test_expression [NOT] IN (subquery|expression [,…,n])
```

关于子查询(subquery)将在第 3.5.5 节介绍。

例 3-38 查询职称为讲师或副教授的教师信息。

```
SELECT * FROM student.教师 WHERE 职称='讲师' OR 职称='副教授'
```

使用 IN 表达式则可以写为

```
SELECT * FROM student.教师 WHERE 职称 IN ('讲师','副教授')
```

当有多个值需要比较时，显然使用 IN 表达式更加方便。

7. ALL 和 DISTINCT

SELECT 短语中的 ALL 和 DISTINCT 说明是否保留查询结果中的重复行，默认是 ALL(保留重复行)，如果在查询结果中消除重复行，则选用 DISTINCT。

例 3-39 查询或浏览课程性质和学时信息。

```
SELECT 课程性质,学时 FROM student.课程
```

这时具有相同性质和相同学时数的信息将全部列出(包含重复行)，为了去掉重复行，则应该执行：

```
SELECT DISTINCT 课程性质,学时 FROM student.课程
```

8. 存储查询结果

使用 INTO 短语可以将查询结果存储到指定的新表中。

例 3-40 查询"专业基础"课程的信息，并将结果存储到 student 模式下，表名为"专业基础"。

```
SELECT * INTO student.专业基础 FROM student.课程 WHERE 课程性质='专业基础'
```

9. 查询结果的排序

可以使用 ORDER BY 短语对 SELECT 的查询结果进行排序，ORDER BY 短语的格式是：

```
ORDER BY order_expression [ASC|DESC]
```

其中，order_expression 指定排序字段或表达式，ASC(默认)指定按升序排序，DESC 指定按降序排序。可以指定按一列或多列进行排序。

例 3-41 按教师编号升序列出所有教师信息。

```
SELECT * FROM student.教师 ORDER BY 教师编号
```

例 3-42 查询所有学生信息，先按生源升序排序，再按学号升序排序。

```
SELECT * FROM student.学生 ORDER BY 生源,学号
```

10. TOP 短语

TOP 短语指定只返回查询结果的"前"一组结果，该短语必须和排序短语 ORDER BY 一起使用，TOP 短语的格式是

```
TOP (expression) [PERCENT] [WITH TIES]
```

其中，数值表达式 expression 指出返回多少结果，如果同时选用了 PERCENT，则按百分比进行计算，如果选用 WITH TIES，则还返回与规定的最后一行具有相同排序值的其他行。

例 3-43 从选课表中查询考试成绩最高的 3 条选课信息。

```
SELECT TOP (3) * FROM student.选课 ORDER BY 考试成绩 DESC
```

例 3-44 从选课表中查询考试成绩最高的 3 条选课信息，如果有与第 3 条记录的考试成绩并列的记录也列出。

```
SELECT TOP (3) WITH TIES * FROM student.选课 ORDER BY 考试成绩 DESC
```

例 3-45 从选课表中查询考试成绩在前 15%的选课记录信息，如果随后有成绩并列的记录也一起列出。

```
SELECT TOP (15) PERCENT WITH TIES * FROM student.选课
ORDER BY 考试成绩 DESC
```

11. 集合运算

SQL Server 2005 支持集合的并(UNION)、交(INTERSECT)、差(EXCEPT)运算。

例 3-46 查询职称为教授和副教授的教师姓名和专业(用集合并运算完成)。

```
SELECT 姓名,专业 FROM student.教师 WHERE 职称='教授'
UNION
SELECT 姓名,专业 FROM student.教师 WHERE 职称='副教授'
```

例 3-47 查询具有教授职称并是课程责任教师的教师编号(用集合交运算完成)。

```
SELECT 教师编号 FROM student.教师 WHERE 职称='教授'
INTERSECT
SELECT 责任教师 FROM student.课程
```

这里，教师编号字段和责任教师字段具有相同的值域，所以它们可以进行集合运算。

例 3-48 查询不是课程责任教师的教师编号(用集合差运算完成)。

```
SELECT 教师编号 FROM student.教师
EXCEPT
SELECT 责任教师 FROM student.课程
```

3.5.3 连接查询

当查询涉及多个表，特别是当查询结果的数据涉及多个表时需要使用连接查询。连接查询与关系代数的连接运算相对应。连接查询的基本语法格式如下：

```
SELECT ...
FROM <table_source> [INNER | {LEFT | RIGHT | FULL} [OUTER]] JOIN <table_source>
  ON <joined_condition>
  [[INNER | {LEFT | RIGHT | FULL} [OUTER]] JOIN <table_source>
  ON <joined_condition>, n]
[WHERE <search_condition>]
```

INNER 和 OUTER 说明是内连接还是外连接，外连接又分为 LEFT(左)连接、RIGHT(右)连接和 FULL(全)连接。

内连接时只有满足连接条件的记录信息会出现在查询结果中；外连接则可以把不满足

连接条件的记录信息也列在查询结果中。在接下来的例子中将给出具体的解释。

例 3-49 查询教师所负责的课程信息(责任教师的姓名、职称、负责的课程名称和课程性质)。

这个查询的责任教师的姓名和职称信息来自教师表,负责的课程名称和课程性质来自课程表。这是两个表的连接查询,连接字段是教师表的教师编号和课程表的责任教师。

```
SELECT 姓名,职称,课程名称,课程性质
FROM student.教师 JOIN student.课程 ON 教师编号=责任教师
```

以上查询只有满足连接条件的记录信息会出现在查询结果中,即是责任教师的教师信息和有责任教师的课程信息;这种查询也称做内查询,即 INNER JOIN,其中 INNER 是默认选项可以省略。与之等价的语句是:

```
SELECT 姓名,职称,课程名称,课程性质
FROM student.教师 INNER JOIN student.课程 ON 教师编号=责任教师
```

例 3-50 查询教师所负责的课程信息,同时列出没有确定责任教师的课程。

这个例子要求查询教师所负责的课程信息,同时列出没有确定责任教师的课程信息,所以使用外连接。由于要列出的不满足连接条件的课程信息出自 JOIN 右边的表,因此使用右连接:

```
SELECT 姓名,职称,课程名称,课程性质
FROM student.教师 RIGHT JOIN student.课程 ON 教师编号=责任教师
```

此时没有责任教师的课程所对应的教师字段(姓名和职称)显示空值 NULL,如图 3-2 所示。

	姓名	职称	课程名称	课程性质
1	顾波	副教授	数据库	专业基础
2	刘昌勇	教授	系统分析与设计	专业基础
3	NULL	NULL	运筹学	专业基础
4	杜子意	教授	经济学原理	专业基础
5	刘昌勇	教授	信息资源管理	专业选修
6	NULL	NULL	系统开发工具与环境	专业选修

图 3-2 外连接查询结果示意

当使用 LEFT,RIGHT 和 FULL 连接时默认就是 OUTER 连接,因此 OUTER 可以省略。

例 3-51 查询教师所负责的课程信息,同时列出不是责任教师的教师信息。

这个例子要求查询教师所负责的课程信息,同时列出不是责任教师的教师信息,所以使用外连接。由于要列出的不满足连接条件的教师信息出自 JOIN 左边的表,因此使用左连接:

```
SELECT 姓名,职称,课程名称,课程性质
FROM student.教师 LEFT JOIN student.课程 ON 教师编号=责任教师
```

此时不是责任教师的教师所对应的课程字段(课程名称和课程性质)显示空值 NULL。

例 3-52 查询教师所负责的课程信息,同时列出没有确定责任教师的课程信息和不是责任教师的教师信息。

这个例子查询教师所负责的课程信息,同时列出没有确定责任教师的课程信息和不是责任教师的教师信息,即不满足连接条件的教师信息和课程信息都要列出,所以使用 FULL 连接:

```
SELECT 姓名,职称,课程名称,课程性质
FROM student.教师 FULL JOIN student.课程 ON 教师编号=责任教师
```

此时，没有责任教师的课程所对应的教师字段（姓名和职称）显示空值 NULL，不是责任教师的教师所对应的课程字段（课程名称和课程性质）显示空值 NULL。

例 3-53 查询考试成绩在 90 分以上（含）的学生的学号、姓名、相应的课程名称和考试成绩。

这个查询与 3 个表相关，其中学生的学号和姓名出自学生表，课程名称出自课程表，考试成绩出自选课表。学生表和选课表通过学号进行连接，课程表和选课表通过课程编号进行连接：

```
SELECT 学生.学号,姓名,课程名称,考试成绩
FROM student.学生 JOIN student.选课 ON 学生.学号=选课.学号
JOIN student.课程 ON 选课.课程编号=课程.课程编号
WHERE 考试成绩>=90
```

当在不同的表中有相同名称的字段时，必须用表名指出使用的是哪个表中的字段，如 SELECT 短语中的“学生.学号”说明使用的是学生表中的学号字段。

另外，SQL Server 还支持广义笛卡儿积运算，基本语法格式是：

```
SELECT ...
FROM <table_source>CROSS JOIN <table_source>
[WHERE <search_condition>]
```

如下语句完成教师表和课程表的广义笛卡儿积运算：

```
SELECT *
FROM student.教师 CROSS JOIN student.课程
```

当使用 SELECT 子句指定字段，使用 WHERE 子句指定连接条件和查询条件时，则可以完成一般的连接查询。

例 3-54 使用 CROSS JOIN 连接完成例 3-53 的查询。

```
SELECT 学生.学号,姓名,课程名称,考试成绩
FROM student.学生 CROSS JOIN student.选课 CROSS JOIN student.课程
WHERE 学生.学号=选课.学号 AND 选课.课程编号=课程.课程编号 AND 考试成绩>=90
```

3.5.4 分组与汇总查询

SQL SELECT 查询可以直接对查询结果进行汇总计算，也可以对查询结果进行分组计算。在查询中完成计算的函数称做聚合函数，分组查询分为 GROUP BY 分组和 COMPUTE BY 分组两种。

1. 聚合函数与汇总查询

SQL Server 提供的聚合函数包括常用的 COUNT、AVG、MIN、MAX 和 SUM，以及 CHECKSUM、CHECKSUM_AGG、COUNT_BIG、GROUPING、STDEV、STDEVP、VAR、VARP 等，表 3-8 列出了这些聚合函数的简介。聚合函数是对初始的查询结果进行计算，然后得到最终的查询结果，所以，聚合函数只可以用在：

(1) SELECT 子句的选择列表。

表 3-8 聚合函数

函　数	功 能 简 介
COUNT	计数,返回数据类型为 int
AVG	计算平均值
MIN	计算最小值
MAX	计算最大值
SUM	计算合计
CHECKSUM	计算校验和的哈希索引值
CHECKSUM_AGG	计算校验和
COUNT_BIG	计数,返回数据类型为 bigint
GROUPING	当使用某些特殊选项时使用
STDEV	计算标准偏差
STDEVP	计算总体标准偏差
VAR	计算方差
VARP	计算总体方差

(2) 限定 GROUP BY 分组的 HAVING 子句。

(3) 完成计算的 COMPUTE 或 COMPUTE BY 子句。

聚合函数对一组值执行计算并返回单个值,除 COUNT 以外,其他聚合函数都会忽略空值 NULL。

例 3-55 查询目前有多少责任教师。

```
SELECT COUNT(DISTINCT 责任教师) FROM student.课程
WHERE 责任教师 IS NOT NULL
```

该查询对责任教师进行计数(COUNT),所以需要使用 DISTINCT 去掉重复值。

例 3-56 查询数据库课程的平均成绩。

```
SELECT AVG(考试成绩)
FROM student.课程 JOIN student.选课 ON 课程.课程编号=选课.课程编号
WHERE 课程名称='数据库'
```

2. GROUP 分组查询与计算

使用 SQL 可以进行分组汇总查询,在 SQL 标准中分组子句是 GROUP BY,GROUP BY 分组查询的基本语法格式如下:

```
SELECT group_by_expression , <聚合函数>[, n]
FROM <table_source>
[WHERE search_condition]
GROUP BY group_by_expression
[HAVING search_condition]
```

其中:

- SELECT 子句和 GROUP BY 子句中的 group_by_expression 是相对应的,它是分组标识,通常是字段。
- WHERE 子句中的 search_condition 是查询条件,它与分组无关,执行查询时是先查

找满足条件的记录，然后对满足条件的记录进行分组。

- HAVING 子句用来限定分组，所以该子句中的 search_condition 是分组的记录应该满足的条件，HAVING 子句必须配合 GROUP BY 子句使用，该子句不能单独使用。
- 分组时使用聚合函数对每一组的记录进行计算，并且同时可以进行多种计算。

例 3-57 查询各院系教师的人数（显示院系名称和教师人数）。

```
SELECT 名称,COUNT(*) 教师人数
FROM student.院系 JOIN student.教师 ON 院系.编号=教师.院系
GROUP BY 名称
```

在查询结果中可以为查询列指定名称，如这里的“COUNT(*) 教师人数”，查询结果是 COUNT(*)，而查询结果列的名称是“教师人数”。

使用 GROUP BY 查询的结果是不排序的，如果希望排序，则需要再使用 ORDER BY 子句。

例 3-58 查询各门课程考试成绩的平均分、最高分和最低分。

```
SELECT 课程名称,AVG(考试成绩)平均分,MAX(考试成绩)最高分,MIN(考试成绩)最低分
FROM student.课程 JOIN student.选课 ON 课程.课程编号=选课.课程编号
GROUP BY 课程名称
```

例 3-59 查询专业基础课平均分大于等于 60 分的各门课程考试成绩的平均分、最高分和最低分。

```
SELECT 课程名称,AVG(考试成绩)平均分,MAX(考试成绩)最高分,MIN(考试成绩)最低分
FROM student.课程 JOIN student.选课 ON 课程.课程编号=选课.课程编号
WHERE 课程性质='专业基础'
GROUP BY 课程名称
HAVING AVG(考试成绩)>=60
```

这里，WHERE 子句首先查询专业基础课的记录，然后按照课程名称进行分组，最后用 HAVING 限定每一组的平均分都大于等于 60。

使用 GROUP BY 分组查询只能查询到分组的结果，而不能看到组内记录的明细信息。

3. COMPUTE 分组查询与计算

SQL Server 还支持另外一种计算和汇总，即 COMPUTE 计算和汇总，这时不仅可以显示汇总或分组计算的结果，还可以显示明细信息。使用 COMPUTE 分组查询与计算的 SQL 语句的基本语法格式如下：

```
SELECT...
FROM <table_source>
[WHERE search_condition]
[ORDER BY expression [ASC|DESC] [,...,n]]
COMPUTE <聚合函数>[, n]
[BY expression [,...,n]]
```

这里，SELECT 子句指出查询明细，COMPUTE 子句指定用聚合函数进行计算，如果指

定 BY 子句,则说明进行分组计算(为了保证分组计算的正确,必须同时使用 ORDER BY 子句,这两个子句中的 expression 是相对应的)。

例 3-60 查询所有专业基础课的信息,并计算其总学时。

```
SELECT * FROM student.课程
WHERE 课程性质='专业基础'
COMPUTE SUM(学时)
```

查询结果首先显示所有专业基础课的信息,然后显示所有专业基础课的学时总数。

例 3-61 查询学生的考试成绩(要求查询学号、姓名、课程名称和考试成绩),同时计算每个学生的平均成绩、最高成绩和最低成绩。

```
SELECT 学生.学号,姓名,课程名称,考试成绩
FROM student.课程 JOIN student.选课 ON 课程.课程编号=选课.课程编号
    JOIN student.学生 ON 学生.学号=选课.学号
ORDER BY 学生.学号
COMPUTE AVG(考试成绩),MAX(考试成绩),MIN(考试成绩) BY 学生.学号
```

这里,SELECT 给出了要查询的字段,COMPUTE ...BY...说明了要进行的分组计算。

例 3-62 在例 3-61 的基础上再计算所有学生的平均成绩、最高成绩和最低成绩。

```
SELECT 学生.学号,姓名,课程名称,考试成绩
FROM student.课程 JOIN student.选课 ON 课程.课程编号=选课.课程编号
    JOIN student.学生 ON 学生.学号=选课.学号
ORDER BY 学生.学号
COMPUTE AVG(考试成绩),MAX(考试成绩),MIN(考试成绩) BY 学生.学号
COMPUTE AVG(考试成绩),MAX(考试成绩),MIN(考试成绩)
```

这里,第 1 个 COMPUTE 带 BY 子句,说明按学号进行分组汇总计算;第 2 个 COMPUTE 不带 BY 子句,说明是对整个查询结果进行汇总计算。

3.5.5 嵌套查询

SQL SELECT 语句的查询结果是一个集合,它可以直接用于其他查询,通常把这种查询称做嵌套查询。嵌套查询有很多种,例如有使用 IN 运算的嵌套查询、使用量词 ANY, SOME,ALL 进行比较的嵌套查询、使用谓词 EXISTS 进行判断的嵌套查询等。

1. 使用 IN 运算的嵌套查询

IN 是集合的属于运算,使用 IN 运算进行嵌套查询的基本语法格式是:

```
SELECT... FROM <table_source>
WHERE [<其他查询条件>AND] <expression1> IN
  (SELECT <expression2> FROM <table_source>
  [WHERE ...])
```

这里<expression1>和<expression2>出自同一个值域,并且通常是字段。

例 3-63 查询由教授负责的课程信息(课程编号、课程名称、学时和课程性质)。

这个查询所要求的信息来自课程表,但是条件涉及教师表。因此可以首先从教师表查

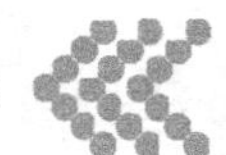

询教授的教师编号,然后再查询哪些课程是由这些教师负责的。

```
SELECT 课程编号,课程名称,学时,课程性质 FROM student.课程
WHERE 责任教师 IN
(SELECT 教师编号 FROM student.教师 WHERE 职称='教授')
```

2. 使用量词 ANY、SOME、ALL 进行比较的嵌套查询

有时需要将外层查询中的字段(或表达式)与内层查询的结果值进行比较,此时一般可以使用量词 ANY,SOME,ALL 进行比较完成嵌套查询。

使用量词 ANY,SOME,ALL 进行比较嵌套查询的一般语法格式是:

```
SELECT… FROM <table_source>
WHERE [<其他查询条件>AND]
  <expression1><比较运算符> [ANY|SOME|ALL]
  (SELECT <expression2>FROM <table_source>
  [WHERE...])
```

这里:

- <expression1>和<expression2>出自同一个值域,并且通常是字段。
- 一般在查询时<expression1>是一个值,而<expression2>是内层查询结果的值的集合。
- ANY 和 SOME 是同义词,表示<expression1>和内层查询结果中的<expression2>值的集合中的某个(或某些)值进行比较;而 ALL 表示<expression1>和内层查询结果中的<expression2>值的集合中的全部值进行比较。

例 3-64 查询责任教师的有关信息(姓名、性别、职称、专业)。

```
SELECT 姓名,性别,职称,专业
FROM student.教师
WHERE 教师编号=ANY
(SELECT 责任教师 FROM student.课程
WHERE 责任教师 IS NOT NULL)
```

这里,内层查询从课程表查询到所有责任教师(责任教师的教师编号),外层查询的教师编号字段值只要等于其中的任何一个值就说明该教师是某门课程的责任教师。

这里的 ANY 可以用同义词 SOME 取代。

思考:如何查询不是责任教师的有关信息?

例 3-65 查询有考试成绩大于数据库课程全部考试成绩的学生信息。

```
SELECT * FROM student.学生 WHERE 学号 IN
(SELECT 学号 FROM student.选课 WHERE 考试成绩>ALL
(SELECT 考试成绩
FROM student.选课 JOIN student.课程 ON 选课.课程编号=课程.课程编号
WHERE 课程名称='数据库' AND 考试成绩 IS NOT NULL))
```

这是一个 3 层嵌套的查询,最内层首先查询数据库课程的所有考试成绩,第 2 层查询有成绩大于所有(ALL)这些成绩的学生的学号,最后得到相应的学生信息。

例 3-66 查询"系统分析与设计"课程的责任教师的姓名、职称以及所负责的其他课程(课程编号和课程名称)。

```
SELECT 课程编号,课程名称,姓名,职称
FROM student.课程 JOIN student.教师
ON 课程.责任教师=教师.教师编号
WHERE 责任教师=
(SELECT 责任教师 FROM student.课程
WHERE 课程名称='系统分析与设计')
```

这里,内层查询的结果是系统分析与设计课程的责任教师(编号),结果是唯一的,所以嵌套查询时可以直接使用比较运算"=",即查询和该门课程是同一个负责教师的有关信息。另外,查询结果的信息分别取自课程表和教师表,所以外层查询还使用了连接。

3. 内外层互相关嵌套查询

前面几个例子都是外层查询利用了内层的查询结果,而内层查询与外层查询没有关系。有时候,某些查询需求可能需要外层查询为内层查询提供数据。

为了说明内外层互相关嵌套查询,先用如下命令为学生表增加一个平均分字段:

```
ALTER TABLE student.学生 ADD 平均分 INT
```

例 3-67 根据选课表计算每个学生的平均成绩,并将计算结果写到学生表的平均分字段。

这是一个查询与更新操作相结合的嵌套查询操作。

```
UPDATE student.学生 SET 平均分=
(SELECT AVG(考试成绩) FROM student.选课
WHERE 选课.学号=学生.学号)
```

这里,内层查询选课表,外层更新学生表。内层的每一次查询计算都需要外层提供一个学生的学号,根据这个学号来计算外层当前学生的平均成绩,最后将这个计算结果写到外层学生表的平均分字段。

4. 使用谓词 EXISTS 进行判断的嵌套查询

使用谓词 EXISTS 进行判断的嵌套查询是一种内外层互相关的嵌套查询,内层根据外层提供的数据进行查询,外层用 EXISTS 判断内层是否存在查询结果。

例 3-68 查询哪些学生(学号和姓名)有未完成考试的课程(考试成绩为 NULL)。

```
SELECT 学号,姓名 FROM student.学生
WHERE EXISTS
(SELECT * FROM student.选课
WHERE 考试成绩 IS NULL AND 学号=学生.学号)
```

这里使用了存在(EXISTS)判断,这个查询是外层向内层查询提供学生表的当前学号字段值,内层查询根据这个值完成一次查询,然后外层通过 EXISTS 判断内层查询是否有结果返回,如果有,则当前学生记录是所要查询的。

例 3-69 查询哪些学生(学号和姓名)没有未完成考试的课程(考试成绩为 NULL)。

```
SELECT 学号,姓名 FROM student.学生
WHERE NOT EXISTS
(SELECT * FROM student.选课
WHERE 考试成绩 IS NULL AND 学号=学生.学号)
```

本节分简单查询、连接查询、分组汇总查询和嵌套查询全面介绍了 SQL SELECT 语句的使用,读者据此可以看到,SQL SELECT 语句具有强大的查询功能,其使用非常灵活,所以需要花点精力去真正地掌握该语句的使用方法。

思考题

1. 讨论 SELECT 短语中 ALL、DISTINCT、TOP、PERCENT 和 WITH TIES 等关键词的作用。

2. 在 LIKE 字符串匹配查询中,如果通配符是字符串的一部分应该如何查询?例如,数据库表的字段中可能存储带有"%"的通过率或折扣率等形式的信息(**提示**:可以使用 ESCAPE 'escape_ character'在字符串中搜索通配符)。

3. SQL SELECT 查询可以分为哪几类?每类查询可以满足什么样的查询需求?

4. 试述在 SELECT 语句中 WHERE 短语和 HAVING 短语各自的作用。

5. 在 SELECT 语句中不使用 JOIN…ON…,如何实现连接查询?

6. 在连接运算或查询中为什么还需要外(OUTER)连接?

7. 使用 COMPUTE BY 分组查询是否能够完成 GROUP BY 分组查询的功能?反之呢?

8. 在 SELECT 查询中聚合函数的作用是什么?聚合函数可以用在哪些短语中?

9. 在 SELECT 语句中 COMPUTE BY 和 COMPUTE 有什么区别?

10. 什么是嵌套查询?

11. 当外层查询中的属性要与内层查询的结果进行比较时,有哪些情况需要注意?

12. 什么是内外层互相关嵌套查询?这样的嵌套查询有什么特点?

13. 使用 EXISTS 的嵌套查询是内外层互相关嵌套查询,否则的话会是什么结果?

14. 连接查询是否可以写出等价的嵌套查询?

15. 嵌套查询是否可以写出等价的连接查询?

16. 在 SQL SELECT 语句中关系代数的选择、投影、连接都很容易表达出来,用 SQL SELECT 语句如何实现关系代数的除法运算?

3.6 视图

视图(view)是关系数据库中的一个重要概念和工具。

3.6.1 视图的概念

从关系和用户的角度来看,视图也是表,只不过视图是一个虚拟表,它本身并不真正存在数据,视图的内容是由 SQL SELECT 查询定义的。与视图是虚拟表的称谓相对应,把独立存在的表也称做基本表(即用 CREATE TABLE 命令建立的表)。

与基本表一样,视图包含一系列命名的列和行数据,行和列数据来自由定义视图的查询所引用的表，并且这些数据是在引用视图时动态生成的。

视图是用 SQL SELECT 查询定义的，所以视图可以源自一个表或多个表，视图中的数据实际上是对表中数据的筛选和再组织。

从关系或用户的观点来看，视图也是表，所以视图一经定义可以像真实表一样进行查询和操作，一般通过视图进行查询没有任何限制，而通过视图进行数据修改仅会受到表的数据完整性约束的限制，因为通过视图完成的任何修改最终都要落实到派生出视图的表上。

图 3-3 示意了一个"教师列表"关系，它包含院系（名称）、姓名、性别和职称 4 个字段，是根据"院系"表和"教师"表派生出来的视图。

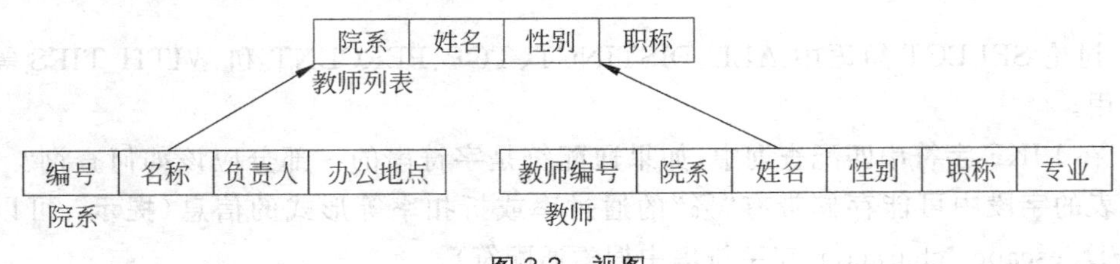

图 3-3 视图

假设"院系"关系如表 3-2 所示、"教师"关系如表 3-4 所示，那么此时"教师列表"视图的内容如表 3-9 所示。

表 3-9 教师列表

院 系	姓 名	性 别	职 称
信息管理学院	刘昌勇	男	教授
信息管理学院	顾波	女	副教授
信息管理学院	张建平	男	讲师
经济管理学院	杜子意	男	教授
经济管理学院	黄梅	女	讲师
计算机学院	李丽	女	助教

读者需要非常清楚地知道视图本身并不真正包含数据，视图中的数据是从基本表中派生出来的，当基本表中的数据发生变化时，视图中的数据也自动发生变化。当对视图进行更新操作时，最终这种更新要落实到基本表上，所以更新能否正常进行取决于定义在基本表上的数据完整性约束。

3.6.2 视图的建立和使用

建立视图的命令是 CREATE VIEW，基本语法格式如下：

```
CREATE VIEW [schema_name .] view_name [(column [,…,n])]
AS select_statement [;]
```

其中，select_statement 是定义视图的 SQL SELECT 语句，该语句决定了视图中的内容。

例 3-70 在 student 模式中定义一个教授视图，该视图中的数据源自教师表中职称为教授的教师记录。

```
CREATE VIEW student.教授 AS
```

```
SELECT 教师编号,院系,姓名,性别,专业
FROM student.教师
WHERE 职称='教授'
```

此时,从用户的观点来看,在 student 模式下存在一个"教授"表,该表可以像其他表一样进行查询和操作,例如可以执行如下查询语句:

```
SELECT * FROM student.教授
```

它等价于执行语句:

```
SELECT 教师编号,院系,姓名,性别,专业
FROM student.教师
WHERE 职称='教授'
```

如下语句对教授视图进行操作,将"刘昌勇教授的专业"修改为"信息系统":

```
UPDATE student.教授 SET 专业='信息系统'
WHERE 姓名='刘昌勇'
```

该语句成功执行后将把教师表中相应记录的专业字段值修改为"信息系统"。

如下操作语句不能成功执行:

```
UPDATE student.教授 SET 院系=1
WHERE 姓名='刘昌勇'
```

在定义教师表时,院系字段是计算字段,所以该字段不能直接修改。

如下插入语句能够成功执行:

```
INSERT INTO student.教授(教师编号,姓名,性别,专业)
VALUES('010222','刘炳辉','男','信息管理')
```

结果是在教师表中插入一条新的记录,但是相应的职称字段为空值 NULL,此时从教授视图也查询不到这条新插入的记录,所以在视图上进行操作时要注意相关的一些问题。

例 3-71 建立一个"教师列表"视图,包含院系表中的名称字段和教师表中的姓名、性别及职称字段。

```
CREATE VIEW student.教师列表(院系,姓名,性别,职称)
AS
SELECT 名称,姓名,性别,职称
FROM student.院系 JOIN student.教师 ON 院系.编号=教师.院系
```

这是基于两个表的连接建立的视图,并且在视图中将院系表中的名称字段命名为院系。这条命令建立的视图正是图 3-3 示意的视图,视图的内容如表 3-9 所示。

思考题

1. 为什么说视图也是关系?
2. 视图中的数据是如何产生的?
3. 使用视图会带来哪些优点?

4. 视图中是否可以包含虚列(计算列)?

5. 对视图的插入、删除、修改操作是如何转换为对基本表的操作的?对视图的插入、删除、修改操作需要注意哪些问题?

6. 根据上一题的讨论,归纳哪类视图是可以更新的、哪类视图是不可以更新的?并分别举例说明。

7. 为什么通过视图插入的记录有可能通过视图却查询不到?举一个这样的例子。

本章小结

本章比较全面地介绍了 SQL 语言的数据定义功能、数据操作功能和数据查询功能。

在数据定义功能中,主要介绍了表的定义,特别强调了其中数据完整性约束的定义,包括实体完整性约束、参照完整性约束和用户定义完整性约束等。定义表的命令是 CREATE TABLE,其中,定义实体完整性的短语是 PRIMARY KEY,定义参照完整性的短语是 FOREIGN KEY REFERENCES,定义域完整性约束的短语是 CHECK,另外还有唯一性约束 UNIQUE 和默认值说明 DEFAULT 等。

在数据操作功能中特别关注了数据完整性约束的作用,从而加深理解数据完整性对保证数据库中数据正确性的重要作用。数据插入命令是 INSERT,删除命令是 DELETE,修改命令是 UPDATE,这些命令能否执行成功,取决于它们是否遵守了表上定义的数据完整性约束。

在数据查询功能中全面介绍了 SQL SELECT 查询语句的使用方法。从中看到 SQL SELECT 语法简单,但是使用灵活、功能强大,使用 SQL SELCT 可以完成各种简单或复杂的查询。SQL SELECT 查询可以分为简单查询、连接查询、分组与汇总查询和嵌套查询等。另外,SQL Server 还支持集合的并、交、差等运算,这也可以使某些查询变得更加简单。

本章最后简单介绍了视图的概念、定义和使用。视图是从基本表派生出来的虚表,它本身不包含数据。定义视图的命令是 CREATE VIEW,其主体是 SQL SELECT 命令,即视图中的数据是由定义视图中的 SQL SELECT 命令决定的。但是从用户的观点来看,视图和基本表一样都是关系,所以视图可以进行查询和插入、删除以及修改操作。查询操作不受约束,而插入、删除和修改操作由于最后要转换成对基本表的操作,所以操作是否成功会受到基本表上完整性约束的限制。

总之,SQL 语言是本课程的重点,是学习和掌握关系数据库的基础,希望读者能够深刻理解和熟练掌握本章的内容。

习题 3

1. SQL 是一种什么语言?
2. 试述模式(SCHEMA)的概念和作用。
3. 在定义表时如何定义实体完整性约束?
4. 什么是参照表?什么是被参照表?如果定义的是参照表,如何定义参照完整性约束?
5. CHECK 约束是一种什么约束?
6. 分别写出 INSERT,DELETE 和 UPDATE 命令的格式,并解释各短语的含义。
7. 表定义中短语 ON DELETE {NO ACTION | CASCADE | SET NULL | SET

DEFAULT}的作用是什么？其中选项 NO ACTION、CASCADE、SET NULL 和 SET DEFAULT 说明了什么？

8. 写出 SQL SELECT 语句的基本语法结构，讨论各个短语的作用。

9. GROUP BY 分组查询和 COMPUTE BY 分组查询有什么区别？

10. 为了保证分组查询的正确性，GROUP BY 和 COMPUTE BY 都需要 ORDER BY 的配合吗？为什么？

11. 什么是基本表？什么是视图？二者有什么区别？二者又有什么相同之处和联系？

实验 2 建立表和定义完整性约束

实验名称：建立模式、表和定义完整性约束。

实验内容：在实验 1 建立数据库的基础上，参照图 3-4 和表 3-10 建立表并定义完整性约束。

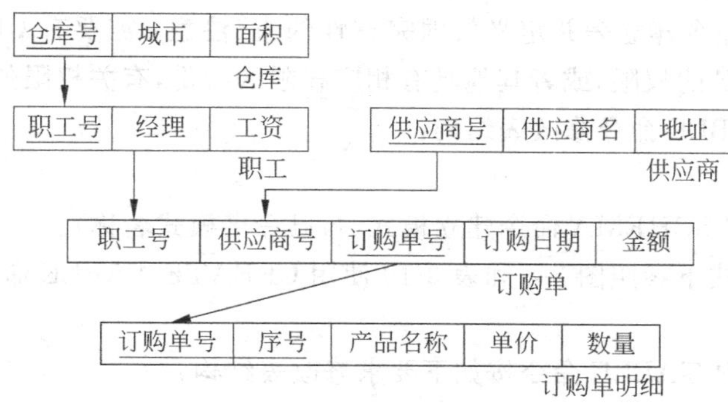

图 3-4 订货数据库

表 3-10 订货数据库字段和约束说明

表　名	字段名	字段类型	关键字	约束说明
仓库	仓库号	6 个字符	是	前 2 位为英文大写字母，后 4 位为数字字符
	城市	10 个字符		唯一，不允许空值
	面积	数值		大于等于 50
职工	职工号	8 个字符	是	前 6 位参照仓库表的仓库号，后 2 位为数字字符
	经理			参照职工号，说明该职工的经理是谁，允许空值
	工资	货币		大于等于 1 000，小于等于 10 000
供应商	供应商号	4 个字符	是	首位为大写字母 S，后 3 位为数字字符
	供应商名	16 个字符		
	地址	30 个字符		
订购单	职工号			参照职工表的职工号，不允许空值
	供应商号			参照供应商表的供应商号，允许空值
	订购单号	6 个字符	是	前 2 位为英文大写字母 OR，后 4 位为数字字符
	订购日期	日期		默认是当前日期
	金额	货币		默认空值，根据订购单明细的单价和数量计算

续表

表　名	字段名	字段类型	关键字	约束说明
订购单明细	订购单号		是	参照订购单表的订购单号,不允许空值
	序号	2位数字	是	
	产品名称	20个字符		
	单价	货币		大于0,默认空值
	数量	整数		大于0,不允许空值

实验目的：熟练掌握表的建立和数据完整性约束的定义方法，实践 DBMS 提供的数据完整性功能，加深对数据完整性的理解。

实验方法：在实验 1 建立数据库的基础上用 CREATE SCHEMA 命令建立模式，用 CREATE TABLE 命令建立表并定义数据完整性约束（**注意**：需要有 CREATE SCHEMA 和 CREATE TABLE 的权限，或者其他具有相应权限的身份，有关权限的内容请参见第 5.2 节），用 ALTER TABLE 命令修改表结构。

实验要求：

1. 用 CREATE SCHEMA 命令建立模式（自己命名模式名称）。

2. 在定义的模式下参照图 3-4 和表 3-10 使用 CREATE TABLE 命令建立表并定义完整性约束。

3. 使用 ALTER TABLE 命令按如下要求修改表结构：

(1) 为订购单表增加一个新的字段“完成日期”，类型为日期时间型，默认是空值。

(2) 为订单明细表的“数量”字段重新定义约束：大于 0、小于等于 1000 的正整数，不允许为空值。

(3) 将供应商表的供应商名字段的类型修改为 varchar(30)。

相关命令：

CREATE SCHEMA 命令的基本格式是（详细解释参见第 3.3.1 节）：

```
CREATE SCHEMA schema_name
```

CREATE TABLE 命令的基本格式是（详细解释参见第 3.3.2 节）：

```
CREATE TABLE [schema_name.]table_name
({<column_definition>|<computed_column_definition>}
[<table_constraint>] [,...,n])
```

其中列定义（column_definition）的基本格式是：

```
column_name < data_type>  [NULL|NOT NULL]
  [[CONSTRAINT constraint_name] PRIMARY KEY|UNIQUE|[FOREIGN KEY]
  REFERENCES [schema_name .] referenced_table_name [(ref_column)]
  [ON DELETE {NO ACTION|CASCADE|SET NULL|SET DEFAULT}]
  [ON UPDATE {NO ACTION|CASCADE|SET NULL|SET DEFAULT}]
| CHECK (logical_expression)]
  [DEFAULT constant_expression]
```

如果需要还可以定义计算列(computed_column_definition)和表级约束(table_constraint)。

ALTER TABLE 命令的基本格式是(详细解释参见第 3.3.2 节):

```
ALTER TABLE [schema_name.]table_name
{ALTER COLUMN column_name <data_type> [NULL|NOT NULL]
| ADD < column _ definition > | < computed _ column _ definition > | < table _
constraint>
| DROP [CONSTRAINT] constraint_name |COLUMN column_name }
```

实验 3 数据操作和完整性约束的作用

实验名称: 数据操作和完整性约束的作用。

实验内容: 在实验 2 的基础上完成数据的插入操作,然后进行部分修改和删除操作,在这些操作中体会数据完整性约束的作用。

实验目的: 熟练掌握 SQL 的 INSERT,UPDATE 和 DELETE 命令,深刻理解数据完整性约束的作用以及约束时机。

实验方法: 在实验 2 的基础上首先用 INSERT 命令插入各个表的记录,然后使用 UPDATE 和 DELETE 命令对部分记录进行修改和删除操作。

实验要求:

1. 读者自行设计各个表的记录,其中仓库表至少 5 条记录、职工表至少 10 条记录、供应商表至少 5 条记录、订购单表至少 20 条记录、订购单名细表至少 50 条记录。

2. 使用 INSERT 命令完成记录的插入操作,要求分别设计若干违反实体完整性、参照完整性和用户定义完整性约束的插入操作,并分析原因。

3. 设计若干删除操作,体会执行删除操作时检查参照完整性规则的效果(要求涉及拒绝删除、空值删除和级联删除等不同的处理方式)。

4. 设计若干更新操作,体会执行更新操作时检查实体完整性规则、参照完整性规则和用户定义完整性规则的效果。

5. 将 x 城市仓库的职工的工资提高 10%。

6. 用 UPDATE 语句完成订购单表金额字段的计算(提示:某张订购单的金额为该订购单所有订购项目(订购单明细)单价乘以数量的总合)。

7. 设计 2～3 个删除操作,它需要另外一个表中的数据作为删除条件(例如,按指定的供应商名称删除订购单记录)。

8. 在实验报告中给出具体的记录和设计的操作,并针对各种数据完整性检查,给出具体的分析和讨论。

相关命令:

SQL 的插入语句是 INSERT,常用格式如下:

```
INSERT INTO [schema_name.]table_or_view_name[(column_list)]
VALUES({expression|DEFAULT|NULL} [,...,n])
```

SQL 的删除语句是 DELETE,常用格式如下:

```
DELETE [FROM] [schema_name.]table_or_view_name
```

```
[WHERE <search_condition>]
```

SQL 更新记录的语句是 UPDATE,常用格式如下:

```
UPDATE [schema_name.]table_or_view_name
SET column_name={expression|DEFAULT|NULL} [,…,n]
[WHERE {<search_condition>}
```

其中,DELETE 和 UPDATE 语句的 WHERE 子句可以嵌套子查询,从而完成基于其他表中记录或字段值的条件的删除或修改操作。

实验 4 数据查询

实验名称:使用 SQL SELECT 语句的数据查询操作。

实验内容:在实验 2 和实验 3 的基础上完成规定的查询操作。

实验目的:熟练掌握 SQL SELECT 命令。

实验方法:在实验 2 和实验 3 的基础上使用 SQL SELECT 命令完成实验要求中所规定的各种查询。

实验要求:

用 SQL SELECT 命令完成以下查询(在完成查询时将题目中的 x,y 等根据实验 3 产生的数据具体化):

(1)～(12)是一般简单查询:

(1) 从职工表中查询所有工资值(考虑去掉和不去掉重复值两种情况)。

(2) 查询仓库表中的全部信息。

(3) 查询工资多于 x 元的职工号。

(4) 查询哪些仓库有工资多于 y 元的职工。

(5) 给出在仓库 x 或 y(x,y 是仓库号)工作,并且工资少于 z 元的职工号。

(6) 查询工资在 x～y 元范围内的职工信息($x>y$)。

(7) 从供应商表中查询出全部公司的信息(不要工厂或其他供应商的信息,即供应商名最后两个汉字是“公司”的记录)。

(8) 查询城市不是 x 的全部仓库信息。

(9) 查询尚未确定供应商的订购单(即订购单的供应商号为空值的记录)。

(10) 查询已经确定了供应商的订购单信息。

(11) 按职工的工资值升序列出全部职工信息。

(12) 先按仓库号升序,再按工资降序列出全部职工信息。

(13)～(21)使用连接查询:

(13) 查询工资多于 x 元的职工号和他们所在的城市。

(14) 查询工作在面积大于 x 的仓库的职工号以及这些职工工作所在的城市。

(15) 根据职工表列出上一级经理及其职工(被其领导)的清单(即列出谁领导谁的清单)。

(16) 列出仓库表和职工表的广义笛卡儿积的运算结果。

(17) 根据仓库表和职工表的广义笛卡儿积得到仓库表和职工表进行自然连接的结果。

(18) 查询供应商-订购单信息，查询结果中包括供应商号、供应商名、订购单号和订购日期这 4 个字段。

(19) 查询供应商-订购单信息，查询结果中包括供应商号、供应商名、订购单号和订购日期这 4 个字段，要求结果中列出所有供应商信息(包括目前没有订购单的)。

(20) 查询供应商-订购单信息，查询结果中包括供应商号、供应商名、订购单号和订购日期这 4 个字段，要求结果中能够反映目前没有确定供应商的订购单情况。

(21) 查询供应商-订购单信息，查询结果中包括供应商号、供应商名、订购单号和订购日期这 4 个字段，要求结果中既能反映目前没有订购单的供应商信息，又能反映目前没有确定供应商的订购单情况。

提示：(18)～(21)分别用内连接、左连接、右连接和全连接完成，分析它们的效果。

(22)～(31)使用嵌套查询(注意使用 ANY，ALL 和 EXISTS)：

(22) 查询哪些城市至少有一个仓库的职工的工资为 x 元。

(23) 查询所有职工的工资都多于 x 元的仓库的信息。

(24) 查询和职工 x 挣同样工资的所有职工信息。

(25) 查询哪些城市的仓库向地址为 x 的供应商发出了订购单。

(26) 查询地址为 x 的供应商目前有 y 城市仓库的订购单的供应商的名称(分别用嵌套查询和连接查询完成，分析各自的效率)。

(27) 查询有职工的工资大于或等于 x 仓库中任何一名职工的工资的仓库号。

(28) 查询有职工的工资大于或等于 x 仓库中所有职工的工资的仓库号。

(29) 列出每个职工经手的具有最高金额的订购单信息。

(30) 查询目前还没有职工的仓库的信息。

(31) 查询目前至少已经有一个职工的仓库的信息。

(32)～(42)汇总和分组查询：

(32) 查询目前仓库所在城市的数目。

(33) 查询目前需要支付的职工工资的总数。

(34) 查询 x 和 y 两个城市的仓库职工的工资总和。

(35) 查询所有职工的工资都多于 x 元的仓库的平均面积。

(36) 查询工资大于 x 元的职工所经手的订购单的最高金额。

(37) 查询每个仓库的职工的平均工资。

(38) 查询每个仓库的订购单的最高金额、最低金额和平均金额。

(39) 查询至少有 5 个订购项目的每张订购单的平均金额。

(40) 列出职工全部记录并计算各仓库的平均工资和工资小计，最后给出全体职工的平均工资和工资总和(使用 COMPUTE...BY 和 COMPUTE)。

(41) 列出全部订购单明细并计算各订购单的金额，最后给出所有订购单的平均金额和金额总计(使用 COMPUTE...BY 和 COMPUTE)。

(42) 列出全部订购单记录并计算所有订购单的平均金额和金额总计(使用 COMPUTE)。

相关命令：

SQL SELECT 查询命令的基本框架如下(详细解释参见第 3.5.1 节)：

```
SELECT...
FROM...
[WHERE...]
[GROUP BY... [HAVING...]]
[ORDER BY... [ASC|DESC]]
[COMPUTE...[BY... [,...,n]]]
```

实验 5 视图的应用

实验名称：视图的建立和应用。

实验内容：在实验 2 和实验 3 的基础上定义视图，并在视图上完成查询、插入、更新和删除操作。

实验目的：掌握视图定义和应用的方法，体会视图和基本表的异同之处。

实验方法：在实验 2 和实验 3 的基础上用 CREATE VIEW 命令定义视图，然后使用 SELECT 命令完成查询，使用 INSERT，UPDATE 和 DELETE 命令分别完成插入、更新和删除操作。

实验要求：

1. 在实验 2 建立的基本表的基础上，按如下要求设计和建立视图：

(1) 基于单个表按投影操作定义视图。

(2) 基于单个表按选择操作定义视图。

(3) 基于单个表按选择和投影操作定义视图。

(4) 基于多个表根据连接操作定义视图。

(5) 基于多个表根据嵌套查询定义视图。

(6) 定义含有虚字段的视图。

2. 分别在定义的视图上设计一些查询(包括基于视图和基本表的连接或嵌套查询)。

3. 在不同的视图上分别设计一些插入、更新和删除操作，分情况讨论哪些操作可以成功完成，哪些操作不能完成，并分析原因。

4. 在实验报告中要给出具体的视图定义要求和操作要求，并针对各种情况做出具体的分析和讨论。

相关命令：

定义视图的命令是 CREATE VIEW，其核心是 SQL SELECT 查询，基本命令格式如下：

```
CREATE VIEW <视图名>AS <SELECT-查询块>
```

第4章　数据库编程初步

本章导读

主要内容

一般用开发工具开发数据库应用。实际上，在数据库管理系统内部也支持数据处理编程功能，本章以 SQL Server 为背景介绍数据库编程的一些基本内容。具体内容包括：

- 简单介绍 Transact-SQL(简称 T-SQL)的全貌；
- 游标(cursor)及其应用；
- 存储过程及其应用；
- 触发器及其应用。

学习目标

- 了解基于数据库服务器的数据库编程基础；
- 掌握 Transact-SQL 编程的基本语句和流程控制方法；
- 理解游标的概念，掌握游标的使用方法；
- 理解存储过程的概念，掌握存储过程的创建和调用方法；
- 理解触发器的概念，掌握 DML 触发器的使用方法。

重点、难点

本章学习的重点是掌握数据库编程的基本方法，要求学生能够理解游标、存储过程和触发器的概念，并能够运用 Transact-SQL 完成相应的编程。

本章学习的难点是能够灵活运用游标、存储过程和触发器完成相关的数据库应用开发。

4.1　T-SQL 简介

SQL Server 使用的语言称做 Transact-SQL，它不仅包括基本 SQL 操作的内容(第3章介绍的关系数据库标准语言 SQL)，还包括一般程序设计的能力。

4.1.1　变量、数据类型与表达式

1. 数据类型与变量说明

在数据库中，每个列、局部变量、表达式和参数都有一个相关的数据类型。数据类型是一种属性，用于指定对象可保存的数据的类型：整数数据、字符数据、货币数据、日期和时间数据、二进制字符串等。

在 T-SQL 中，用 DECLARE 语句说明内存变量，用 SELECT 语句赋值。

变量说明的命令格式为：

```
DECLARE @<变量名><数据类型>[,@<变量名><数据类型>...]
```

注意：变量名前必须有@前缀，以便与关系的属性名相区分。

T-SQL 对变量赋值的命令是：

```
SELECT @<变量名>=<表达式> [,@<变量名>=<表达式>...]
```

或

```
SELECT @<变量名>=<表达式>[,@<变量名>=<表达式>...]
FROM <表名> |<视图名>...
```

第 1 种格式是直接对变量进行赋值，第 2 种格式是将 SELECT 查询的结果赋值给变量。

不同的数据库管理系统支持的数据类型略有差别，下面列出了 SQL Server 2005 支持的数据类型。

(1) 整数

整数是指不包含小数或分数部分的数字。SQL Server 2005 具有下列整数数据类型：

- bigint　长度为 8 个字节的长整型数字。
- integer 或者 int　长度为 4 个字节的标准整型数字。
- smallint　长度为 2 个字节的短整型数字。
- tinyint　长度为 1 个字节的单字节整数数字(范围 0～255)。

整数对象和表达式可用于任何数学运算。任何由这些运算生成的分数都将被舍去，而不是四舍五入。例如，SELECT 5/3 的返回值为 1，而不是对分数结果四舍五入后返回的 2。

整数数据类型是可与 IDENTITY 属性一起使用的唯一类型，该属性是一个可以自动增加的数字。IDENTITY 属性通常用于自动生成唯一的标识号或主关键字。

(2) 非整数数字

非整数数字通常分为精确表示和近似表示两类。

在 T-SQL 中，numeric 和 decimal 是同义词，它们表示精确数字数据类型，最多可以存储 38 位数字，它们的说明方式为 decimal(p, s)或 numeric(p, s)。其中，p 是总的精度、s 是小数位数，并且 p 和 s 必须遵守规则：$0 \leqslant s \leqslant p \leqslant 38$(numeric 和 decimal 数据类型的默认最大精度为 38)。

在 T-SQL 中，float 和 real 为近似数据类型。近似数值数据类型并不存储为许多数字指定的精确值，它们只储存这些值的近似值。由于 float 和 real 数据类型的这种近似特性，因此当要求使用精确数值时，比如在财务应用程序中请勿使用这些数据类型。

在 WHERE 子句搜索条件(特别是=和<>运算符)中，应避免使用 float 列或 real 列，float 列和 real 列最好只限于>比较或<比较。

(3) 货币数据类型

在 T-SQL 中可以使用 money 和 smallmoney 两种数据类型存储货币数据或货币值，这些数据类型可以使用常用的货币符号，如美元符号＄、人民币符号￥等。

(4) 字符数据类型

在 T-SQL 中可以使用定长字符类型 char 和可变长字符类型 varchar，它们可以是单个字符或字符串。

char 类型最多可以包含 8000 个字符的字符串，varchar 类型最多可以包含 2^{31} 个字符的字符串。

varchar 数据可以有两种形式，一种是指定最大字符长度，如 varchar(6)说明此数据类型最多存储 6 位字符；另一种形式可以是 varchar(max)，这时，该数据类型可存储的最大字符数可达 2^{31}。

在 SQL Server 2005 中可以使用 varchar(max)代替早期版本中的 text 类型存储大型文本数据。

字符常量必须包括在单引号（'）或双引号（"）中，建议使用单引号。默认是不允许用双引号的。

(5) 日期和时间数据类型

在 T-SQL 中可以使用 datetime 和 smalldatetime 两种日期和时间数据类型。

在 SQL Server 中用单引号（'）括起来的合法日期和时间字符串表示日期、时间常量，例如 '4/15/2008' 和 '20080415' 均表示 2008 年 4 月 15 日。

(6) 二进制数据类型

binary 和 varbinary 类型以二进制形式(位流)存储数据。binary 最多可以存储 8 000 个字节，varbinary 使用 varbinary(max)形式说明时最多可以存储 2^{31} 个字节。

在 SQL Server 2005 中可以使用 varbinary(max)代替早期版本的 image 类型存储图像数据。

(7) 关于 Unicode 数据类型

传统编码(如 ASCII 码)采用单字节，因此只能表示 256 个不同的字符，这样将使部分字符不能表示，特别是在系统转换时常常会丢失信息。Unicode 是一种新的编码规范，它采用两个字节编码，这样可以表示 65 536 个字符。显然，Unicode 数据类型只与字符型数据相关，在 SQL Server 中支持 Unicode 数据的类型是 nchar 和 nvarchar，它们分别与 char 和 varchar 数据类型相对应，nchar 和 nvarchar 支持更大范围的字符，也需要更大的空间，如 nchar 类型的属性最大为 4 000 个字符，而 char 类型的属性最大可以为 8 000 个字符。

(8) 特殊数据类型

SQL Server 还支持一些特殊数据类型，主要有：

- cursor 数据类型　cursor 是一个查询的临时结果集(参见第 4. 2 节)，可以说明 cursor 数据类型的变量和参数。cursor 不可以作为表的属性的数据类型。
- sql_variant 数据类型　有时候属性、参数、变量或用户定义函数的返回值的数据类型不确定，此时可以使用 sql_variant 数据类型，这是一种通用数据类型。例如，当不能确定一个变量的取值是字符还是数字时，则可以将该变量说明为 sql_variant 类型。sql_variant 类型不适合大值数据，如 varchar(max)等。
- table 数据类型　类似于 cursor 数据类型，用于存储结果集以进行后续处理，它主要用于临时存储一组作为表值函数的结果集返回的行。说明 table 类型的变量或参数需要给出列的描述，例如，如下语句说明了一个 table 变量。

```
declare @temp table(id int,city char(50))
```

- XML 数据类型　存储 XML 数据的数据类型。可以在列中或者 XML 类型的变量中存储 XML 实例。

2. 运算符与表达式

常量、变量、属性名或函数通过与运算符的有机结合可以构成各类表达式。

(1) 算术运算符

T-SQL 中可以使用的算术运算符及其含义见表 4-1。

表 4-1　算术运算符

运算符	含义	可用于
+	加	int,smallint,tinyint,numeric,decimal,float,real,money,smallmoney
-	减	同上
*	乘	同上
/	除	同上
%	取模	int,smallint,tinyint

(2) 位运算符

T-SQL 中可以使用的位运算符及其含义见表 4-2。

表 4-2　位运算符

<table>
<tr><th>运算符</th><th>含义</th><th>可用于</th></tr>
<tr><td>&</td><td>按位与(二元运算)</td><td>仅用于 int,smallint,tinyint 属性</td></tr>
<tr><td>|</td><td>按位或(二元运算)</td><td>同上</td></tr>
<tr><td>^</td><td>按位异或(二元运算)</td><td>同上</td></tr>
<tr><td>~</td><td>按位取反(一元运算)</td><td>Int,smallint,tinyint 和 bit</td></tr>
</table>

(3) 比较运算符

T-SQL 中可以使用的比较运算符及其含义见表 4-3。

表 4-3　比较运算符

运算符	含义	运算符	含义
=	等于	<>	不等于
>	大于	!=	不等于
<	小于	!>	不大于
>=	大于或等于	!<	不小于
<=	小于或等于		

(4) 逻辑运算符

T-SQL 中可以使用的逻辑运算符及其含义见表 4-4。

表 4-4　逻辑运算符

运算符	含义	运算符	含义
AND	逻辑与	NOT	逻辑非
OR	逻辑或		

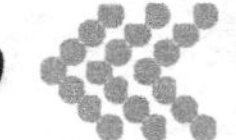

(5) 字符串运算符

在 T-SQL 中可以用算术运算符的加号(＋)作字符串的连接运算。如,'abc'＋'def'的结果为'abcdef'。字符串的其他操作均要通过字符串(string)函数来完成。

4.1.2 函数

T-SQL 提供了大量的函数供用户使用,这些函数是 T-SQL 命令的扩充,它们可以用于很多场合。SQL Server 的函数可以分为如下类别:

- 聚合函数　其功能是将多个值合并为一个值,例如在第 3.5.4 节中使用过的 COUNT,SUM,AVG,MIN 和 MAX 等。
- 配置函数　可返回有关配置设置的信息,它实际上是一组全局变量(以@@作前缀),它们直接记录了有关配置信息,例如,如下语句可以返回当前服务器的名称:

```
SELECT @@SERVERNAME
```

- 加密函数　支持加密、解密、数字签名和数字签名验证等。
- 游标函数　返回有关游标状态的信息,游标的概念将在第 4.2 节介绍。
- 日期和时间函数　可以对日期和时间执行操作,并返回一个字符串、数字值或日期和时间值。
- 数学函数　执行数学运算的函数,如三角函数、取绝对值、计算平方等。
- 元数据函数　返回数据库和数据库对象的属性信息。
- 行集函数　该类函数返回一个结果集(可以看做是表或视图),该结果集可在 T-SQL 语句中当做表来使用。
- 安全函数　该类函数返回用户和角色等与安全有关的信息。
- 字符串函数　对字符串进行操作或计算的函数,可能涉及 char、varchar、nchar、nvarchar、binary 和 varbinary 等数据类型的值。如 len 函数计算字符串的长度,substring 函数计算字符串的子串等。
- 系统函数　对系统级的各种选项和对象进行操作或返回结果。
- 系统统计函数　返回有关 SQL Server 性能的信息。

有关 SQL Server 函数的详细介绍请参阅相关使用手册。

4.1.3 语句

这里对 T-SQL 中常用的程序语句和基本语法作一简单介绍。

1. 赋值语句

可以使用 SET 或 SELECT 语句给局部变量赋值。

SET 语句的基本格式是:

```
SET @local_variable=expression
```

SELECT 语句的基本格式是:

```
SELECT @local_variable=expression
```

其中,@local_variable 是用 DECLARE 语句说明的局部变量(注意:局部变量必须用@作前缀),expression 是与变量相匹配的表达式。

2. BEGIN…END

BEGIN…END 是复合语句括号,BEGIN…END 可以嵌套。

3. 条件语句

条件语句的基本格式如下:

```
IF Boolean_expression
   sql_statement
[ELSE
   sql_statement]
```

其中,Boolean_expression 是条件表达式,sql_statement 是单个或复合语句。

IF 条件语句可以嵌套。

4. 循环语句

循环语句的基本格式是:

```
WHILE Boolean_expression
   sql_statement
```

其中,Boolean_expression 是循环条件表达式(结果为真时继续循环),sql_statement 是要循环执行的语句(循环体)。

在循环体中可以使用 BREAK 语句强制跳出循环(转到循环语句后的语句),可以使用 CONTINUE 语句强制开始下一次循环(转到循环体的第 1 条语句)。

WHILE 循环语句可以嵌套。

5. EXECUTE 语句

EXECUTE 语句主要用于执行存储过程,具体内容参见第 4.3 节。

6. WAITFOR 语句

WAITFOR 语句挂起批处理、存储过程或事务的执行。

WAITFOR 语句通常用于事务控制,例如,当已超过指定的时间间隔或到达一天中指定的时间再恢复程序的运行。

例如,如下语句使程序延迟 10s 执行:

```
WAITFOR DELAY '00:00:10'
```

而如下语句使程序等到 14 时 20 分再开始执行:

```
WAITFOR TIME '14:20'
```

7. PRINT 语句

PRINT 语句用于向客户端输出或返回定义的信息。PRINT 语句的基本格式如下:

```
PRINT msg_str|@local_variable|string_expr
```

其中,msg_str 是字符串常量,@local_variable 可以是任何有效的字符数据类型变量(或者能够隐式转换为字符数据类型),string_expr 是字符串表达式。

8. RETURN 语句

RETURN 语句为返回语句,它无条件地终止当前的查询、存储过程或批处理,返回调

用程序。

思考题

1. numeric 和 float 数据类型都是非整数类型，它们有什么区别？在使用时要注意哪些问题？

2. money(或 smallmoney)数据类型与 numeric 和 float 数据类型有什么区别？

3. char 和 varchar 都是字符类型，它们在概念和使用上有哪些区别？

4. 什么是 Unicode 数据类型？

5. 讨论 T-SQL 中的运算符与一般程序设计语言中运算符的异同之处。

6. PRINT 语句只能输出单个字符型常量或表达式，如果要输出非字符型表达式应该如何处理？如果要输出多个表达式应该如何处理？

4.2 游标

在第 3 章学习 SQL SELECT 查询时，读者应该注意到查询结果通常是满足条件的元组或记录的集合，即由 SELECT 语句返回的查询结果包括满足该语句的 WHERE 子句中条件的所有记录。这种由语句返回的结果称为结果集。应用程序，特别是交互式联机应用程序，并不总能将整个结果集作为一个单元来有效地处理。这些应用程序需要一种机制以便每次处理一条记录或一部分记录。游标(cursor)就是提供这种机制的有效手段。

4.2.1 游标及其语句

游标的概念实际上很简单，它就是 SQL SELECT 语句的查询结果的临时存储。可以把游标看做是一个临时表或临时文件，问题是如何定义游标以及如何控制从游标中读取记录等。

1. 定义游标

定义游标的语句是 DECLARE CURSOR，其具体格式是：

```
DECLARE <游标名> [INSENSITIVE] [SCROLL] CURSOR
FOR <SELECT-查询块>
[FOR {READ ONLY|UPDATE [OF <列名> [,<列名>…]]}]
```

其中：

- INSENSITIVE 说明用数据的临时复制来定义游标，所有对游标的请求都反映在这个临时表上，因此，这时的游标实际上是不允许修改的；
- SCROLL 说明可以用所有的方法来存取数据，允许删除和更新(假定没有使用 INSENSITIVE 选项)；
- FOR READ ONLY 或 FOR UPDATE 说明游标为只读的或可修改的。

该语句用<SELECT-查询块>定义一个游标(文件)，其内容是<SELECT-查询块>的查询结果(多个记录组成的临时表)。

2. 打开游标

启动或打开游标(文件)的语句是 OPEN，具体格式是：

```
OPEN <游标名>
```

该语句的功能是打开或启动指出的游标，该游标名是用 DECLARE CURSOR 语句已经定义好的。执行该语句意味着执行在 DECLARE CURSOR 语句中定义的 SELECT 查询，并使游标指针指向查询结果的第 1 条记录。

3. 从游标中读记录

从游标中读记录的语句是 FETCH，其具体格式是：

```
FETCH [[NEXT|PRIOR|FIRST|LAST|ABSOLUTE n|RELATIVE n] FROM]<游标名>
    [INTO <@变量 1>,<@变量 2>...]
```

其中：

- NEXT 说明如果是在 OPEN 后第 1 次执行 FETCH 命令，则返回结果集的第 1 行，否则，使游标的指针指向结果集的下一行；NEXT 是默认的选项，也是最常用的一种方法；
- PRIOR、FIRST、LAST、ABSOLUTE n、RELATIVE n 等项，只有在定义游标时使用了 SCROOL 选项才可以使用；PRIOR 是返回结果集当前行的前一行；FIRST 是返回结果集的第 1 行；LAST 是返回结果集的最后一行；ABSOLUTE n 是返回结果集的第 *n* 行，如果 *n* 是负数，则返回倒数第 *n* 行；RELATIVE n 是返回当前行后的第 *n* 行，如果 *n* 是负数，则返回从当前行开始倒数的第 *n* 行。

该语句的功能是取出游标的当前记录并送入相应的变量(**注意**：在 T-SQL 中变量须有@作为前缀)，同时使游标指针指向下一条记录(NEXT，或根据选项指向某条记录)。这里的游标必须是已经说明并打开了的，INTO 后的变量要与在 DECLARE CURSOR 中 SELECT 的字段相对应。

4. 关闭游标

关闭游标的语句是 CLOSE，其具体格式是：

```
CLOSE <游标名>
```

该语句的功能是关闭或停止指出的游标。

5. 释放游标

释放游标的语句是 DEALLOCATE，其具体格式是：

```
DEALLOCATE <游标名>
```

该命令的功能是删除由 DECLARE 说明的游标。该命令不同于 CLOSE 命令，CLOSE 命令只是关闭游标，需要时还可以重新打开；而 DEALLOCATE 命令则要释放和删除与游标有关的所有数据结构和定义。

与程序设计语言中的文件相对照，DECLARE CURSOR 相当于说明了一个文件，OPEN 相当于打开文件，FETCH 相当于读一条记录，CLOSE 相当于关闭文件，DEALLOCATE 语句相当于删除文件。

6. 全局变量@@FETCH_STATUS

@@FETCH_STATUS 是一个系统预定义的全局变量，也可以看做是一个系统函数，它的返回值为 integer 类型，取值如下：

- 0 FETCH 语句成功；
- −1 FETCH 语句失败或行不在结果集中；
- −2 提取的行不存在。

注意：由于@@FETCH_STATUS是全局变量，所以要谨慎使用@@FETCH_STATUS，该变量的状态永远是最近一条FETCH语句后的状态。

4.2.2 游标查询处理举例

例 4-1 首先看一个简单实例。

```
-- 说明几个局部变量,用于存储 FETCH 语句读出的数据
DECLARE @sno CHAR(8),@sname CHAR(10),@sex CHAR(2),@where CHAR(6)
-- 说明游标 student_cursor,游标的内容是从学生表检索的相关信息
DECLARE student_cursor CURSOR FOR SELECT 学号,姓名,性别,生源 FROM student.学生
-- 打开游标 student_cursor
OPEN student_cursor
PRINT '------- 学生列表--------'
PRINT '学号      姓名    性别 生源'
-- 从游标读当前记录到变量
FETCH FROM student_cursor INTO @sno,@sname,@sex,@where
-- 用@@FETCH_STATUS 判断 FETCH 语句是否成功,并控制循环读
WHILE @@FETCH_STATUS=0
BEGIN
  PRINT @sno+' '+@sname+@sex+' '+@where
  FETCH FROM student_cursor INTO @sno,@sname,@sex,@where
END
-- 关闭游标 student_cursor
CLOSE student_cursor
-- 释放游标 student_cursor
DEALLOCATE student_cursor
```

通过程序段中的注释已经可以完全了解这个例子所完成的功能，它用于输出一个学生列表。

例 4-2 游标是可以嵌套的，下面的实例在游标 student_cursor 中嵌套了游标 course_cursor，并特别注意@@FETCH_STATUS的使用。

```
-- 说明局部变量,用于存储 FETCH 语句读出的数据
DECLARE @sno CHAR(8),@sname CHAR(10)
DECLARE @cname CHAR(24),@grade tinyint
-- 说明游标 student_cursor,游标的内容是从学生表检索的相关信息
DECLARE student_cursor CURSOR FOR SELECT 学号,姓名 FROM student.学生
-- 打开游标 student_cursor
OPEN student_cursor
-- 从游标读当前记录的学号和学生姓名分别到变量@sno 和@sname
FETCH FROM student_cursor INTO @sno,@sname
-- 用@@FETCH_STATUS 判断 FETCH 语句是否成功,并控制循环读
```

```
WHILE @@FETCH_STATUS=0
BEGIN
  PRINT '学生：'+@sno+' '+@sname+'选修了课程'
  -- 说明嵌套的内层游标 course_cursor
  DECLARE course_cursor CURSOR FOR
  SELECT 课程名称,考试成绩 FROM student.课程 JOIN student.选课
  ON 课程.课程编号=选课.课程编号 WHERE 学号=@sno
  -- 打开游标 course_cursor
  OPEN course_cursor
  -- 从 course_cursor 游标读当前记录的课程名称和考试成绩分别到变量@cname 和@grade
  FETCH FROM course_cursor INTO @cname,@grade
  -- 用@@FETCH_STATUS 判断 FETCH 语句是否成功,并控制内层游标的循环读
  WHILE @@FETCH_STATUS=0
  BEGIN
    PRINT @cname+ '      '+ str(@grade,4)
    -- 读下一条课程信息
    FETCH FROM course_cursor INTO @cname,@grade
  END
  -- 关闭内层游标 course_cursor
  CLOSE course_cursor
  -- 释放内层游标 course_cursor
  DEALLOCATE course_cursor
  -- 读下一条学生信息 (外层游标)
  FETCH FROM student_cursor INTO @sno,@sname
END
-- 关闭游标 student_cursor
CLOSE student_cursor
-- 释放游标 student_cursor
DEALLOCATE student_cursor
```

这段程序包括两层循环,外层循环使用游标 student_cursor 读学生信息,内层循环使用游标 course_cursor 读当前学生选修的课程信息。特别需要注意的是:内、外层循环都使用全局变量@@FETCH_STATUS 进行控制,该变量的值取决于最近一次 FETCH 语句的执行结果。

4.2.3 利用游标进行删除和更新操作

在 T-SQL 中,不仅可以用游标来处理和浏览查询结果,还可以用 UPDATE 语句修改游标对应的当前行或用 DELETE 命令删除对应的当前行。

使用游标的 UPDATE 命令的格式是:

```
UPDATE <表名>
SET <列名>={<表达式>|NULL}[,<列名>={<表达式>|NULL}...]
WHERE CURRENT OF <游标名>
```

使用游标的 DELETE 命令的格式是:

```
DELETE FROM <表名> WHERE CURRENT OF <游标名>
```

利用 WHERE CURRENT OF <游标名>进行的修改或删除只影响表的当前行。

例 4-3 如下程序段是使用游标进行更新的例子。

```
DECLARE @grade tinyint
DECLARE grade_cursor CURSOR FOR SELECT 考试成绩 FROM student.选课
OPEN grade_cursor
FETCH FROM grade_cursor INTO @grade
WHILE @@FETCH_STATUS=0
BEGIN
  --如果成绩在 55 和 59 之间则将其修改为 60
  IF @grade BETWEEN 55 AND 59
  BEGIN
    --修改游标中当前记录所对应的表中的记录
    UPDATE student.选课 SET 考试成绩=60 WHERE CURRENT OF grade_cursor
    PRINT '修改了一个考试成绩'
  END
  FETCH FROM grade_cursor INTO @grade
END
CLOSE grade_cursor
DEALLOCATE grade_cursor
```

4.2.4 嵌入式 SQL

读者一定记得在第 3 章介绍 SQL 的特点时曾特别强调 SQL 是非过程化的，但是这里的游标显然是过程化的。实际上，这不足为怪，因为 SQL 本身是非过程化的，所以如果只有 SQL 是不能完成应用系统开发的；而任何一个数据库应用系统一定是要编程序的，可用 SQL 完成数据查询和数据操作的功能，但应用的流程是需要程序来控制的。也就是说，SQL 语句只有嵌入到程序中才能完成完整应用，这种应用也称做嵌入式 SQL。而游标正是源于这种嵌入式 SQL。

所谓嵌入式 SQL 就是将 SQL 语句嵌入在程序设计语言中使用，此时 SQL 称为数据子语言，而被嵌入的程序设计语言称为主语言或宿主语言，如 C 语言。把 SQL 嵌入到宿主语言中使用必须要解决以下 3 个方面的问题：

(1) 嵌入识别问题。宿主语言的编译程序不能识别 SQL 语句，所以首要的问题就是要解决如何区分宿主语言的语句和 SQL 语句。

(2) 宿主语言与 SQL 语言的数据交互问题。SQL 语句的查询结果必须能够交给宿主语言处理，宿主语言的数据也要能够交给 SQL 语句使用。

(3) 宿主语言的单记录与 SQL 的多记录的问题。宿主语言一般一次只能处理一条记录，而 SQL 常常处理的是记录(元组)的集合，这个矛盾必须解决。

1. 嵌入识别与预编译

传统的程序设计语言的编译系统不能识别 SQL 语句。解决这个问题的一般方法是，为 SQL 语句加一个特殊的前缀，在用主语言的编译系统编译源程序之前，首先由预编译系统将SQL语句转换为主语言的合法函数调用。

现在的数据库应用系统开发工具通常都直接支持SQL语句,也省去了嵌入识别和预编译的问题。

2. 主语言与SQL语言的数据交互

在程序中的数据交互是靠变量实现的,由于SQL语句本来访问的是数据库变量(字段或属性),因此需要让SQL语句识别程序变量。实现这一方法很简单,只需要给程序变量加上特定的前缀就可以了,在T-SQL中用"@"符号作前缀,在一般的开发工具或程序设计语言中通常使用":"(冒号)作前缀。

3. 查询结果的临时存储

为了解决主语言的单记录与SQL的多记录的问题,只需将SQL语句的查询结果存放在一个临时存储中,然后再一条一条地传送给主语言的变量即可。这个临时存储就是前面介绍过的游标。

思考题

1. 理解游标的概念,讨论游标的使用方法和用途。

2. 在SQL Server中全局变量是如何定义的?全局变量@@FETCH_STATUS的用途是什么?再列举3～4个类似的全局变量,并说明它们的用途。

3. 讨论利用游标进行删除和更新操作的处理机制。

4. 为什么SQL有时候需要嵌入到程序设计语言中使用?SQL嵌入到程序设计语言中使用时会遇到哪些问题?这些问题是如何解决的?

4.3 存储过程

存储过程(stored procedure)源于客户/服务器数据库体系结构,它与传统数据库结构的一个很重要区别是:在传统的数据库中只存放数据,所有的应用程序都在用户端,都与用户实际运行的应用程序捆绑在一起;而在客户/服务器结构的数据库中还可以存放程序,因为这种程序以数据库对象的形式存储在数据库中,所以称为存储过程。

4.3.1 基本概念

存储过程与其他编程语言或环境中的过程概念类似。在SQL Server中,存储过程是已保存的Transact-SQL语句集合,在SQL Server 2005以后,存储过程还可以是对Microsoft .NET Framework公共语言运行时(CLR)方法的引用。

与其他编程语言或开发环境不同,存储过程是存储在数据库中的,它是数据库的一部分,存储过程在数据库服务器上运行,这样可以避免在客户端和服务器端传送无用的数据。

在使用客户/服务器结构的数据库时,应该充分利用它的存储过程功能。利用存储过程可以避免在网络上传输大量无用的信息或原始数据,只需传输调用存储过程的指令和数据库服务器返回的处理结果即可。也许在高速局域网环境中体会不到存储过程带来的显著效果,但是一旦出现网络速度变慢或者网络堵塞的情况,存储过程肯定会极大地提高系统的性能。

当不使用存储过程时,所有的数据处理都在应用程序中完成(客户端或应用服务器);而

在使用存储过程时，可以使数据处理在数据库服务器上完成。

把完成某一数据库处理的功能设计为存储过程，则可以在各个程序中反复调用，从而减轻程序的编写工作量。

还可以利用存储过程间接实现一些安全控制功能。例如，不允许某些用户直接接触某些数据对象，但是允许他们查询一些信息，这时可以授权他们执行某个存储过程来完成信息的查询，而不允许他们直接在表或视图上进行查询，从而达到隔离用户的目的。

在 SQL Server 中，实际上很多功能也是使用存储过程实现的，即数据库管理系统的很多操作功能是用系统提供的存储过程来完成的，把这类存储过程也称为系统存储过程。系统存储过程通常以 sp_作为过程名称的前缀，它们存放在 master 数据库中，归系统管理员所有，但其中很多过程可以运行在任意数据库中。在第 5 章，读者会看到很多数据库管理功能都是用系统存储过程实现的。

用户可以编写自己的存储过程，并把它存放在数据库中。这样安排的主要目的就是要充分发挥数据库服务器的功能，尽量减少网络上的堵塞。

4.3.2 创建存储过程和执行存储过程

存储过程是数据库中的独立对象，创建存储过程的命令是 CREATE PROCEDURE，基本格式如下：

```
CREATE PROCEDURE [schema_name.]procedure_name
[@parameter data_type [VARYING] [=default] [OUT|OUTPUT], ...]
AS sql_statement
```

其中，参数：

- schema_name　给出所属的模式名。
- procedure_name　给出存储过程名，建议不要使用 sp_作前缀，此前缀由 SQL Server 使用，专门用于系统存储过程。
- @parameter　给出参数名（**注意**：需要使用@作前缀），可以定义 0 或多个参数，除非定义了默认值，否则，在调用存储过程时需要给出相应的参数值。
- data_type　指出参数的数据类型。
- VARYING　指定作为输出参数支持的结果集。该参数由存储过程动态构造，其内容可能发生改变。仅适用于 cursor（游标）类型的参数。
- =default　给出参数的默认值，该值必须是常量或 NULL，如果过程中使用了带 LIKE 关键字的参数，则可包含通配符%、_、[] 和 [^]。
- OUT|OUTPUT　指示参数是输出参数。
- sql_statement　存储过程所要执行的 SQL 语句，它可以是一组 SQL 语句，可以包含流程控制语句等。

创建存储过程通常是在数据库设计和开发阶段完成的，在存储过程中的 SQL 语句可以是一组 SQL 语句，并可以含有流程控制等语句。存储过程可以嵌套，即在一个存储过程中可以调用另外一个存储过程。存储过程一般用来完成数据查询和数据处理操作；在存储过程中不可以使用创建数据库对象的语句（如 CREATE TABLE、CREATE VIEW、CREATE

PROCEDURE 等各种 CREATE 语句)。

一般只能在当前数据库中创建用户定义存储过程(当然,临时存储过程可以在 tempdb 数据库中创建)。

执行存储过程的语句是 EXECUTE,其基本格式如下:

```
EXECUTE [@return_status =] [schema_name.]procedure_name
[@parameter =] {value|@variable [OUTPUT]} [,...,n]
```

其中,参数:

- @return_status　可选的整型变量,用于存放存储过程返回的状态。这个变量在执行存储过程之前必须说明过。
- schema_name　相应的模式名。
- procedure_name　要执行或调用的存储过程名。
- @parameter　存储过程中定义的参数。
- value　传递给存储过程的参数值。如果参数名称没有指定,则参数值必须以在存储过程中定义的顺序来提供。如果在存储过程中定义了默认值,则可以不必指定参数。
- @variable　用来存储参数或返回参数的变量。
- OUTPUT　说明是输出参数,用于从存储过程返回值。使用游标变量作为参数时必须使用该关键字。

以上介绍了建立和执行存储过程的方法,在第 4.3.4 节将集中介绍存储过程使用实例。

4.3.3 存储过程的修改和删除

存储过程作为独立的数据库对象存储在数据库中,存储过程可以修改,不需要的存储过程也可以删除。

删除存储过程的语句是:

```
DROP PROCEDURE [schema_name.]procedure_name
```

修改存储过程的命令是 ALTER PROCEDURE,它的格式与 CREATE PROCEDURE 命令的格式类似。它实际上相当于先执行 DROP PROCEDURE 删除旧存储过程,然后再执行 CREATE PROCEDURE 建立一个新的存储过程。

4.3.4 存储过程应用举例

本节通过几个例子来说明存储过程的创建和使用。

例 4-4　使用简单过程。

下面的存储过程将从表中返回所有课程信息(课程名称、学时、课程性质和责任教师的姓名)。这个存储过程不使用任何参数。

```
CREATE PROCEDURE student.uspGetAllCourse
AS
    SELECT 课程名称,学时,课程性质,姓名 AS 责任教师
    FROM student.课程 JOIN student.教师
```

```
    ON student.课程.责任教师=student.教师.教师编号
```

存储过程 uspGetAllCourse 可通过以下方式执行：

```
EXECUTE student.uspGetAllCourse
```

例 4-5 使用带有参数的简单过程。

下面的存储过程只从表中返回指定类型课程的信息(提供课程类型)。该存储过程需要提供精确匹配的参数值。

```
CREATE PROCEDURE student.uspGetCourse1
@type char(8)
AS
    SELECT 课程名称,学时,姓名 AS 责任教师
    FROM student.课程 JOIN student.教师
    ON student.课程.责任教师=student.教师.教师编号
    WHERE 课程性质=@type
```

为了得到"专业基础"课程的信息,可通过以下方式执行存储过程 uspGetCourse1：

```
EXECUTE student.uspGetCourse1 @type='专业基础'
```

例 4-6 使用带有参数和返回值的简单过程。

下面的存储过程查询指定课程大于指定成绩的学生人数,查询结果通过 RETURN 语句返回：

```
CREATE PROCEDURE student.uspGetGradeC
@cname char(24),@grade int
AS
DECLARE @count int
SELECT @count=COUNT(*) FROM student.选课
WHERE 考试成绩>=@grade AND 课程编号=
    (SELECT 课程编号 FROM student.课程 WHERE 课程名称=@cname)
RETURN @count
```

下面的语句调用存储过程 uspGetGradeC 查询"数据库"课程的考试成绩在 70 分以上的人数：

```
DECLARE @count int
EXECUTE @count=student.uspGetGradeC '数据库',70
PRINT '数据库课程 70 分以上的人数是:'+STR(@count)
```

例 4-7 使用带有通配符参数的简单过程。

下面的 uspGetCourse2 存储过程用于只从表中返回指定的一些课程的信息(提供课程名称中的关键字)。此存储过程通过参数的模式匹配完成查询,如果未提供参数,则返回全部课程信息。

```
CREATE PROCEDURE student.uspGetCourse2
@cname varchar(24)='%'
```

```
AS
    SELECT 课程名称,学时,姓名 AS 责任教师
    FROM student.课程 JOIN student.教师
    ON student.课程.责任教师=student.教师.教师编号
    WHERE 课程名称 LIKE @cname
```

以下执行存储过程的命令将返回课程名称中含有“设计”的课程信息：

```
EXECUTE student.uspGetCourse2 @cname='%设计%'
```

以下执行存储过程的命令将返回全部的课程信息(没有提供参数)：

```
EXECUTE student.uspGetCourse2
```

例 4-8 使用 OUTPUT 参数。

下面的 uspGetGrade 存储过程使用 OUTPUT 参数，这个存储过程计算指定课程的及格率，第 1 个参数@cname 用于传递指定的课程名称，第 2 个参数@percentage 用于将计算结果传递出来。

```
CREATE PROCEDURE student.uspGetGrade
@cname char(24),@percentage decimal(6,2) OUTPUT
AS
DECLARE @countpass decimal(6,2),@countall decimal(6,2)
SELECT @countpass=COUNT(*) FROM student.选课
  WHERE 考试成绩>=60 AND 课程编号=
    (SELECT 课程编号 FROM student.课程 WHERE 课程名称=@cname)
SELECT @countall=COUNT(*) FROM student.选课
  WHERE 课程编号=
    (SELECT 课程编号 FROM student.课程 WHERE 课程名称=@cname)
SET @percentage=@countpass/@countall
```

执行 uspGetGrade 存储过程计算“数据库”课程的及格率：

```
DECLARE @percent decimal(6,2)
EXECUTE student.uspGetGrade '数据库',@percent OUTPUT
PRINT '数据库课程的及格率是:'+STR(@percent,6,2)
```

例 4-9 使用 cursor 数据类型的参数。

Transact-SQL 存储过程只能将 cursor 数据类型用于 OUTPUT 参数，并且需要配合关键字 VARYING 一起使用。

下面使用存储过程实现第 4.2.2 节中使用游标进行查询的一个例子。首先建立存储过程 uspCurrencyCursor：

```
CREATE PROCEDURE student.uspCurrencyCursor
@CurrencyCursor CURSOR VARYING OUTPUT
AS
SET @CurrencyCursor=CURSOR FOR
    SELECT 学号,姓名,性别,生源 FROM student.学生
OPEN @CurrencyCursor;
```

接下来说明相应的变量、执行存储过程 uspCurrencyCursor，并根据返回的游标进行查询处理：

```
DECLARE @sno CHAR(8),@sname CHAR(10),@sex CHAR(2),@where CHAR(6)
DECLARE @MyCursor CURSOR;
EXEC student.uspCurrencyCursor @CurrencyCursor=@MyCursor OUTPUT;
PRINT '-------- 学生列表--------'
PRINT '学号 姓名 性别生源'
-- 从游标读当前记录到变量
FETCH FROM @MyCursor INTO @sno,@sname,@sex,@where
-- 用@@FETCH_STATUS 判断 FETCH 语句是否成功,并控制循环读
WHILE @@FETCH_STATUS=0
BEGIN
PRINT @sno+' '+@sname+@sex+' '+@where
FETCH FROM @MyCursor INTO @sno,@sname,@sex,@where
END
-- 关闭游标
CLOSE @MyCursor
-- 释放游标
DEALLOCATE @MyCursor;
```

4.3.5 获得有关存储过程的信息

存储过程作为独立的数据库对象存储在特定的系统表中，如果需要，用户也可以查询到相应的存储过程定义，以便了解和维护存储过程的功能。存储过程的定义可以通过当前数据库的 sys.sql_modules 和 sys.objects 系统视图查询得到，例如，如下 SQL SELECT 命令将显示当前数据库的全部用户定义存储过程的定义：

```
SELECT definition
FROM sys.sql_modules JOIN sys.objects
ON sys.sql_modules.object_id=sys.objects.object_id
WHERE TYPE='P'
```

思考题

1. 如何理解存储过程是存储在数据库服务器的？存储过程与传统程序设计语言或开发环境开发的过程有什么区别？

2. 查阅 SQL Server 2005 创建存储过程的完整命令格式，讨论存储过程的各种用途。

3. 深刻理解第 4.3.4 节的几个例子，并扩展它们的应用。

4.4 触发器

触发器是一类特殊的存储过程，它在满足某个特定条件时自动触发执行。触发器和存储过程都是提高数据库服务器性能的有力工具。

4.4.1 基本概念

触发器是一种程序或是一种过程，它和存储过程一样是事先设计好存储在数据库中的。与存储过程不同的是，触发器不需要专门调用或执行，触发器是在某个特定条件发生时自动触发执行的。

传统的触发器是定义在表上的（包括基本表和视图），当在表上发生某种影响表中数据的操作时将触发触发器的执行。影响表中数据的操作包括更新（update）、插入（insert）和删除（delete），为此，在表上可以定义的触发器分为 3 类，即更新触发器、插入触发器和删除触发器。也就是说，当表上发生更新、插入或删除操作时，相应的触发器将执行。这类触发器也称做 DML（数据操作语言）触发器。

SQL Server 2005 不仅支持 DML 触发器，现在还支持 DDL（数据定义语言）触发器和 LOGIN（登录）触发器。DDL 触发器用于响应各种数据定义语言事件，这些事件主要对应于 Transact-SQL 的 CREATE、ALTER 和 DROP 语句，以及执行类似 DDL 操作的某些系统存储过程。LOGIN 触发器在遇到 LOGON 登录事件时触发，LOGON 事件是在建立用户会话时引发的。

本书只介绍传统的 DML 触发器。

原则上，DML 触发器在一个表上一种类型的触发器只能定义一个，例如，当删除操作发生时，将触发或执行唯一的一个删除类触发器。但在 SQL Server 上允许为每类操作定义多个触发器。当发生相应的操作时，依次触发相应的触发器。例如，为某个表的删除操作定义了 3 个触发器，则当删除操作发生时，将依次执行该表上的各个删除触发器。事实上，虽然在一个表上对每类操作可以定义多个触发器，但是逻辑上仍然是一个触发器，因为触发器是在发生某种操作时自动执行的，用户不可以选择触发某个触发器或不触发某个触发器。

DML 触发器常常用于强制业务规则、数据完整性和一些提示服务。例如，在如下一些场合可以使用 DML 触发器：

(1) 当在某些表上发生数据操作时可以及时地在线提示或发送电子邮件给用户，以引起用户的关注。

(2) 触发器可以通过级联的方式对相关的表进行修改。例如，对父表的修改，可以引起对子孙表的一系列修改，从而保证数据的一致性和完整性（简单的可以通过参照完整性的级联功能完成）。

(3) 触发器可以禁止或撤销违反数据完整性的修改（一般可以用参照完整性约束完成）。

(4) 触发器可以强制定义比 CHECK 约束更加复杂的约束，特别是跨表的约束就只能使用触发器来实现。

4.4.2 建立触发器

触发器也是一个数据库对象。一个 DML 触发器与 3 部分内容有关：定义触发器的表、激活触发器的数据操作语句和触发器要采取的动作。

建立 DML 触发器语句的基本格式是：

```
CREATE TRIGGER [schema_name .]trigger_name
```

```
ON {table|view}
{FOR|AFTER|INSTEAD OF}
{[INSERT] [,] [UPDATE] [,] [DELETE]}
  AS
     sql_statement
```

其中：

- schema_name DML 触发器所属的模式名称。
- trigger_name 给出了触发器的名称。
- table|view 说明了定义触发器的表或视图，视图只能被 INSTEAD OF 触发器引用。
- FOR|AFTER AFTER 指定触发器仅在触发 SQL 语句中指定的所有操作都已成功执行时才被触发。所有的参照级联操作和约束检查也必须在激发此触发器之前成功完成。如果仅指定 FOR 关键字，则 AFTER 为默认值。不能对视图定义 AFTER 触发器。
- INSTEAD OF INSTEAD OF 的意思是“代替”，即发生在表上的 INSERT、UPDATE 或 DELETE 操作由 DML 触发器来替代，因此需要在触发器内完成相关的操作处理；每个表上对应 INSERT、UPDATE 和 DELETE 均最多可定义一个 INSTEAD OF 触发器。
- {[DELETE][,][INSERT][,][UPDATE]} 指定数据修改语句(激活触发器的语句)，这些语句可在 DML 触发器对此表或视图进行尝试时激活该触发器。必须至少指定一个选项。在触发器定义中允许使用上述选项的任意顺序组合。对于 INSTEAD OF 触发器，不允许对具有指定级联操作 ON DELETE 的引用关系的表使用 DELETE 选项。同样，也不允许对具有指定级联操作 ON UPDATE 的引用关系的表使用 UPDATE 选项。
- sql_statement 触发器所采取的操作，这是用 Transact-SQL 语句编写的完成特定操作的程序。DML 触发器的用途是根据数据变化来检查或更改数据，它不应向用户返回数据。触发器中的 Transact-SQL 语句常常包含控制流语言。由于 DML 触发器的特殊用途，某些 Transact-SQL 语句是不允许在 DML 触发器中使用的，如 CREATE DATABASE、DROP DATABASE、RESTORE DATABASE、CREATE INDEX、DROP TABLE 等。

从以上语句格式可以看出，一个表最多可以有 3 种类型的触发器：一种是插入(INSERT)触发器，一种是更新(UPDATE)触发器，还有一种是删除(DELETE)触发器。一个触发器只能应用到一个表上，但一个触发器可以包含很多动作，可以执行很多功能。

4.4.3 deleted 表和 inserted 表

DML 触发器使用两个特殊的临时表：deleted 表和 inserted 表，SQL Server 会自动创建和管理这两个表。当定义了 DML 触发器的表上发生数据操作时，SQL Server 就会自动为该触发器创建 deleted 表和 inserted 表，此时可以使用这两个驻留在内存的临时表来测试特定数据修改的影响以及设置 DML 触发器的操作条件等。

当在定义触发器的表上执行 DELETE 操作时，被删除的行将传输到 deleted 表中。deleted 表和触发器表通常没有相同的行。

当在定义触发器的表上执行 INSERT 操作时，新行在添加到表中时，还同时添加到 inserted 表。

更新操作则可以看作在删除操作之后执行插入操作，即先删除旧的行再插入新的行；因此，旧行将被传送到 deleted 表中，而新行则被同时存储到 inserted 表中。

在 DML 触发器中，inserted 和 deleted 表主要用于执行以下操作：

(1) 找出数据修改前、后表的状态差异，并基于该差异采取相应的措施。

(2) 检查错误并采取相应的措施。

(3) 扩展表之间的参照完整性。

deleted 表和 inserted 表只在触发器内可用，一旦触发器完成任务，这两个系统产生的临时表将自动删除。

4.4.4 触发器应用举例

本节介绍几个使用 DML 触发器的例子。

例 4-10 使用包含提醒消息的 DML 触发器。如果有人试图在“课程”表中添加或更改数据，下列 DML 触发器将向客户端显示一条消息：

```
CREATE TRIGGER reminder1
ON student.课程
AFTER INSERT, UPDATE
AS
RAISERROR ('注意责任教师', 16, 10)
```

这是一个非常简单的触发器，当有用户在“课程”表上进行 INSERT 或 UPDATE 操作时将向客户端显示一个提示信息。例如，执行如下 UPDATE 语句：

```
UPDATE student.课程 SET 学时=32 WHERE 课程编号='X00206'
```

则会在客户端显示如下信息：

```
消息 50000,级别 16,状态 10,过程 reminder1,第 5 行
注意责任教师
```

例 4-11 使用包含提醒电子邮件的 DML 触发器。如果“课程”表发生更改，以下示例将向指定人员发送电子邮件：

```
CREATE TRIGGER reminder2
ON student.课程
AFTER INSERT, UPDATE, DELETE
AS
EXEC msdb.dbo.sp_send_dbmail
    @profile_name='profile_config',
    @recipients='cuiw@bistu.edu.cn',
    @body='课程信息发生变化,请报告有关领导或部门。',
```

```
    @subject='课程信息发生变化'
```

在这个触发器中调用了系统存储过程 msdb.dbo.sp_send_dbmail(msdb 系统数据库中 dbo 模式下的 sp_send_dbmail 过程)来发送电子邮件。

注意：为了使用 SQL Server 的邮件功能，需要启动数据库服务器的邮件服务(使用 sp_configure 配置 Database Mail XPs 选项)等。

例 4-12　使用 DML AFTER 触发器在“课程”和“教师”表之间强制实现业务规则。

由于 CHECK 约束只能引用定义了列级或表级约束的列，表间的任何约束(在本例中是业务规则)都必须通过定义触发器来实现。

假设规定“专业基础”课的责任教师必须是“教授”或“副教授”，则此时“课程”表对“教师”表不是简单的参照，而必须定义相应的检查或约束规则。以下示例将创建一个实现表之间强制业务规则的 DML 触发器：

```
CREATE TRIGGER IsProfesor ON student.课程
AFTER INSERT,UPDATE
AS
DECLARE @duty char(6),@grade char(6),@ctype char(8)
SELECT @duty=责任教师,@ctype=课程性质 FROM inserted
IF @duty IS NOT NULL AND @ctype='专业基础'
BEGIN
  SELECT @grade=职称 FROM student.教师 t JOIN inserted i
  ON t.教师编号=i.责任教师
  IF @grade NOT LIKE '%教授'
  BEGIN
    RAISERROR ('专业基础课的责任教师必须为教授或副教授.', 16, 1)
    ROLLBACK TRANSACTION
    END
  END
```

当对“课程”表进行插入或更新操作时，可能会影响到“责任教师”字段的值。为此，通过 inserted 表检查“责任教师”字段是否为 NULL 以及“课程性质”是否为“专业基础”，如果“责任教师”不为 NULL 并且“课程性质”为“专业基础”，则来判断相应的教师的职称是否为教授或副教授，如果不满足条件，则撤销相应的操作(ROLLBACK TRANSACTION，参见第 5.3 节)。假设执行如下 UPDATE 语句：

```
UPDATE student.课程 SET 责任教师='020555' WHERE 课程编号='B00221'
```

如果编号为“020555”的教师不是教授或副教授将会出现如下提示信息：

```
消息 50000,级别 16,状态 1,过程 IsProfesor,第 12 行
专业基础课的责任教师必须为教授或副教授.
消息 3609,级别 16,状态 1,第 1 行
事务在触发器中结束。批处理已中止。
```

例 4-13　查看导致触发器触发的事件。

可以通过系统表或视图查询导致触发器触发的事件。

这个例子通过查询 sys. triggers 和 sys. trigger_events 系统目录表，以确定是哪个 Transact-SQL 语言事件导致触发了触发器 IsProfesor，其中的 IsProfesor 是在例 4-12 中创建的。

```
SELECT TE.*
FROM sys.trigger_events AS TE JOIN sys.triggers AS T
ON T.object_id=TE.object_id
WHERE T.name='IsProfesor'
```

思考题

1. 查阅相关资料了解 DDL 触发器的概念、用途和使用方法。
2. 全面讨论 DML 触发器的用途和使用方法。
3. 在 DML 触发器应用中 deleted 表和 inserted 表是怎么回事？讨论它们的用途。

本章小结

本章介绍了数据库编程的一些初步内容，由于多数读者具备程序设计的基础，所以应该比较容易理解 T-SQL 的有关基础知识。本章介绍的游标、存储过程和触发器都不再是单独的、直接交互执行的 SQL 语句。游标很好地解决了 SQL 嵌入式应用的问题，特别是对于查询后需要交互处理的情形，游标非常有用。而存储过程和触发器从概念上就是传统意义的其他程序设计语言或开发环境的过程，所不同的是，它们都是独立的数据库对象和存储在数据库上的特殊程序。存储过程需要由用户调用，完成指定的数据处理任务；而触发器则由特定的操作触发，可以自动完成相关的处理任务。

习题 4

1. SQL 以嵌入方式使用要解决哪几方面的问题？
2. 试述游标的作用，并解释与游标相关的诸条语句的用途。
3. 什么是存储过程？为什么在数据库中要使用存储过程？
4. 什么是触发器？为什么在数据库中要使用触发器？

实验 6　游标

实验名称：游标的设计和使用。

实验内容：在 SQL Server 环境下使用 T-SQL 的游标功能完成指定的操作。

实验目的：理解和掌握游标的使用方法。

实验方法：在 SQL Server 环境下使用游标完成指定的操作。

实验要求：

1. 定义一个游标，其内容是按单价升序列出的全部订购单及其明细信息（基于实验 2 建立的表和实验 3 插入的数据）。

2. 逐一读出游标中的记录，并显示。

相关命令：

与游标相关的语句有 DECLARE CURSOR、OPEN、FETCH、CLOSE 和 DEALLOCATE。

DECLARE CURSOR 语句的基本格式是：

```
DECLARE <游标名> [INSENSITIVE] [SCROLL] CURSOR
FOR <SELECT-查询块>
[FOR {READ ONLY|UPDATE [OF <列名>[,<列名>...]]}]
```

OPEN 语句的格式是：

```
OPEN <游标名>
```

FETCH 语句的格式是：

```
FETCH [[NEXT|PRIOR|FIRST|LAST|ABSOLUTE n | RELATIVE n] FROM]
    <游标名>
    [INTO <@变量 1>,<@变量 2>...]
```

CLOSE 语句的格式是：

```
CLOSE <游标名>
```

DEALLOCATE 语句的格式是：

```
DEALLOCATE <游标名>
```

以上语句的详细解释可参见第 4.2.1 节。

实验 7　存储过程

实验名称：存储过程的设计和使用。

实验内容：在 SQL Server 环境下设计、创建并执行存储过程。

实验目的：理解和掌握数据库存储过程的创建和调用方法。

实验方法：在 SQL Server 环境下，按要求创建和调用存储过程完成指定的操作。

实验要求：

1. 建立如下存储过程(基于实验 2 建立的表和实验 3 插入的数据)。

(1) 查询工资范围在 x 元到 y 元范围内的职工信息。

说明：

- 该存储过程有两个参数；
- 要求查询的职工信息包括仓库号、所在城市、职工号和工资。

(2) 查询在某年某月某日之后签订的订购单的有关供应商信息。

说明：

- 以订购单中的订购日期作为参数；
- 分别按订购单号显示有关供应商信息。

(3) 更新操作，将某仓库的订购单的订购日期统一修改为一个指定日期(参数为仓库号和新的订购日期)。

2. 在客户端以存储过程和输入 SQL 语句的方式分别执行相同的查询或操作，比较使用和不使用存储过程的区别。

相关命令：

创建存储过程的命令是 CREATE PROCEDURE，其基本格式是：

```
CREATE PROCEDURE [schema_name.]procedure_name
[@parameter data_type [VARYING] [=default] [OUT|OUTPUT], ...]
AS sql_statement
```

执行存储过程的语句是 EXECUTE，其基本格式是：

```
EXECUTE [@return_status =] [schema_name.]procedure_name
[@parameter =] {value|@variable [OUTPUT]} [,...,n]
```

以上命令的详细解释可参见第 4.3.2 节。

实验 8　触发器

实验名称：DML 触发器的设计和应用。

实验内容：在 SQL Server 环境下设计、创建 DML 触发器，并设定相关操作使触发器运行。

实验目的：理解和掌握数据库中触发器的创建方法，体会触发器执行的条件和作用。

实验方法：在 SQL Server 环境下，按要求设计 DML 触发器，并使用相关操作使触发器运行。

实验要求：

1. 为职工表建立一个更新触发器，当修改工资值超过 6%时给出警示信息。

2. 为订购单表建立一个插入和更新触发器，约束规则是：当订购单金额小于 3 000 时必须使用本地供应商（发出订购单的仓库和供应商在同一个城市），如果不满足要求，则拒绝操作，并给出错误信息。

3. 设计并执行相关的插入操作和更新操作，体会 DML 触发器的效果和作用。

相关命令：

建立 DML 触发器语句的基本格式是：

```
CREATE TRIGGER [schema_name .]trigger_name
ON {table|view}
{FOR|AFTER|INSTEAD OF}
{[INSERT] [,] [UPDATE] [,] [DELETE]}
 AS
   sql_statement
```

以上命令的详细解释可参见第 4.4.2 节。

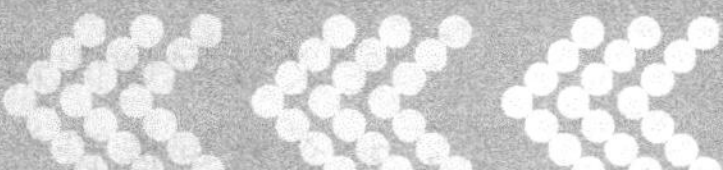

第5章　数据库管理

本章导读

主要内容

数据库是需要管理的，在1.2节简单介绍过数据库管理的内容。数据库管理涉及很多方面，本章介绍数据库管理的一般内容，并重点介绍数据库的安全管理、恢复管理等。

学习目标

- 了解数据管理和数据库管理的主要内容；
- 深刻理解事务的概念和基本性质，并掌握事务管理的命令；
- 了解数据库安全管理的基本内容，掌握 SQL Server 用户和权限管理的基本方法；
- 理解数据库备份的技术和机制，掌握 SQL Server 数据库备份和恢复的一般方法；
- 理解并发控制的基本概念和必要性，掌握 SQL Server 数据库并发控制的一般方法。

重点、难点

事务管理、安全管理、备份与恢复和并发控制都是学习数据库的重点，是从事数据库管理工作必须要掌握的知识和技术。

本章学习的难点包括三个方面：一是如何制定备份和恢复的策略，当数据库遇到故障时可以在最短的时间内将数据库恢复到完全正确的一致状态；二是如何制定并发控制策略，使得并发执行的应用系统有最高的效率；三是如何制定安全管理策略，使用户和权限管理做到简单、高效、安全。

5.1　数据管理与数据库管理

数据管理是一个宏观概念，这里关注的是在数据库实施过程中的管理问题，这个时期的管理工作主要是由数据库管理员负责的，并且可以分为两个阶段。第1阶段是数据库实施前，即数据库规划和设计阶段的管理问题；第2阶段是数据库实施后，即数据库实施、运行和维护阶段的管理问题。

5.1.1　数据库规划和设计阶段的管理

数据库规划和设计阶段的管理包括对数据资源的管理、数据库规划、数据库开发以及相关标准和策略的制定，还包括概念数据库和逻辑数据库设计等(数据库设计将在第6章加以介绍)。

数据库规划和设计阶段的具体管理工作包括：

- 协助决策者制定整体的信息系统开发策略；
- 进行可行性研究，并对数据库开发进行整体规划；

- 建立全局概念数据模型,并定义数据需求;
- 建立数据收集标准,并定义数据格式;
- 测算数据量和增长速度;
- 定义数据使用模式和使用频率;
- 定义数据访问规则,确定数据安全策略;
- 概念数据库设计;
- 逻辑数据库设计;
- 培训用户,使其了解有关数据标准、职责和法律责任;
- 确保各种文档的完整等。

这个阶段面向管理,与具体的数据库管理系统无关。

5.1.2 数据库实施、运行和维护阶段的管理

数据库实施、运行和维护阶段的管理包括物理数据库设计、数据库实现、安全管理、恢复管理、性能监测和优化以及必要时对数据库进行重组和改造等。

数据库实施、运行和维护阶段的具体管理工作包括:

- 评价和选择具体的数据库管理系统;
- 物理数据库设计;
- 数据库实现;
- 建立测试策略;
- 数据库安全管理;
- 培训用户如何使用新的系统;
- 监控数据库的性能,并不断进行优化;
- 定期进行备份,确保恢复机制;
- 关注软件、硬件的发展和成本,在必要时提出系统升级的方案;
- 保证文档的完整性和内部资料的延伸等。

这个阶段面向技术,与具体的数据库管理系统密切相关。

思考题

1. 讨论在数据库实施前的数据管理工作是如何进行的?例如,如何对数据库开发进行整体规划?如何建立全局概念数据模型?如何建立数据收集标准?如何定义数据访问规则?如何确定数据安全策略等?

2. 讨论如何评价和选择具体的数据库管理系统。

3. 讨论数据库管理员的职责以及数据库管理员如何实施其相关的职责。

5.2 数据库安全管理

数据库是一种共享资源,同时也是企业运行和决策的信息资源和支柱,所以数据库的安全极其重要。

5.2.1 数据库安全概述

数据库安全由数据库管理员负责，但是，数据库安全不仅仅与数据库相关。为了保证数据库的安全，还必须保证外部环境的安全、运行数据库的计算机系统的安全和网络的安全等。

因此，数据库安全必须在如下几个层次上采取措施：

(1) 物理层。重要的计算机系统必须在物理上受到保护，以防止入侵者强行进入或暗中潜入。这属于外部环境的安全，主要靠行政手段和规章制度来保证。

(2) 人员层。对用户的授权要严格掌握，以减少授权用户渎职、受贿，从而为入侵者提供访问的机会。这主要靠安全策略来解决，既要从人员素质上把好关，也要有一套合理的安全管理方案(包括使用数据库审计功能)。

(3) 操作系统层。要进入数据库系统，首先要经过操作系统，所以如果操作系统的安全性能较差，也会对数据库造成威胁(包括各种计算机病毒对系统的威胁)。

(4) 网络层。由于几乎所有网络上的数据库系统都允许通过终端或网络进行远程访问，所以网络的安全和操作系统的安全一样重要，网络安全了，无疑会对数据库的安全提供一个保障。

(5) 数据库系统层。数据库系统应该有完善的访问控制机制，允许查询和允许修改之间有严格的界限，尽量保证不出现越权的操作。

为了保证数据库的安全，必须在上述所有层次上进行安全性控制。如果在物理层或人员层存在严重的安全性缺陷，则很有可能其他层的安全性措施也将如同虚设。

数据库系统层面的安全管理主要是用户权限管理，即用户身份识别，这也是本节的主要内容。

5.2.2 数据库管理系统的身份识别机制

数据库管理系统通过用户标识(用户名)来识别用户的身份，以管理和决定一个用户在数据库中的操作权限。

在一个运行的数据库管理系统实例下可以建立和管理多个数据库，身份识别实际上有3个层次，即系统登录、数据库访问和数据操作。具体解释如下：

(1) 一个用户要访问某个数据库必须首先登录到数据库管理系统，即必须首先有一个登录(login)身份。

(2) 每个登录用户不一定能够访问所有的数据库，对其能够访问的数据库还需要有数据库用户(database user)身份。

(3) 一个数据库用户并不意味着他在这个数据库上可以进行任何操作，数据库用户的任何操作都必须首先得到相应的授权。

图 5-1 示意了数据库管理系统的身份识别和权限管理机制。

数据库用户按照层次可以分为 4 类，依次是系统管理员用户、数据库管理员用户、数据库对象用户和一般用户。其中：

- 系统管理员用户负责整个系统的管理，一般数据库管理系统在安装时都有一个默认的系统管理员用户；

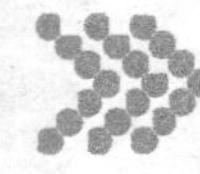

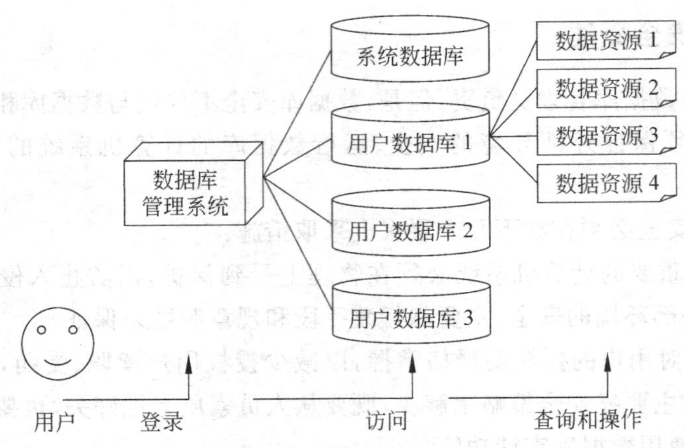

图 5-1 身份和权限管理示意

- 数据库管理员用户负责某个具体数据库的管理，数据库管理员用户是由系统管理员授权的；
- 数据库对象用户是可以在数据库中独立建立数据库对象的用户，负责自己所建立对象的管理；数据库对象用户一般是由数据库管理员授权的；
- 一般用户在得到数据库的访问权限后，需要有数据库管理员或数据库对象用户的具体授权才可以查询或操作数据库中的数据。

除系统管理员外的所有用户都首先由系统管理员建立登录用户，然后逐步被授权成为各类用户。

SQL Server 安全管理的内容很多，其中身份验证就支持 SQL Server 验证（常规的）、Windows 验证（与操作系统集成的）和数字证书验证，另外，还支持数据加密等其他安全措施。

常规的安全管理主要由身份识别和权限管理两部分组成，下面几小节将介绍 SQL Server 的常规身份验证及各类用户管理和权限管理。

5.2.3 SQL Server 的用户和角色管理

如第 5.2.2 节所述，SQL Server 的用户也分为 4 个层次，即系统管理员用户、数据库管理员用户、数据库对象用户和一般用户。一般系统管理员用户管理数据库管理员用户，数据库管理员用户管理数据库对象用户，数据库对象用户向一般用户进行查询和操作授权。

1. 用户和角色概述

用户管理有两个层次，一是由系统管理员管理的登录用户，二是由数据库管理员管理的数据库用户。

登录用户可以登录或注册到正在运行的数据库管理系统实例。一个数据库管理系统可以运行、管理多个数据库。每个登录用户只能访问被指定授权的数据库。虽然分为登录用户和数据库用户两个层次，但通常只需要一次认证，即通过数据库管理系统的认证登录后就可以访问被授权的数据库。

在一个系统或一个数据库上会有很多用户，每个用户可能有独立的职责，也可能很多用户有相同或相近的职责，即不同的用户可能担当相同的角色。为了避免管理每个单个用户的烦琐，可以通过角色管理使权限管理变得简单、清晰。

系统管理员和数据库管理员可以根据需要创建角色，然后为角色赋予相应的权限，并对角色进行动态管理。

SQL Server 为了方便系统和数据库管理预定义了一些固定的系统和数据库角色，表 5-1列出了系统管理预定义角色，表 5-2 列出了数据库管理预定义角色。

表 5-1 系统管理预定义角色

名　称	描　述
Sysadmin	具有系统管理员全部权限的角色
Serveradmin	负责配置数据库服务器的设置
Setupadmin	负责添加和删除链接的服务器
Securityadmin	负责管理服务器的登录
Processadmin	负责管理在 SQL Server 实例中运行的进程
Dbcreator	负责创建和维护数据库
Diskadmin	可以管理磁盘文件
Bulkadmin	可以执行 BULK INSERT 语句(数据库数据的装载)

表 5-2 数据库管理预定义角色

名　称	描　述
db_owner	在数据库中有全部权限，即具有数据库管理员全部权限的角色
db_accessadmin	负责数据库用户的管理
db_securityadmin	负责数据库的安全管理，如负责权限管理、角色和角色成员资格管理等
db_ddladmin	主要负责数据库的完整性和一致性检查及管理
db_backupoperator	主要负责数据库的备份
db_datareader	可以查询数据库中任何用户表中的所有数据
db_datawriter	可以更改数据库中任何用户表中的所有数据
db_denydatareader	不能查询数据库中任何用户表中的任何数据
db_denydatawriter	不能更改数据库中任何用户表中的任何数据

除此之外，SQL Server 还预定义了一个 public 角色，public 角色实际没有什么权限，它是系统自动管理的，不需要也无法将用户指派给 public 角色(因为默认情况下所有用户初始都属于该角色)，每个数据库(包括所有系统数据库和所有用户数据库)都有 public 角色，该角色不可以删除。

在随后的内容中将介绍用户和角色的管理。

2. 登录用户管理

登录用户由系统管理员管理，也可以由指定了 Securityadmin(系统预定义角色)角色的用户管理。SQL Server 在安装时默认的系统管理员用户是 sa。

登录用户管理包括创建登录用户、修改登录用户和删除登录用户。

创建登录用户命令的基本格式是：

```
CREATE LOGIN login_name
{WITH PASSWORD='password' [MUST_CHANGE]
```

```
[, DEFAULT_DATABASE=database]
[, CHECK_EXPIRATION={ON | OFF}]}
```

其中：

- login_name 指定新建立的登录用户名；
- WITH PASSWORD 用来为新建立的登录用户指定口令，这个口令通常是临时的，用户登录后可以自己更改口令(在系统数据库中口令是以加密形式存储的，任何人不能查询口令)；
- MUST_CHANGE 指出强制用户在第 1 次登录后必须更改口令，如果选择此选项，则必须同时将 CHECK_EXPIRATION 指定为 ON；
- DEFAULT_DATABASE 用于指出该用户登录后默认访问的数据库，如果不指定，则此项默认数据库是 master；
- CHECK_EXPIRATION 指定是否对此登录用户强制实施密码过期策略，默认值为 OFF。

每个登录用户初始时都是 public 角色的成员，没有实质的权限，需要在成为数据库用户、并得到相应授权后才能对数据库进行访问和操作。

例 5-1 建立一个用户名为 wu、口令为 wqx 的登录用户。

```
CREATE LOGIN wu WITH PASSWORD='wqx'
```

例 5-2 建立一个用户名为 qiu、口令为 whx 的登录用户，并且在第 1 次登录时强制必须修改口令。

```
CREATE LOGIN qiu WITH PASSWORD='whx'
MUST_CHANGE,CHECK_EXPIRATION=ON
```

修改登录用户命令的基本格式是：

```
ALTER LOGIN login_name {{ENABLE | DISABLE}
| WITH PASSWORD='password'
[,OLD_PASSWORD='oldpassword']
[,DEFAULT_DATABASE=database]
[,NAME=login_name]}
```

其中：

- ENABLE 和 DISABLE 可以设置是否允许用户登录，默认是 ENABLE(允许登录)，如果暂时不允许用户登录，则可以设置为 DISABLE，何时允许登录再设置为 ENABLE；
- WITH PASSWORD 用于修改用户的口令，系统管理员修改口令不需要指定旧口令，其他用户修改口令则必须用 OLD_PASSWORD 指定旧口令；
- DEFAULT_DATABASE 用于指出该用户的新的默认数据库；
- NAME=login_name 为该用户指定新的登录名。

例 5-3 暂时禁止用户 wu 登录。

```
ALTER LOGIN wu DISABLE
```

例 5-4 重新允许用户 wu 登录。

```
ALTER LOGIN wu ENABLE
```

例 5-5 由系统管理员将用户 wu 的口令修改为 whx。

```
ALTER LOGIN wu WITH PASSWORD='whx'
```

这个例子是系统管理员强制修改口令，因此不需要知道旧口令。用户自己也可以使用 ALTER LOGIN 命令修改口令，如例 5-7。

例 5-6 将用户 wu 的登录名修改为 cui(注意：口令没有改变)。

```
ALTER LOGIN wu WITH NAME=cui
```

例 5-7 用户 cui 在登录后自己将口令修改为 wyh(此时需要提供旧的口令，假设旧口令是 whx)。

```
ALTER LOGIN cui WITH PASSWORD='wyh' OLD_PASSWORD='whx'
```

普通用户使用 ALTER LOGIN 命令只能像上述方式修改自己的口令。

删除登录用户命令的基本格式是：

```
DROP LOGIN login_name
```

只有系统管理员或 Securityadmin 角色的用户才可以使用 DROP LOGIN 命令删除登录用户。

例 5-8 删除登录用户名为 qiu 的用户。

```
DROP LOGIN qiu
```

3. 数据库用户管理

数据库用户的管理通常是由数据库管理员负责，也可以由系统管理员代行数据库管理员的职责。数据库用户管理包括建立新的数据库用户、修改已有数据库用户和删除数据库用户。

建立新数据库用户的命令是 CREATE USER，其基本格式是：

```
CREATE USER user_name [LOGIN login_name]
[WITH DEFAULT_SCHEMA=schema_name]
```

其中：

- user_name 指定数据库用户名，如果没有指定 LOGIN，则默认自动映射到同名的登录用户名；如果希望数据库用户名和登录用户名不一致，则可以使用 LOGIN login_name 指定登录用户名；通常情况下，数据库用户名和登录用户名采用相同的名称；
- WITH DEFAULT_SCHEMA 用来为新建立的数据库用户指定默认的模式。

例 5-9 指定登录用户 zhang 为“学生”数据库的用户，并指定模式 student 为默认模式。

```
CREATE USER zhang WITH DEFAULT_SCHEMA=student
```

这里省略了 FOR LOGIN 短语，则说明登录名和数据库用户名是一致的。

此时，用户 zhang 已经成为"学生"数据库的用户，但在没有得到操作授权之前，该用户在"学生"数据库不能完成任何查询和操作。

修改已有用户的命令是 ALTER USER，其基本格式是：

```
ALTER USER user_name WITH { NAME=new_user_name
                 | DEFAULT_SCHEMA=schema_name }[,...,n]
```

该命令可以修改数据库用户名，可以修改数据库用户的默认模式。

例 5-10 将数据库用户 zhang 的名称改为 zy_zhang，默认模式改为 dbo。

```
ALTER USER zhang WITH NAME=zy_zhang,DEFAULT_SCHEMA=dbo
```

此时，登录用户 zhang 的属性不改，仍然使用用户名 zhang 登录系统，只是在访问学生数据库时作为数据库用户的标识是 zy_zhang。

删除数据库用户的命令是：

```
DROP USER user_name
```

例 5-11 取消 zy_zhang 的当前数据库用户资格，即删除该用户。

```
DROP USER zy_zhang
```

删除数据库用户不影响其登录身份，即名称为 zhang 的登录用户仍然存在。

4. 数据库管理员用户

每个数据库都应该有一个数据库管理员（当然也可以由系统管理员代行职责），数据库管理员负责数据库的创建、修改（参见第 2.4.2 节）和维护（如恢复管理，参见第 5.4 节）。

数据库管理员是由系统管理员授权产生的，通常有如下两种方式：

(1) 用户被授权可以执行 CREATE DATABASE 命令（参见第 5.2.4 节）或被指定 Dbcreator 角色，这时，该用户可以建立数据库，并负责自己所建立数据库的全部管理工作，因此，自然履行数据库管理员的职责。

(2) 用户可以被指定为已有数据库的 db_owne 角色，该角色为数据库管理员角色。

将某一用户指定为某一系统预定义角色可以使用系统过程 sp_addsrvrolemember，该系统过程的格式是：

```
sp_addsrvrolemember [@loginame=] 'login', [@rolename=] 'role'
```

该系统过程将用户 login 指定为系统预定义角色 role。系统预定义角色参见表 5-1。

例 5-12 指定用户 cui 为 Dbcreator 角色。

```
sp_addsrvrolemember @loginame='cui', @rolename='dbcreator'
```

此命令成功执行后，用户 cui 将成为角色 dbcreator 的成员，将可以执行 CREATE DATABASE 命令建立数据库，并在自己建立的数据库上拥有全部权限。

一个用户可能不是某个数据库的建立者，也可以事后被指定为数据库管理员。在数据库的预定义角色中，db _ owner 即为数据库管理员角色，可以使用系统过程 sp_addrolemember 将一个用户指定为某个数据库角色的成员。系统过程 sp_addrolemember 的格式是：

```
sp_addrolemember [@rolename=] 'role', [@membername=] 'user'
```

该系统过程将数据库用户 user 指定为 role 角色的成员。

注意：系统过程 sp_addsrvrolemember 与 sp_addrolemember 的参数顺序是不同的。

例 5-13 指定用户 cui 为"学生"数据库的数据库管理员。

假设用户 cui 已经是"学生"数据库的用户，则可以使用系统过程 sp_addrolemember 将用户 cui 指定为 db_owner 角色：

```
sp_addrolemember @rolename='db_owner', @membername='cui'
```

5. 角色管理

正如本小节开始时介绍的那样，角色管理是用户管理和权限管理的重要内容，这里的角色主要是指数据库角色。可以将用户指定为预定义的数据库角色，也可以自定义新的数据库角色。

不同的角色可以有不同的权限组合，完成不同的职责。

数据库用户可以指定为角色的成员，可以从角色自动继承全部权限（禁止继承的权限除外）。

角色管理包括定义角色（CREATE ROLE）、更改角色名称（ALTER ROLE）、指定用户角色（sp_addrolemember）、取消用户角色（sp_droprolemember）和删除角色（DROP ROLE）。

定义角色命令的基本格式是：

```
CREATE ROLE role_name [AUTHORIZATION owner_name]
```

其中，role_name 是定义的新的角色名称，通常，角色由定义角色的用户所有（即负责管理）；如果用 AUTHORIZATION 短语指定了 owner_name（可以是用户或角色，需要拥有一定权限），则 owner_name 将拥有该角色。

初始定义的角色没有任何权限，需要由数据库管理员或相关用户为角色进行授权（参见第 5.2.4 节）并进行角色的管理。

更改角色名称命令的基本格式是：

```
ALTER ROLE role_name WITH NAME=new_name
```

该命令将旧的角色名称 role_name 更改为新的角色名称 new_name。该命令只是更改名称，不会影响所有者、权限和成员。

将用户指定为某个角色使用系统过程 sp_addrolemember，具体格式前面已经介绍过。

一个用户一旦被指定为某个角色，则该用户将自动从角色继承权限（被明确用 DENY 命令禁止的权限除外）。

取消某个用户的指定角色使用系统过程 sp_droprolemember，其基本格式是：

```
sp_droprolemember [@rolename=] 'role', [@membername=] 'user'
```

删除角色命令的格式是：

```
DROP ROLE role_name
```

注意：在删除角色前，需要首先解除角色的所有成员。

数据库的角色管理通常由数据库管理员负责，也可以由指定为 db_securityadmin 数据库预定义角色的用户负责管理。

下面的例子假设在“学生”数据库中，并假设用户 zhang 和 wang 为该数据库的用户。

例 5-14 建立角色 course_man，并指定由用户 zhang 管理。

```
CREATE ROLE course_man AUTHORIZATION zhang
```

例 5-15 将角色 course_man 的名称修改为 tech_man。

```
ALTER ROLE course_man WITH NAME=tech_man
```

例 5-16 指定用户 wang 为角色 tech_man 的成员。

```
sp_addrolemember @rolename='tech_man', @membername='wang'
```

5.2.4 SQL Server 的用户权限管理

权限管理包括对用户和角色的权限管理。从安全管理的角度应该把对数据库的操作划分成若干角色（就像在现实管理中，不同的部门承担不同的工作、担当不同的角色一样），然后在角色上进行权限管理，用户通过角色继承或获取权限。具有相同角色的一组用户如果存在权限上的差异，则可以通过直接对用户的权限管理进行调整。图 5-2 示意了用户的权限管理和获得方式，即一部分权限是通过用 GRANT 授权直接得到的，另一部分是作为角色的成员自动继承得到的（其中不包括用 DENY 命令禁止继承的权限，即阴影示意的部分）。

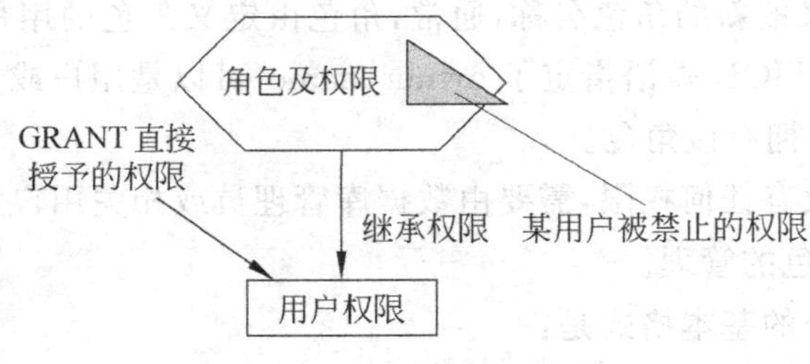

图 5-2 用户权限管理示意

权限管理的命令包括授权命令 GRANT、收回授权的命令 REVOKE 和禁止继承权限的命令 DENY。

1. 授权

授权语句 GRANT 的基本语法格式可以分为两类，一类是创建对象的权限；另一类是在对象上操作权限。

授权创建对象的 GRANT 语句的基本格式如下：

```
GRANT { ALL | permission [,…,n]}
TO principal [,…,n]
[WITH GRANT OPTION] [AS principal]
```

这样的语句通常是由系统管理员或数据库管理员使用的，能否进行相关授权与自身的权限和身份有关。其中参数：

- ALL 说明授予全部权限，包括 BACKUP DATABASE，BACKUP LOG，CREATE DATABASE，CREATE DEFAULT，CREATE FUNCTION，CREATE PROCEDURE，CREATE RULE，CREATE TABLE 和 CREATE VIEW；
- 也可以用选项 permission [,…,n]逐一授予指定的权限；
- principal [,…,n]说明被授予权限的一个或多个主体，可以是用户名或角色名；
- WITH GRANT OPTION 说明被授予权限的用户或角色也可以行使同样的 GRANT 权限；
- AS principal 说明当使用 GRANT 授权时是作为某个用户或某个角色在行使职权。

例 5-17 在学生数据库中授予角色 tech_man 具有 CREATE TABLE 的权限。

```
GRANT CREATE TABLE TO tech_man
```

这样，所有 tech_man 角色的成员将自动具有 CREATE TABLE 的权限（除非用 DENY 命令被禁止），即在数据库中可以执行 CREATE TABLE 命令创建表。

例 5-18 授予用户 wang 创建视图的权利，并且允许该用户将创建视图的权利授予其他合法用户。

```
GRANT CREATE VIEW TO wang WITH GRANT OPTION
```

授权对象上操作权限的 GRANT 语句的基本格式如下：

```
GRANT { ALL | permission [( column [,…,n] )] [,…,n]}
ON securable TO principal [,…,n]
[WITH GRANT OPTION] [AS principal]
```

创建对象的用户可以使用该命令将操作对象的权限授予其他角色或用户。其中参数：

- securable 说明授予权限的对象，可以是表、视图、存储过程等对象；
- ALL 说明授予全部权限，当 securable 是表或视图时，ALL 表示 DELETE，INSERT，REFERENCES，SELECT 和 UPDATE；当 securable 是存储过程或函数时，ALL 表示 EXECUTE；
- 也可以用选项 permission [,…,n]逐一授予指定的权限，当查询和更新限制在某些列时，可以使用（column [,…,n] ）指定具体的列；
- 其他选项的解释同前。

例 5-19 将选课表的查询权限和对考试成绩字段的修改权限授予用户角色 tech_man。

```
GRANT SELECT,UPDATE(考试成绩)
ON 选课 TO tech_man WITH GRANT OPTION
```

执行以上命令后，所有 tech_man 角色的成员将具有对选课表的查询权限和对考试成绩字段的修改权限，如用户 wang 是 tech_man 角色的成员。

例 5-20 用户 wang 将对选课表的查询权限授予用户 zhang（由于例 5-19 选用了短语 WITH GRANT OPTION）。

```
GRANT SELECT ON student.选课 TO zhang AS tech_man
```

由于用户 wang 不直接拥有对选课表的查询权限和直接授权，其权限是从角色 tech_man 继承得到的，所以用户 wang 在向其他用户授权时必须使用 AS tech_man，说明他是作为 tech_man 角色的成员在进行授权。

2. 收回授权

授出的权限在必要的时候都可以收回，收回授权的命令是 REVOKE，基本语法格式如下：

```
REVOKE [GRANT OPTION FOR]
{ ALL | permission [(column [,...,n] )] [,...,n] }
[ON securable] FROM principal [,...,n]
[CASCADE] [AS principal]
```

其中，GRANT OPTION FOR 说明从指定角色或用户撤销再授权的权限。CASCADE 的含义是级联，即指示当前正在撤销的权限也将从其他被该主体授权的主体中撤销；使用 CASCADE 参数时，还必须同时指定 GRANT OPTION FOR 参数。其他参数的含义与授权的 GRANT 命令是相对应的。

例 5-21 撤销角色 tech_man 对选课表的 SELECT 权限再授权的权利(不撤销该角色成员对选课表的 SELECT 权限)。

```
REVOKE GRANT OPTION FOR SELECT ON 选课 FROM tech_man CASCADE
```

以上命令执行后，tech_man 角色的成员不能再将对选课表的 SELECT 权限授权给其他用户，以前作为角色成员授出的权限也会一并收回(如例 5-20 授予用户 zhang 的权限已经被自动撤销)。

例 5-22 从角色 tech_man 撤销对选课表的 UPDATE 权限。

```
REVOKE UPDATE ON 选课 FROM tech_man CASCADE
```

3. 禁止继承权限

用户可以直接得到授权也可以从角色继承授权。通常按角色管理权限，但允许同一角色的群体成员存在差异。如果一个用户比角色的整体权限拥有更多的权限，可以用 GRANT 命令直接授予这部分权限；如果一个用户不能拥有角色中的部分权限，则可以用 DENY 命令禁止这个用户从角色继承这些权限(如图 5-2 所示)。

DENY 命令的基本语法格式是：

```
DENY { ALL | permission [( column [,...,n] )] [,...,n]}
[ON securable] TO principal [,...,n]
[CASCADE] [AS principal]
```

DENY 命令的参数与 GRANT 命令和 REVOKE 命令的相应参数具有相同的含义。

例 5-23 禁止用户 wang 对选课表进行更新。

```
DENY UPDATE ON 选课 TO wang
```

此时，用户 wang 作为角色 tech_man 的成员将只继承了对选课表的 SELECT 权限，不能继承 UPDATE 权限。

如果以后用户 wang 需要对选课表的 UPDATE 权限，可以使用 GRANT 命令直接授予。即 DENY 命令只禁止从角色继承权限，而不能禁止对用户的直接授权。

思考题

1. 查阅相关资料了解 SQL Server 的 Windows 验证（与操作系统集成的）和数字证书验证，讨论它们与常规验证的区别，并分析各自的特点。

2. 查阅相关资料了解 SQL Server 的数据加密等其他安全措施，写一篇短文，全面阐述 SQL Server 的安全技术。

3. 查阅 CREATE LOGIN 和 ALTER LOGIN 命令的完整格式，全面了解对登录用户管理的内容。

4. 为什么登录到数据库管理系统的用户却不一定能够访问数据库？登录用户和数据库用户是什么关系？

5. 查阅 CREATE USER 和 ALTER USER 命令的完整格式，全面了解对数据库用户管理的内容。

6. 全面讨论和理解数据库访问和操作的多级认证，讨论各级认证的方法和作用。

7. 讨论通过角色进行用户权限管理的内容及其为权限管理带来的方便。

8. 权限管理包括授权（GRANT）、收回授权（REVOKE）和禁止权限（DENY），讨论各自命令中各个短语的功能，以及这些短语在权限管理中发挥的特殊作用。

5.3 事务管理

事务（transaction）是数据库应用的基本性质之一，是管理数据库运作的一个逻辑单位。多个用户的应用要同时正确运行，需要用事务来控制（并发控制）；为了保证不丢失数据，也需要事务来控制（恢复控制）。

5.3.1 事务的概念和性质

事务是讨论并发控制和恢复的基础，也是保证数据一致性的基础，因此也是数据库管理的重要内容。

1. 什么是事务

事务可以看作是作业或任务，它是完成用户一项特定工作的一组命令，是构成单一逻辑工作单元的操作集合。

并不是每一个对数据库的完整操作都可以用一条命令来完成，多数情况下都需要一组命令来完成一个完整的操作。如果不加以控制就可能将一个完整的操作割裂开，例如意外事件（如软件出现意外错误、硬件发生意外故障或突然掉电，这些都会使正在进行的操作强制中断）可能会使对数据的更新尚未完成，数据既不是当前的正确状态，也不是在此之前某一时刻的正确状态，数据处于“未知”状态，即错误状态，这时必须有办法使数据回退到以前的正确状态或前进到以后的正确状态。再例如，多个用户程序同时操作数据库（并发执行），这些程序可能会交叉使用数据资源，如果不加以控制，它们就会相互干扰，数据可能会在“未知”状态下被更新，从而产生错误的结果。因此，事务管理或控制是保证数据库正确的有效手段。

2. 事务的性质

在数据库中，事务需要具备原子性(atomicity)、一致性(consistency)、隔离性(isolation)和持久性(durability)这 4 点性质，事务的这些性质通常称为 ACID 特性(取 4 个英文单词的第一个字母)。

(1) 原子性

事务的原子性强调了一个事务是一个逻辑工作单元，是一个整体，是不可分割的。一个事务所包含的操作要么全部做，要么全部不做。为此，在执行事务的过程中，如果遇到系统故障或其他原因而使事务被迫终止时，系统必须有能力使数据不处于“未知”的状态。这是数据库系统本身的责任。

一个事务是一个完整的操作，是一个整体——它或者完全执行，或者完全不执行，这样才能保证数据库不会处于“未知”状态。为此，一个事务完成后应该告知系统，称此为事务的提交(commit)，此时，数据库处于操作后的正确状态；如果一个事务未完成，则必须清除该事务对数据的影响，即事务可以撤销(rollback)，从而使数据库处于操作前的正确状态。

(2) 一致性

一个事务执行一项数据库操作，事务将使数据库从一种一致性的状态变换成另一种一致性状态(即从一种正确的状态变为另一种正确的状态)。

在事务执行之前，总是假设数据库是一致的，那么当事务成功执行之后，数据库肯定仍然是一致的。但是，如果事务在执行过程中被迫中断，那么数据库将处于不一致的状态。假设一个银行转账操作需要以下两条 SQL 语句才能完成：

```
UPDATE account SET 余额=余额-x WHERE 账号=a1
UPDATE account SET 余额=余额+x WHERE 账号=a2
```

如果在第一条语句之后发生故障，结果将使数据库中的数据不正确(账户借贷不平衡，转账金额 x 不翼而飞了)，即造成了数据不一致。

之所以会出现这种不一致性，是因为一个事务没有完整的执行。由此可见，事务的一致性和原子性密切相关。

(3) 隔离性

每个事务单独执行都能保持原子性和一致性，但是，如果这些事务并发、交叉执行会不会互相干扰而导致不一致的状态呢？例如，有两名教师在同时登录各自承担课程的学生的考试成绩，在登录成绩时自动完成绩点的计算，并假设有如下操作流程：

① 在时间 $t1$，教师 a 录入学生 a 数据库课程的考试成绩时(事务 $p1$)读取到该生的绩点是 32。

② 在时间 $t2$，教师 b 录入学生 a 操作系统课程的考试成绩时(事务 $p2$)读取到该生的绩点是 32。

③ 在时间 $t3$，事务 $p1$ 录入学生 a 数据库课程的考试成绩为 88，该生增加 3 个绩点，将绩点修改为 35(32＋3)。

④ 在时间 $t4$，事务 $p2$ 录入学生 a 的操作系统课程考试成绩为 75，该生增加 2 个绩点，将绩点修改为 34(32＋2)。

结果，事务 $p2$ 的修改干扰或覆盖了 $p1$ 对绩点的修改，该生的绩点与事实不符(两门课程共增加了 5 个绩点，实际应该为 37）。究其原因是，两个并发执行的事务不具有隔离性、相互干扰造成的。

为了避免并发事务间的干扰，就必须将事务与事务加以隔离。或者说，由并发事务所作的修改必须与任何其他并发事务所作的修改隔离。事务查看数据时数据所处的状态，要么是另一并发事务修改它之前的状态，要么是另一事务修改它之后的状态，事务不会查看中间状态的数据。刚才的事务 $p2$ 正是因为没有被强制在最新的数据上进行修改而导致了错误的结果。

事务的隔离性是由并发控制来保证的，具体内容见第 5.5 节。

（4）持久性

事务的持久性是指一旦事务成功完成，该事务对数据库所施加的所有更新都是永久的。即在事务成功完成之后，任何系统故障都不能破坏已经完成的事务。事务的持久性是数据库管理系统的责任，它属于恢复的范畴，具体内容将在第 5.4 节介绍。

从上述可以看出，事务的 ACID 性质或者与并发控制有关，或者与恢复有关。保证事务的 ACID 性质正是数据库管理系统中并发控制机制和恢复机制的责任。

5.3.2 事务管理的命令

SQL 支持事务，用于事务控制的语句一般包括：

- BEGIN TRANSACTION（开始事务）；
- COMMIT TRANSACTION（提交事务）；
- SAVE TRANSACTION（保存事务）；
- ROLLBACK TRANSACTION（撤销事务）。

1. 开始事务

BEGIN TRANSACTION 标志一个事务开始，其后所产生的对数据库的更新操作可以被 COMMIT TRANSACTION 命令提交，也可以被 ROLLBACK TRANSACTION 命令撤销。即一个事务最终或者被提交，或者被撤销，这正好符合事务原子性的特征（一个事务所包含的操作要么全部做，要么全部不做），也符合事务的一致性特征（从一种一致性状态变换为另一种一致性状态）。

BEGIN TRANSACTION 命令的基本格式是：

```
BEGIN { TRAN | TRANSACTION }
```

2. 提交事务

COMMIT TRANSACTION 标志一个事务正确结束，说明数据库从事务开始前的一致状态变换为事务结束后的一致状态。

COMMIT TRANSACTION 命令的基本格式是：

```
COMMIT { TRAN | TRANSACTION }
```

提交事务意味着向数据库管理系统确认了事务中所完成的更新操作，提交后的事务不可以撤销。

3. 保存事务

SAVE TRANSACTION 用于在长事务中设置一些事务断点，这样在事务出现故障并可修复时，可以不撤销整个事务，而是将事务回退(rollback)到指定的事务断点，然后继续完成事务。

SAVE TRANSACTION 命令的格式是：

```
SAVE {TRAN | TRANSACTION} {savepoint_name | @savepoint_variable}
```

这里，可以用标识符 savepoint_name 或局部变量@savepoint_variable 指定事务断点或保存点。

如果一个事务在出现错误后通过修复可以继续完成，则使用保存点回退部分事务，这显然比撤销整个事务有更高的效率。

使用事务断点技术通常需要事先预见可能出现的错误。在数据库操作中，更新和回退代价都很大，因此只有在遇到错误的可能性很小，而且预先检查更新的有效性的代价相对很高的情况下，使用保存点才会非常有效。

4. 撤销事务

ROLLBACK TRANSACTION 说明撤销自事务开始后对数据库所做的一切或部分更新，使数据库恢复到 BEGIN TRANSACTION 之前的一致状态，或者回退到指定的事务断点。

ROLLBACK TRANSACTION 命令的基本格式是：

```
ROLLBACK {TRAN | TRANSACTION} [savepoint_name | @savepoint_variable]
```

ROLLBACK TRANSACTION 可以撤销整个事务，也可以通过指定 savepoint_name 或@savepoint_variable 撤销部分事务。

当使用 savepoint_name 或@savepoint_variable 撤销部分事务时，必须继续完成事务，最终必须用 COMMIT TRANSACTION 提交事务或者用 ROLLBACK TRANSACTION 撤销整个事务，从而保证事务的原子性和一致性。

5. 隐含事务与自动事务

SQL 还规定了隐含事务模式，在 SQL Server 中确定是否是隐含事务模式的命令是：

```
SET IMPLICIT_TRANSACTIONS {ON | OFF}
```

当设置为隐含模式(ON)时，可以不用 BEGIN TRANSACTION 命令开始一个事务，而是当首次执行某个相关操作命令时都会自动启动一个事务，之后可以用 SAVE TRANSACTION 设置事务断点。最后必须用 COMMIT TRANSACTION 提交事务，或者用 ROLLBACK TRANSACTION 撤销事务。

当设置为非隐含模式(OFF)时，如果要进行事务管理，必须用 BEGIN TRANSACTION 命令显式开始一个事务，之后可以用 SAVE TRANSACTION 设置事务断点。同样，最后必须用 COMMIT TRANSACTION 提交事务，或者用 ROLLBACK TRANSACTION 撤销事务。

当设置为非隐含模式(OFF)，又没有使用 BEGIN TRANSACTION 命令管理事务时，则每条对数据库更新操作成功的命令都将自动作为事务提交，此时不能使用 COMMIT TRANSACTION 提交事务，或者用 ROLLBACK TRANSACTION 撤销事务。

思考题

1. 讨论并画图示意在数据库操作中什么情况下会破坏事务的原子性和一致性。
2. 讨论并画图示意在数据库操作中什么情况下会破坏事务的隔离性。
3. 讨论并深刻理解隐含事务与自动事务。
4. 阅读如下程序段，讨论事务的提交和撤销，指出程序执行的最终结果，并分析是否满足事务的原子性和一致性。

```
BEGIN TRANSACTION
CREATE TABLE TestTran (Cola INT PRIMARY KEY, Colb CHAR(3))
INSERT INTO TestTran VALUES (1, 'aaa')
COMMIT TRANSACTION
BEGIN TRANSACTION
INSERT INTO TestTran VALUES (2, 'bbb')
ROLLBACK TRANSACTION
BEGIN TRANSACTION
INSERT INTO TestTran VALUES (3, 'ccc')
COMMIT TRANSACTION
```

5. 阅读如下程序段，讨论事务断点的保存和使用，指出程序执行的最终结果，并分析是否满足事务的原子性和一致性。

```
BEGIN TRANSACTION
CREATE TABLE TestTran (Cola INT PRIMARY KEY, Colb CHAR(3))
INSERT INTO TestTran VALUES (1, 'aaa')
SAVE TRANSACTION transpoint1
INSERT INTO TestTran VALUES (2, 'bbb')
ROLLBACK TRANSACTION transpoint1
INSERT INTO TestTran VALUES (3, 'ccc')
COMMIT TRANSACTION
```

5.4　恢复管理

数据库的恢复管理是指由于软故障(应用程序出错、系统出错等使事务中断的故障)或硬故障(磁盘损坏使数据丢失的故障)使数据库中的数据产生不一致后可以恢复到一致性的过程。

5.4.1　软故障及其恢复

所有使事务中断而又没有损坏磁盘介质的故障，都可以看做是软故障。引起这类故障的原因是多方面的，归纳起来有如下几种：

(1) 突然掉电引起的事务中断。

(2) 硬件故障引起的事务中断。

(3) 客户应用程序出错引起的事务中断。

(4) 系统程序故障引起的事务中断。

这种故障造成事务中断,使得一个完整的事务未能完成。这一方面违背了一个事务中的操作"要么全部完成,要么什么都不做"的原子性原则;另一方面,由于事务中断使数据库处于一种未知状态,还违背了事务使数据库从一种一致状态变换到另一种一致状态的一致性原则。

解决这类问题的方法很简单,只需通过事务控制将数据库恢复到事务修改之前的状态,即通过执行 ROLLBACK TRANSACTION 命令撤销未执行完的事务。

为了能够保证数据库中的数据是一致的,必须合理设计事务。例如,一项转账操作所涉及的两条 UPDATE 语句是一个完整的逻辑操作:

```
UPDATE account SET 余额=余额-x WHERE 账号=a1
UPDATE account SET 余额=余额+x WHERE 账号=a2
```

这两条语句不能分割,它们在任何时候都是要么全部执行、要么全部不执行,这样才能保证账目平衡。为此,通常应该按如下方式控制事务:

```
BEGIN TRANSACTION
UPDATE account SET 余额=余额-x WHERE 账号=a1
UPDATE account SET 余额=余额+x WHERE 账号=a2
COMMIT TRANSACTION
```

如果某个错误使事务无法成功完成,通常 SQL Server 会自动撤销该事务,并释放该事务占用的所有资源。例如突然掉电或硬件故障造成停机而使事务中断,数据库管理系统在重新启动时会自动检查是否有未执行完的事务,如果发现这样的事务,则将对这些事务自动执行事务撤销的语句。

在设计事务时也可以动态捕捉事务的状态以决定如何控制事务。这可以通过 Transact-SQL 的 TRY 和 CATCH 语句块来控制,将可能需要异常处理的语句安排在 TRY 块中,如果 TRY 块内部发生错误,则会将控制传递给 CATCH 块中的语句进行处理。TRY 和 CATCH 语句块的格式如下:

```
BEGIN TRY
    {sql_statement | statement_block}
END TRY
BEGIN CATCH
    {sql_statement | statement_block}
END CATCH
```

其中,CATCH 块必须紧跟在 TRY 块之后。当 TRY 块中有错误时,将进入 CATCH 块检查并处理错误;当 TRY 块中没有错误时,将直接执行 END CATCH 之后的语句。

本节思考题 1 是使用 TRY 和 CATCH 语句块处理出错事务的一个例子。

5.4.2 硬故障恢复

软故障恢复解决了事务的原子性和一致性,而事务的持久性则需依靠硬故障恢复技术来解决。所谓持久性就是当完成对数据库的更新后(当然是事务提交后)使得更新能够永久有效，不会因为任何故障而丢失，即便是硬盘损坏也能够将数据库恢复到最新的、一致的状态。

1. 备份和日志

当磁盘损坏或数据丢失时，还能够将数据库恢复到最新的一致状态所依据的基本技术当然是备份。

一般的数据库备份是指将硬盘上的数据转储或备份到脱机的存储介质上，在硬盘发生故障并在修复或更换之后，将备份的数据再恢复到硬盘上。

备份是定期的，而不是实时的，所以利用备份并不能完全恢复数据库，它只能将数据库恢复到制作备份的那一时刻。如果没有其他技术支持，在备份之后对数据库所做的任何更新将会丢失，即数据库不能恢复到最新的、一致的状态。

为了将数据库恢复到最新的、一致的状态，人们发明了日志技术，通过日志记录所有对数据库的更新操作，这样就可以在备份完成时立刻刷新并启用一个数据库日志。数据库日志是实时的，它将忠实地记录下所有对数据库的更新操作。因此，当磁盘出现故障造成数据库损坏时，就可以首先利用备份恢复数据库（恢复大部分数据），然后再运行数据库日志，即将备份后所做的更新操作再重新做一遍，从而将数据库完全恢复。显然，日志是对备份的补充。

备份是脱机的，可以将备份进行异地保存以保证备份的安全。但日志是联机的、实时的，因此必须保证日志的安全，应该将日志和主数据库安排在不同的物理存储设备上，甚至安排在远程的物理设备上。如果日志和数据库安排在相同的物理设备或同一个地点的物理设备上，日志和数据库就有可能会同时遭到破坏，从而日志也就失去了它本来的作用。

2. 备份类型

不同的数据库管理系统提供的备份类型和备份方式是类似的，SQL Server 支持的备份类型包括：

- 全备份　即完整地备份整个数据库，同时也备份与该数据库相关的事务处理日志。
- 增量备份　也称做差异备份，增量数据库备份只备份自上次数据库备份后发生更改的数据；增量备份比全备份小而且备份速度快，因此可以更经常地备份，经常备份会减少丢失数据的危险。但是增量备份会增加恢复管理的难度。
- 事务日志备份　日志备份序列提供了连续的事务信息链，可支持从全备份、增量备份进行快速恢复。

另外，SQL Server 还支持物理级的文件和文件组备份。

3. 恢复模式

如何使用备份和日志则是一个策略问题，因为在数据库受到损害后，人们总是希望能够用最快的速度将数据库恢复。

恢复模式是数据库的属性，它控制如何记录事务、事务日志是否需要（以及允许）备份以及可以使用哪些恢复操作等。

常用的恢复模式有简单恢复模式和完整恢复模式。

（1）简单恢复模式

简单恢复模式不使用事务日志，如果数据库损坏只能恢复到已丢失数据的最新备份，该模式造成数据丢失的风险很大。因此，在简单恢复模式下，备份间隔应尽可能地短，以防止大量丢失数据。但是，间隔再短也不是实时的，也有可能丢失重要数据。

通常对于用户数据库，简单恢复模式用于测试和开发数据库，或用于主要包含只读数据的数据库(如数据仓库)。简单恢复模式并不适合联机事务系统，因为这类系统要求数据是实时的、准确的，丢失最新的更改是无法接受的。所以建议使用完整恢复模式。

(2) 完整恢复模式

完整恢复模式可以将数据库恢复到最新状态，它为需要事务持久性的数据库提供了常规数据库维护模式。

完整恢复模式需要日志备份，该模式完整记录所有事务，并将事务日志记录保留到对其备份完毕为止。

恢复模式是数据库的属性，通过用 ALTER DATABASE 命令设置 RECOVERY 选项来修改或设置恢复模式，例如将学生数据库设置为简单恢复模式：

```
ALTER DATABASE 学生 SET RECOVERY SIMPLE
```

如果将学生数据库设置为完整恢复模式，则有：

```
ALTER DATABASE 学生 SET RECOVERY FULL
```

4. 恢复策略

创建备份的目的是为了可以恢复已损坏的数据库。但是，备份和恢复数据必须根据特定环境进行自定义，要使得备份和恢复管理简单，在数据库受到损害后可以在最短的时间内将数据库恢复。既要尽可能地将数据库恢复到最新状态、尽量减少数据的丢失，还要尽快地恢复数据库，减少系统停止运行带来的损失。因此，应该依据系统环境制定一个可靠的恢复策略。

备份类型有全备份、差异备份和事务日志备份，恢复模式有简单恢复模式和完整恢复模式等。选择、组合备份类型和备份模式是制定恢复策略的重要内容。

恢复策略包含备份部分和恢复部分。策略的备份部分定义备份的类型和频率、备份所需硬件的特性和速度、备份的测试方法以及备份媒体的存储位置和方法(包括安全注意事项)等。策略的恢复部分定义负责执行恢复的人员以及如何执行恢复以满足数据库的可用性和尽量减少数据丢失的目标。从管理的角度来看应该将备份和恢复过程记录下来，并在运行手册中保留记录文档的副本。

设计有效的备份和恢复策略需要仔细计划、实现和测试。在制定恢复策略时必须考虑各种因素，其中包括：

- 数据库的生产目标，尤其是对可用性和防止数据丢失的要求。例如，一旦数据库损坏必须在多长时间内恢复，是否可以容忍数据丢失等。
- 每个数据库的特性，包括大小、使用模式、内容特性以及数据要求等。
- 对资源的约束(如硬件、人员、时间、备份媒体的存储空间以及所存储媒体的物理安全性等)，如备份由谁来做、什么时间做、备份在什么介质、存放在什么地方最安全等等因素。

如何选择备份模式以及如何组合备份类型是制定备份和恢复计划的重要内容。

在制定了备份和恢复计划后必须进行测试，要保证所选择的备份模式和备份类型组合能够按照要求成功恢复数据库，这样才能生成备份和恢复策略。

5. 备份和恢复的命令

备份数据库的命令是 BACKUP DATABASE，其基本格式如下：

```
BACKUP DATABASE database_name TO <backup_device>
[WITH DIFFERENTIAL]
```

其中参数：

- database_name 指出要备份的数据库名称；
- <backup_device> 指定用于备份操作的逻辑备份设备或物理备份设备；
- WITH DIFFERENTIAL 指出是差异备份。

恢复或还原数据库的命令是 RESTORE DATABASE，其基本格式如下：

```
RESTORE DATABASE database_name FROM <backup_device>
WITH {RECOVERY | NORECOVERY }
```

其中参数：

- database_name 指出要恢复的数据库名称；
- <backup_device> 指定备份所在的逻辑备份设备或物理备份设备；
- RECOVERY 说明恢复结束，如果有未完成事务则予以撤销；NORECOVERY 说明恢复未结束，还有后续的差异备份要继续恢复。

备份日志的命令是 BACKUP LOG，其基本格式如下：

```
BACKUP LOG database_name TO <backup_device>
```

利用日志进行恢复的命令是 RESTORE LOG，其基本格式如下：

```
RESTORE LOG database_name FROM <backup_device>
WITH {RECOVERY | NORECOVERY }
```

备份和恢复日志命令的参数含义与 BACKUP DATABASE 和 RESTORE DATABASE 命令相同。

6. 简单恢复模式的数据库备份和恢复

简单恢复模式的数据库备份包括全备份和差异备份，简单恢复模式不管理日志，因此不包含日志备份。

在简单恢复模式下的备份包括一个全备份和若干差异备份。差异备份是备份自上一次备份后修改过的数据，图 5-3 示意了差异备份的工作原理。

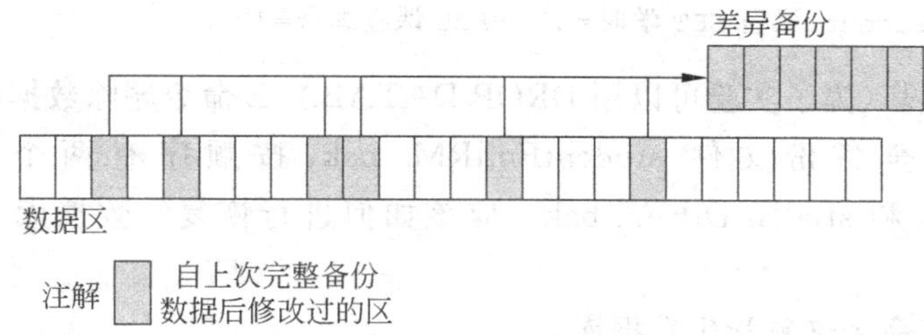

图 5-3 差异备份原理

在简单恢复模式下，差异备份的基准是最近一次的全备份。图 5-4 示意了一个备份序列，假设在 $t1$ 时刻进行了全备份 f，在 $t2$、$t3$、$t4$ 和 $t5$ 时刻分别做了差异备份 $d1$、$d2$、$d3$ 和 $d4$，如果在 $t5$ 时刻之后发生了灾难，则只能将数据库恢复到 $t5$ 时刻，并且只需要使用全备份 f 和在 $t5$ 时刻做的差异备份 $d4$ 进行恢复。在 $t5$ 时刻之后更新的数据将丢失。

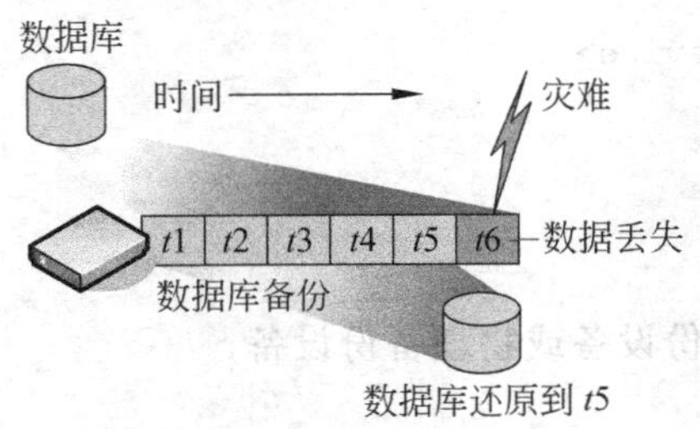

图 5-4　备份序列示意

假设已经使用如下命令将学生数据库设置为简单恢复模式：

```
ALTER DATABASE 学生 SET RECOVERY SIMPLE
```

例 5-24　简单恢复模式下的备份与恢复实例。

如下命令对学生数据库进行全备份：

```
BACKUP DATABASE 学生 TO DISK = 'D:\mssqlbak\studentFullRM.bak'
```

全备份结果在 D 盘 mssqlbak 文件夹下的 studentFullRM. bak 文件。

假设之后又进行了如下更新操作：

```
UPDATE student.课程 SET 学时=60 WHERE 课程编号='B00016'
```

然后进行了差异备份：

```
BACKUP DATABASE 学生 TO DISK='D:\mssqlbak\studentDIFF1.bak'
WITH DIFFERENTIAL
```

结果产生一个差异备份文件 studentDIFF1. bak(在 D 盘 mssqlbak 文件夹下)。

假设又进行了更新操作：

```
UPDATE student.课程 SET 学时=32 WHERE 课程编号='X00206'
```

接着再进行差异备份：

```
BACKUP DATABASE 学生 TO DISK='D:\mssqlbak\studentDIFF2.bak'
WITH DIFFERENTIAL
```

结果产生一个差异备份文件 studentDIFF2. bak(在 D 盘 mssqlbak 文件夹下)。

再进行更新操作：

```
UPDATE student.课程 SET 学时=56 WHERE 课程编号='B00018'
```

随后数据库损坏(为了实验可以用 DROP DATABASE 命令删除数据库)。

目前有一个全备份文件 studentFullRM. bak，按顺序有两个差异备份文件 studentDIFF1. bak 和 studentDIFF2. bak。应该如何进行恢复？数据库又能恢复到什么程度？

首先使用如下命令恢复学生数据库：

```
RESTORE DATABASE 学生 FROM DISK='D:\mssqlbak\studentFullRM.bak'
WITH RECOVERY
```

这里使用全备份，并选择 WITH RECOVERY，所以该命令成功执行后就完成了恢复操作，学生数据库已经可以使用了。读者可以观察如上几条对数据库的更新语句哪条恢复了？哪条丢失了？

假设使用如下方式首先用全备份恢复数据库：

```
RESTORE DATABASE 学生 FROM DISK='D:\mssqlbak\studentFullRM.bak'
WITH NORECOVERY
```

这里使用全备份，并选择 WITH NORECOVERY。该命令成功执行后学生数据库还不能使用，因为此时的 NORECOVERY 说明还没有完成恢复，还有后续的差异备份需要进一步恢复。

接着直接使用最后一个差异备份进行恢复(因为简单恢复模式的差异备份是最后一次全备份)，命令如下：

```
RESTORE DATABASE 学生 FROM DISK='D:\mssqlbak\studentDIFF2.bak'
WITH RECOVERY
```

此时，由于使用了 WITH RECOVERY，所以恢复操作完成，学生数据库可以使用。同时也可以观察到只有最后一条更新丢失了。如果要保证不丢失更新，不丢失数据，则应该使用完整恢复模式。

7. 完整恢复模式的数据库备份和恢复

完整恢复模式通过使用日志备份在最大范围内防止出现故障时丢失数据，这种模式需要备份和还原事务日志(日志备份)。

全备份或完整数据库备份是完整恢复模式的基础，在此基础上可以做出差异备份和日志备份的策略，通过一个全备份和若干个差异备份及日志备份可以将数据库恢复到灾难时刻，保证数据不受损失。

在完整恢复模式下，差异备份可以包含具有不同差异基准的文件。具有多个基准的差异被称为“多基准差异备份”。多基准差异备份的管理和维护较为困难。因此，建议避免创建具有多个基准的差异备份。

完整恢复模式下的数据库备份包括全备份、差异备份和日志备份。需要强调的是，当数据库遇到灾难后，不是马上进行恢复工作，而是首先备份活动日志或称为尾日志。图 5-5 显示了在完整恢复模式下的最简单的备份策略。在此图中，已完成了数据库备份 Db_1 以及两个例行日志备份 Log_1 和 Log_2。在 Log_2 日志备份后的某个时间，数据库损坏。在利用这 3 个备份恢复数据库之前，数据库管理员必须首先备份活动日志(日志尾部)；然后依次使用 Db_1、Log_1 和 Log_2 进行数据库还原工作(在恢复命令中选择 WITH NORECOVERY)；最后利用尾日志备份将数据库恢复到故障点(在恢复命令中选择 WITH RECOVERY)，从而恢复所有数据。

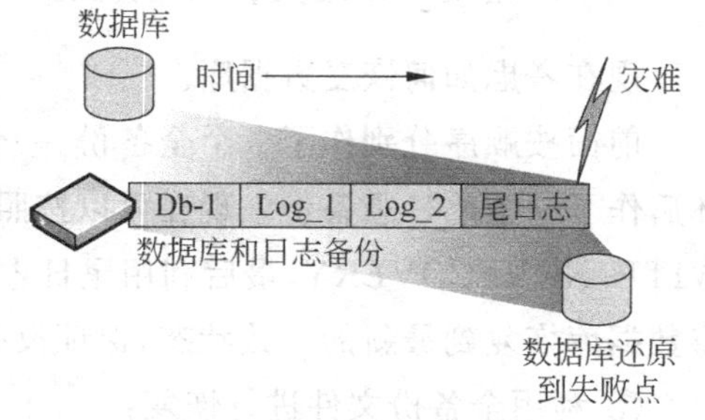

图 5-5　完整恢复模式下的最简单备份和恢复策略

例 5-25 完整恢复模式下的备份与恢复实例。

首先保证学生数据库的恢复模式是完整恢复模式，即使用如下命令进行相关设置：

```
ALTER DATABASE 学生 SET RECOVERY FULL
```

如下命令对学生数据库进行全备份：

```
BACKUP DATABASE 学生 TO DISK='D:\mssqlbak\studentFullRM.bak'
```

全备份结果在 D 盘 mssqlbak 文件夹下的 studentFullRM. bak 文件。

假设之后又进行了如下更新操作：

```
UPDATE student.课程 SET 学时=56 WHERE 课程编号='B00016'
```

然后进行了差异备份：

```
BACKUP DATABASE 学生 TO DISK ='D:\mssqlbak\studentDIFF1.bak'
WITH DIFFERENTIAL
```

结果产生一个差异备份文件 studentDIFF1. bak(在 D 盘 mssqlbak 文件夹下)。

假设又进行了下面的更新操作：

```
UPDATE student.课程 SET 学时=40 WHERE 课程编号='X00206'
```

接着进行日志备份：

```
BACKUP LOG 学生 TO DISK='D:\mssqlbak\studentLOG1.bak'
```

结果产生一个日志备份文件 studentLOG1. bak(在 D 盘 mssqlbak 文件夹下)。

再进行更新操作：

```
UPDATE student.课程 SET 学时=60 WHERE 课程编号='B00018'
```

随后数据库损坏。

此时不能急于恢复数据库，而是要首先备份活动日志(尾日志)，然后再进行恢复才能将数据库恢复到最新状态，同时保证不丢失数据。为此需要用如下命令备份活动日志：

```
BACKUP LOG 学生 TO DISK='D:\mssqlbak\studentLOGtail.bak'
WITH NO_TRUNCATE,NORECOVERY
```

现在考虑如何恢复数据库。

前面按顺序分别作了一个全备份、一个差异备份、一个正常日志备份，最后在数据库损坏后作了一个尾日志备份。现在可以按照备份顺序进行恢复，前 3 个 RESTORE 命令选择 WITH NORECOVERY，最后利用尾日志进行恢复时选择 WITH RECOVERY，结果可以将数据库恢复到最新的一致状态，保证没有数据丢失。恢复步骤如下：

① 利用全备份文件进行恢复：

```
RESTORE DATABASE 学生 FROM DISK='D:\mssqlbak\studentFullRM.bak'
WITH NORECOVERY
```

② 利用差异备份文件进行恢复：

```
RESTORE DATABASE 学生 FROM DISK='D:\mssqlbak\studentDIFF1.bak'
WITH NORECOVERY
```

③ 利用日志备份文件进行恢复：

```
RESTORE LOG 学生 FROM DISK='D:\mssqlbak\studentLOG1.bak'
WITH NORECOVERY
```

④ 利用尾日志备份文件进行恢复：

```
RESTORE LOG 学生 FROM DISK='D:\mssqlbak\studentLOGtail.bak'
WITH RECOVERY
```

以上的例子简单说明了数据库的备份和恢复过程，在数据库的管理过程中备份和恢复策略的制定以及备份的管理要复杂很多。

8. 系统数据库的备份和恢复

备份系统数据库与备份用户数据库的方式相同。在 SQL Server 中，除 master 数据库之外其他系统数据库的恢复也与恢复用户数据库类似。

master 数据库是所有数据库的主数据库，也是管理所有数据库的数据库。恢复其他数据库都是在 SQL Server 能够正常运行的基础上进行的，而 master 数据库的损坏可能导致 SQL Server 根本不能运行，所以恢复 master 数据库是一项特殊的任务。

master 数据库在任何时候都应该用最新的备份恢复，而在此之后所做的对数据库的所有修改就只能(也必须)用手工进行恢复。这包括在最后一次备份 master 数据库后建立的数据库、建立的登录用户等。也就是说，如果 master 数据库损坏或崩溃，那么所有在 master 数据库最后一次备份之后创建的数据库以及数据库内的信息都将丢失。尽管这些用户数据库已经备份了，但由于在 master 数据库的系统表里没有记录这些数据库对象的信息，所以仍然不能恢复。由此可见，及时地备份 master 数据库是很有必要的。

如果 master 数据库只是轻微损坏或信息丢失，master 数据库的内容至少部分可用，从而能够启动 SQL Server 实例，因而可以直接根据 master 数据库的完整备份恢复 master 数据库。需要说明的是，master 数据库只能在单用户模式下完成恢复或还原。

如果由于 master 数据库严重损坏而无法启动 SQL Server 实例，则不能立即恢复 master 数据库。因为 SQL Server 实例需要处于运行状态才能恢复任何数据库。在 SQL Server 2000 时，可以使用重建 master 数据库的实用工具 Rebuildm. exe(该程序位于 Program Files\Microsoft SQL Server\80\Tools\Binn 目录中)重建 master 数据库，然后才可以用普通方法利用备份恢复 master 数据库。而在 SQL Server 2005 以后已经废止了 Rebuildm. exe 工具，需要从命令提示符安装 SQL Server 2005 的方式中，通过指定安装程序参数 REBUILDDATABASE 重建所有系统数据库。

思考题

1. 如下程序段使用 TRY...CATCH 结构，讨论该程序段在事务管理方面所产生的效果，其中所涉及的语句和函数的细节请查阅相关资料。

```
SET XACT_ABORT ON
BEGIN TRY
    BEGIN TRANSACTION
    --第 2 条记录不能插入,将产生一个错误
    INSERT INTO student.课程 VALUES('X00017','实用数据库',32,'专业选修','010126
')
    INSERT INTO student.课程 VALUES('X00017','数据库开发',32,'专业选修','010126
')
    --假设事务的所有语句成功执行则提交事务
    COMMIT TRANSACTION
END TRY
BEGIN CATCH
    --测试 XACT_STATE 函数的值
    --0 说明与事务提交或撤销无关
    --1 说明事务正常
    ---1 说明事务异常,可能需要部分或全部撤销事务
    IF (XACT_STATE())=-1
    BEGIN
      PRINT N'事务不能提交,撤销事务!'
      ROLLBACK TRANSACTION
    END
END CATCH
```

提示：在 CATCH 块中用 XACT_STATE()函数来确定是否存在异常事务，并决定是否撤销事务。另外，将 SET XACT_ABORT 设置为 ON 可以使违反约束的错误导致事务进入无法提交的状态。

2. 阐述在恢复管理中日志的重要作用。

3. 一般数据库管理系统有哪些备份类型？讨论在恢复管理中应该如何使用这些备份技术。

4. 什么是简单恢复模式和完全恢复模式？讨论什么情况下可以使用简单恢复模式？什么情况下应该使用完全恢复模式？

5. 备份和恢复策略的最理想模式是什么样的？要达到所谓最理想的模式至少应该考虑哪些问题？

6. 数据库的备份和恢复通常是由谁负责的？一般用户需要得到怎样的授权或指定为什么角色才可以进行备份和恢复工作？

5.5 并发控制

数据库是一个共享的、多个用户可以同时操作的数据资源，不同的用户在某一时刻要操作什么数据是未知的，他们可能会同时操作一个数据库、一个基本表、一条记录，甚至同时操作一个字段，那么这些用户的操作会不会互相干扰呢？在多个用户同时操作一个数据库时，如果没有适当、正确的控制，肯定会出现一个用户干扰另一个用户的危险，这种干扰有时带来的后果是很严重的。

5.5.1 为什么需要并发控制

先来看一看不进行并发控制会发生哪些问题。

问题1：丢失更新。

在第5.3.1节提到一个录入考试成绩的操作，在期末考试结束后，多个教师可能会同时录入各自承担的、不同课程，但同一班级的考试成绩，他们录入考试成绩的程序是一样的，但是他们激活的是不同的事务，这些事务将同时执行。假设有两名教师恰好在同一时刻录入同一名学生的成绩，则可能有如下操作流程：

(1) 在时间 $t1$ 教师 a 录入学生 a 数据库课程的考试成绩时(事务 $p1$)读取到该生的绩点是32。

(2) 在时间 $t2$ 教师 b 录入学生 a 操作系统课程的考试成绩时(事务 $p2$)读取到该生的绩点是32。

(3) 在时间 $t3$ 事务 $p1$ 录入学生 a 数据库课程的考试成绩为88，该生增加3个绩点，将绩点修改为35(32＋3)。

(4) 在时间 $t4$ 事务 $p2$ 录入学生 a 的操作系统课程考试成绩为75，该生增加2个绩点，将绩点修改为34(32＋2)。

结果事务 $p2$ 的修改干扰或覆盖了 $p1$ 对绩点的修改，从而造成该生的绩点与事实不符(两门课程共增加5个绩点，目前结果应该为37)。究其原因是两个并发执行的事务不具有隔离性，相互干扰造成的。其原因是：允许事务 $p2$ 在过时的信息基础上去更新数据库，而没有迫使他去看最新的信息。

以上现象可以用SQL术语更抽象、更准确地进行描述(如图5-6所示)。事务 $p1$ 在时间 $t1$ SELECT 记录 R，事务 $p2$ 在时间 $t2$ SELECT 相同的记录 R；事务 $p1$ 在时间 $t3$ UPDATE 这个记录(根据在时间 $t1$ 看到的值)，事务 $p2$ 在时间 $t4$ UPDATE 相同的记录(根据事务 $p2$ 在时间 $t2$ 看到的值，这和事务 $p1$ 在时间 $t1$ 看到的值是相同的)。结果事务 $p1$ 的修改在时间 $t4$ 丢失了。这种现象称做丢失更新问题。

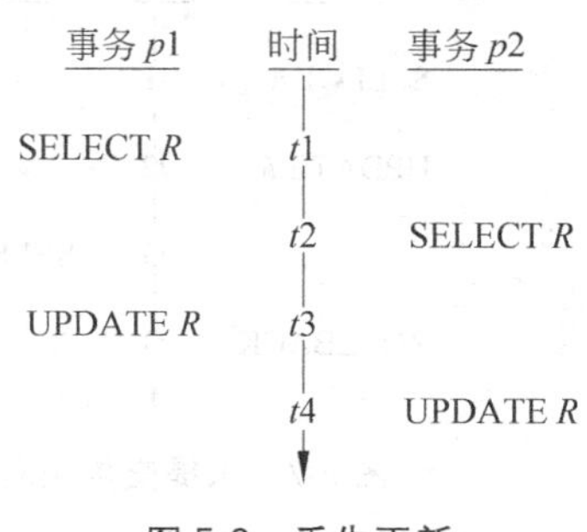

图5-6 丢失更新

当两个或多个事务选择同一数据，然后基于最初选定的值进行更新时，就会发生丢失更新问题。每个事务都不知道其他事务的存在。最后的更新将重写由其他事务所做的更新，这将导致数据丢失。

问题2：读“脏”数据。

当一个事务读取了另一个事务正在更新但没有提交的数据时，可能产生所谓的读“脏”数据问题，也称做“脏读”(dirty read)。

还以录入考试成绩的程序为例，假设事务 $p1$ 和 $p2$ 发生了如下操作序列：

(1) 在时间 $t1$ 教师 a 录入学生 a 数据库课程的考试成绩时(事务 $p1$)读取到该生的绩点为32。

(2) 在时间 $t2$ 事务 $p1$ 录入学生 a 数据库课程的考试成绩为78，该生增加2个绩点，为此将绩点修改为34(32＋2)。

(3) 在时间 $t3$ 教师 b 录入学生 a 操作系统课程的考试成绩(事务 $p2$)读取到该生的绩点为34。

(4) 在时间 $t4$ 教师 a 发现刚才的成绩录入错了，事务 $p1$ 取消了相应的操作，撤销了事

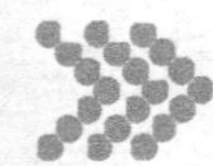

务 $p1$，将学生 a 数据库课程的考试成绩恢复为初值 NULL，同时将该生的绩点恢复为 32。

这里，事务 $p2$ 在时间 $t3$ 读取了一个未提交事务 $p1$ 正在修改的数据，而随后 $p1$ 撤销了这项修改，从而 $p2$ 读到的是一个未经确认的数据(脏数据)。如果事务 $p2$ 基于脏数据继续操作下去，结果会造成该生的绩点计算错误。由于这类问题是一个事务读取了另一个未提交事务正在修改的数据，所以也称做未提交依赖问题。

以上现象可以用 SQL 术语更抽象、更准确地进行描述(如图 5-7 所示)，事务 $p1$ 在 $t1$ 时刻查询 R，在 $t2$ 时刻更新 R；事务 $p2$ 紧接着在 $t3$ 时刻查询到被事务 $p1$ 更新的 R；随后事务 $p1$ 在 $t4$ 时刻撤销事务，即撤销对 R 的更新；结果事务 $p2$ 的操作依赖于未提交的更新。事务 $p1$ 被撤销可能是因为系统故障，也可能是因为操作错误，从而使事务 $p2$ 的操作基于错误的假设，结果事务 $p2$ 的后续操作肯定是错误的，肯定会造成数据的不一致。

问题 3：不可重复读。

一些应用程序可能需要校验功能，这时往往需要连续两次或多次读数据进行校验和分析，结果由于其他事务的干扰，使得前后结果不一致，从而产生校验错误，人们把这类问题称做不可重复读问题，也称做不一致分析问题。图 5-8 示意了不一致分析(不可重复读)问题。

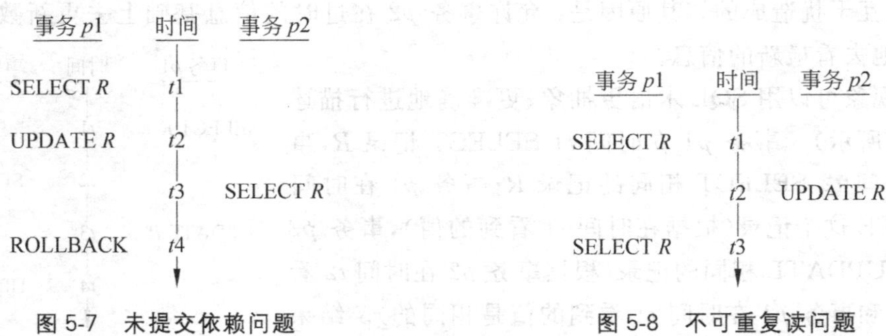

图 5-7　未提交依赖问题　　图 5-8　不可重复读问题

图 5-8 示意了两个事务，事务 $p1$ 在 $t1$ 时刻查询 R 进行计算或分析，事务 $p2$ 在 $t2$ 时刻更新 R，接着事务 $p1$ 在 $t3$ 时刻重复读 R 进行分析或验证，结果前后不一致，验证或分析失败。

问题 4：幻像读。

幻像读问题与不一致分析问题有关，当事务 $p1$ 读数据时，事务 $p2$ 在对同一个关系进行插入或删除操作(如图 5-8 所示，假设 $t2$ 时刻发生的是插入或删除操作)，这时事务 $p1$ 再读(在 $t3$ 时刻)同一条件的记录时，会发现神秘地多出了一些记录或丢失了一些记录，把这种现象称做幻像读。

以上列举了没有并发控制或并发控制不当可能产生的 4 类问题，即丢失更新问题、未提交依赖问题、不一致分析问题和幻像读问题，其原因是并发操作破坏了事务的隔离性，显然这是不允许的。所以，数据库需要并发控制来保证事务的隔离性，使一个事务的执行不受其他事务的干扰，从而避免造成数据的不一致性。

5.5.2　可串行化

可串行化也称做可串行性，通常看做是多个事务并发执行的正确性准则。换句话说，多个事务的某个执行过程是正确的，当且仅当其是可串行化的。具体判定方法如下：

(1) 各单个事务如能将数据库从一个正确状态转变为另一个正确状态，则认为该事务是正确的。

(2) 按任何一个串行顺序依次执行多个事务也是正确的(这里的串行顺序假定各个事务之间彼此独立、不交叉)。

(3) 事务的交叉执行过程是正确的，当且仅当其与串行执行过程等价，则事务是可串行化的。

由此可见，可串行化是判定并发执行的事务能否保证数据一致性的重要准则。可串行化与事务的隔离性密切相关。

5.5.3 封锁

为了避免第 5.5.1 节所述各类干扰问题，这也正是事务的第 3 个基本性质——隔离性所阐述的问题，可由并发控制技术来解决，而并发控制的基本思想即为封锁。

1. 封锁的概念

封锁的基本思想是：当需要查询或更新数据时，先对数据进行封锁(不允许其他事务使用)，以避免来自其他事务的干扰。

显然，封锁会降低并发事务的执行效率，所以封锁也不是一件简单的事情，需要针对不同的干扰问题采取不同的封锁机制。

以前面丢失更新问题为例，实施封锁的基本思想是：当一个事务对一条记录进行更新时，封锁该记录，使其他用户不能在同一时刻更新相同的记录，迫使其他用户在更新后的基础上(而不是在更新前的基础上)再实施另外的更新操作。

可以用 SQL 术语解释这种封锁的基本思想：

(1) 当事务 $p1$ 为了更新的目的 SELECT 一条记录时，系统将封锁该记录，使得其他事务不能在同一时刻也为了更新的目的而 SELECT 该记录。

(2) 如果事务 $p2$ 试图为了更新的目的而 SELECT 当前被事务 $p1$ 封锁的记录，那就只好等待事务 $p1$ 解除对这个记录的封锁。

(3) 这样将强迫事务 $p2$ 看到的是事务 $p1$ 修改后的记录，这样就有效地避免了丢失更新问题。

利用这种封锁技术再来考察一下在第 5.5.1 节中录入成绩程序中丢失更新的问题。采用封锁技术后的事件进程如图 5-9 所示，从图中可以看出，封锁方案的效果是强迫后到的事务 $p2$ 去看被先到的事务 $p1$ 修改后的记录 R。这样，后到的事务 $p2$ 就不会根据过时的信息来修改数据了。

2. 封锁机制

封锁会降低并发事务的执行效率，因此在保证事务隔离性、避免事务之间相互干扰的前提下，还应该尽可能地保证并发事务有较高的执行效率。一个好的数据库管理系统应该可以在同一时刻允许最大量的事务访问——并发性，而且还要保证操作结果是正确的——数据一致性。

为了保证数据的一致性，并且允许最大量的并发事务，封锁机制不应是单一的，应该根

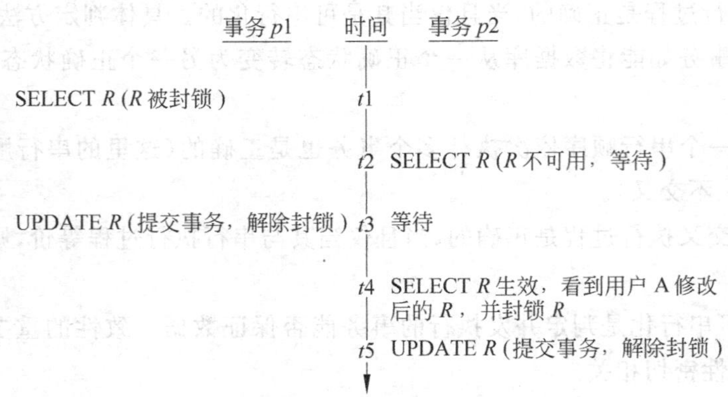

图 5-9　采用封锁技术后的事件进程

据不同的数据操作要求采取不同的封锁方法。根据第 5.5.1 节对干扰的分类，数据库管理系统一般有 3 种封锁机制，即共享封锁、独占封锁和更新封锁。在关系数据库上封锁的单位一般可以是基本表，也可以是记录等。

(1) 共享封锁

共享封锁是既共享又封锁，即对读操作共享、对其他操作封锁。所以，共享封锁也称为读封锁，或简称 S 锁，目的是想读到一组不变的数据，也就是在读数据的过程中，不允许其他事务对该数据进行任何修改操作。这种封锁可以保证最大的并发性，任何数量的用户都可以同时对同样的数据施加这种共享锁。已经实施共享锁的表拒绝来自其他事务的独占封锁和更新封锁。共享封锁可以解决未提交依赖、不一致分析和幻想读问题。

(2) 独占封锁

独占封锁即独占资源，它是为修改操作设置的一种封锁，也称为写封锁或排他封锁，可以简称为 X 锁，这是最严格的一类封锁。当需要对表实施插入、删除或修改操作时，可以使用独占封锁。已经实施独占封锁的表，拒绝来自其他事务的任何封锁，但不拒绝一般的查询操作（一个事务读其他事务已经独占封锁的表可能会产生未提交依赖等问题）。

(3) 更新封锁

独占封锁通常是表一级的封锁，当需要对一条记录或一组记录进行更新时（只是修改，不包括插入和删除）不需要封锁整个表，只需封锁被修改的记录，这样可以提高并发事务的执行效率，为此在共享封锁和独占封锁的基础上又引入了更新封锁。更新封锁的目的是防止其他事务在同一时刻修改同一记录。已经实施更新封锁的记录，拒绝来自其他用户的任何封锁，但不拒绝一般的查询操作。

3. SQL Server 中与封锁有关的命令

在 SQL 标准中是通过设置事务隔离级别来实现事务的隔离性的，它没有封锁命令。而具体的数据库管理系统则以不同的形式提供了封锁管理的命令。这里简单介绍 SQL Server 中与封锁有关的命令。

SQL Server 的封锁操作是在相关语句的“WITH (<table_hint>)”子句中完成的，该短语可以在 SELECT，INSERT，UPDATE 和 DELETE 等语句中指定表级锁定的方式和范围。常用的封锁关键词有：

• TABLOCK　对表施行共享封锁，在读完数据后立刻释放封锁，此类封锁可以避免读“脏”数据，但不具有可重复读的特性。

- HOLDLOCK 与 TABLOCK 一起使用，可将共享锁保留到事务完成，而不是在读完数据后立即释放锁，这样可以保证数据的可重复读特性。
- NOLOCK 不进行封锁，此关键词仅应用于 SELECT 语句，这样可能会读取未提交事务的数据，即有可能发生“脏”读。
- TABLOCKX 对表实施独占封锁。
- UPDLOCK 对表中的指定元组实施更新封锁；这时其他事务可以对同一表中的其他元组也实施更新封锁，但是不允许对表实施共享封锁和独占封锁。

例如，对学生表实施一个共享封锁，并且保持到事务结束时再释放封锁，其相应的命令是：

```
SELECT *
FROM 学生 WITH (TABLOCK HOLDLOCK)
```

其中，TABLOCK 说明是对表的共享封锁，HOLDLOCK 说明封锁将保持到事务结束，此时在事务内可以有效避免未提交依赖、不一致分析和幻像读问题。

有些封锁在执行完相应操作后就自动释放，有些封锁则需要保持到事务结束（提交或撤销）时才释放。但是无论如何，所有的封锁都会在事务结束时自动释放。

现在再来考虑一下前面讨论过的录入考试成绩的程序，显然采取更新封锁最为合适。假设学生信息存放在关系 R(学号，姓名，绩点）中。下面是相应的程序段：

```
…
DECLARE @id char(6), @sname char(8), @num,@num1 int
…
BEGIN TRANSACTION
SELECT @num=绩点 FROM R WITH (UPDLOCK) WHERE 学号=@id
…
//录入考试成绩，并计算该门课程应得绩点@num1
IF…
UPDATE R SET 绩点=绩点+@num1 WHERE 学号=@id
COMMIT TRANSACTION
ELSE
ROLLBACK TRANSACTION
…
```

本程序段只包含了与封锁及更新有关的核心语句，其他诸如输入、选择、判断、确认等语句都省略了。其中的 SELECT 语句查询并封锁一条学生记录，UPDATE 语句完成更新操作。如果完成更新，则提交事务并自动释放封锁，否则就撤销事务并自动释放封锁。

5.5.4 死锁

封锁的目的是为了避免干扰，保证并发事务的原子性、一致性和隔离性。但是，如果封锁不当，则会出现另外的问题——死锁。

1. 产生死锁的原因

假设教师 a 所执行的事务 a 为了录入成绩先封锁学生表、再封锁成绩表，而教师 b 所执行的事务 b 为了某种统计先封锁成绩表、再封锁学生表，他们的操作恰巧出现如图 5-10 所示的情况，结果就会发生死锁。

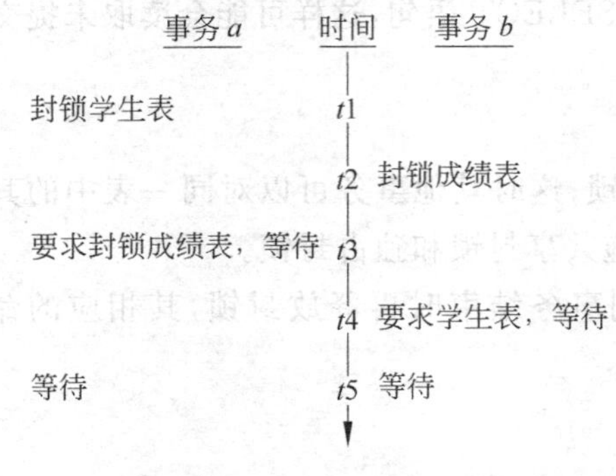

图 5-10 发生死锁的封锁

从图 5-10 所示意的情况可以看出，事务 a 先封锁了学生表，在它试图封锁成绩表之前，事务 b 已经封锁了成绩表，为此，事务 a 只好等待事务 b 释放了成绩表之后再完成相关的操作；而事务 b 在封锁了成绩表之后还需要封锁学生表，但是此时学生表已经被事务 a 封锁，所以，事务 b 需要等待事务 a 释放了学生表之后才能完成相关操作。结果事务 a 和事务 b 都要等待对方释放资源后才能执行。假设没有任何措施，事务 a 和事务 b 将永久等待下去，死锁发生了。

2. 避免死锁

在设计事务的时候，必须考虑到可能发生的死锁。为了避免死锁有两种非常简单和有效的方法：一是相同顺序法，即在设计阶段规定所有的事务都按相同的顺序来封锁表；二是一次封锁法，即在设计阶段规定为了完成一个事务，一次性封锁所需要的全部表。图 5-11 示意了按以上两种方法预防死锁的交错语句系列，无论按照哪种方式都可以有效地避免死锁。

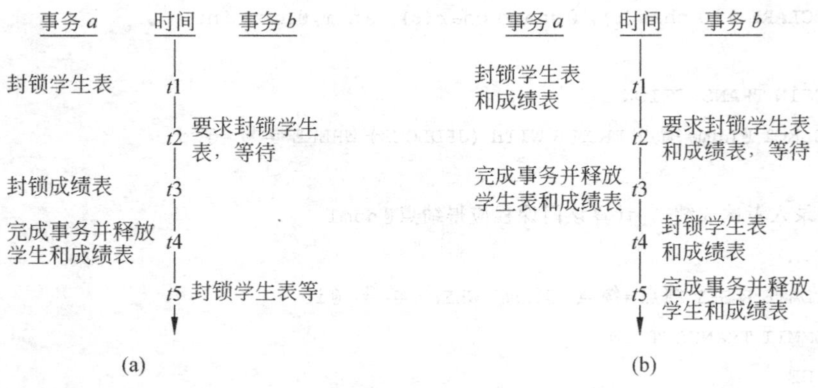

图 5-11 避免死锁的封锁

3. 诊断和解决死锁

尽管在设计阶段通过相应的策略可以有效避免死锁，但是一般数据库管理系统还是提供了诊断和解决死锁的手段。

诊断死锁最简单的方法是超时法，即一个事务在等待的时间超过了规定的时限后就认为发生了死锁。但这种方法非常不可靠，如果设置的等待时限长，则不能及时发现死锁；如果设置的等待时限短，则可能会将未发生死锁的事务误判为死锁。所以，这种方法已经不被现在的数据库管理系统所采用。

诊断死锁的简单而有效的方法是等待图法，即通过有向图判定事务对资源的等待是否出现回路，如果是，则说明发生了死锁，否则，说明未发生死锁。该方法的具体思路是：用节点来表示正在运行的事务，用有向边来表示事务之间的等待关系。如图 5-12 所示，事务 $T4$ 等待事务 $T3$，事务 $T3$ 等待事务 $T2$，事务 $T2$ 等待事务 $T1$，事务 $T1$ 等待事务 $T3$，其中事务 $T1$、$T2$、$T3$ 形成了一个相互等待的回路，从而说明发生了死锁。

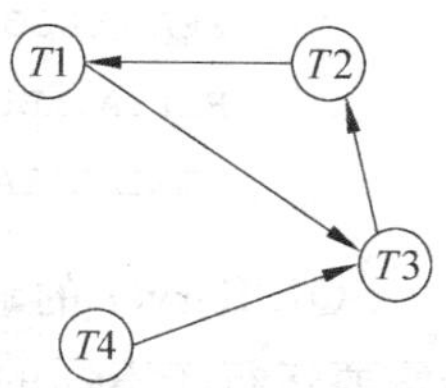

图 5-12 事务等待图

发现死锁后解决死锁的方法就是破坏事务等待图中的回路，一般策略是：自动使"年轻"的事务(即完成工作量少的事务)先退回去，然后让"年老"的事务(即完成工作量多的事务)先执行，等"年老"的事务完成并释放封锁后，"年轻"的事务再重新执行。如图 5-12 所示的事务等待图，撤销事务 $T1$、$T2$ 和 $T3$ 中的任何一个事务，都可以使其他事务继续执行。

如何解决死锁问题数据库管理系统会平衡代价，以最小的代价完成所有的事务。需要强调的是，解决死锁总是要付出代价的，所以在设计阶段有效避免事务的死锁才是首选。

5.5.5 隔离

在 SQL 标准中是通过规定隔离级别来实现并发控制的。设置隔离级别比直接使用封锁更简单。

1. 隔离级别

在 SQL 标准中定义了下列 4 种隔离级别，SQL Server 支持所有这些隔离级别：

- 未提交读(READ UNCOMMITTED) 事务隔离的最低级别，仅可保证不读取物理损坏的数据，这是 4 个隔离级别中限制最小的级别，相当于封锁子句中的 NOLOCK，即不进行任何限制。
- 提交读(READ COMMITTED) SQL Server 默认级别，可以保证不读取"脏"数据，可以有效避免未提交依赖问题，相当于封锁子句中的 TABLOCK，但是没有选用 HOLDLOCK。
- 可重复读(REPEATABLE READ) 可以保证读一致性，避免不一致分析问题，相当于封锁子句中同时选用了 TABLOCK 和 HOLDLOCK。
- 可串行化(SERIALIZABLE) 事务隔离的最高级别，事务之间完全隔离；相当于封锁子句中的 TABLOCKX(包含 UPDLOCK，数据库管理系统会自动判断是需要表级封锁还是记录级封锁)；如果事务在可串行化隔离级别上运行，则可以保证任何并发重叠事务均是串行的。

表 5-3 列出了 4 种隔离级别所允许的不同类型的行为。

表 5-3 隔离级别与不同类型的行为

隔离级别	脏读	不可重复读	幻像	隔离级别	脏读	不可重复读	幻像
未提交读	是	是	是	可重复读	否	否	是
提交读	否	是	是	可串行化	否	否	否

在 SQL Server 中设置隔离级别的命令是：

```
SET TRANSACTION ISOLATION LEVEL
{ READ COMMITTED
```

```
    | READ UNCOMMITTED
    | REPEATABLE READ
    | SERIALIZABLE }
```

SQL Server 的默认隔离级别是 READ COMMITTED，一个应用程序中的不同事务可能需要运行于不同的隔离级别（使用更严格或较宽松的隔离级别），这可以通过使用 SET TRANSACTION ISOLATION LEVEL 语句灵活地设置。

隔离性虽然是事务的基本性质之一，但是彻底的隔离意味着并发操作效率的降低。所以，人们设想在避免干扰的前提下，适当地降低隔离的级别，从而提高并发的操作效率。隔离级别越低，则并发操作的效率越高，但是产生干扰的可能性也越大；隔离级别越高，则并发操作的效率越低，同时产生干扰的可能性也越小。在设计应用时，可以在所能容忍的干扰程度范围内，尽可能地降低隔离级别，从而提高应用的执行效率。在设计阶段要正确设计事务的隔离级别，就可以在保证数据一致性的前提下使并发操作的效率更高。

2. 封锁与隔离级别

常用的数据库管理系统都提供了封锁和设置隔离级别两种方式来实现并发控制。从逻辑上来讲，通过设置隔离级别来实现并发控制更简单、更容易实施；而运用封锁来保证高并发操作性能是一件非常复杂的工作，这需要用户深入了解各种封锁的相容性，并设计封锁的调度策略。

SQL 标准中规定了事务的隔离级别，即未提交读、提交读、可重复读和可串行化，隔离级别解决了并发事务可能产生的丢失更新问题、未提交依赖问题、不一致分析问题和幻像读问题（参见表 5-3）。其中，为了避免丢失更新问题，事务必须运行在可重复读或可串行化隔离级别。

用户可以根据事务的需要设定隔离级别，结果由数据库管理系统控制封锁和进行并发操作调度。

在实际应用中，也可以将隔离级别和封锁结合起来使用。例如，如果指定隔离级别是可重复读的，则 SQL 会话中所有 SELECT 语句的锁定行为都运行于该隔离级别上，并一直保持有效，直到会话终止或者将隔离级别设置为另一个级别。若有必要，可以通过指定表级封锁来替代单个 SELECT 语句的隔离级别，指定表级封锁不会影响会话中的其他语句。一般仅在绝对必要时才使用表级封锁更改默认的锁定行为。

思考题

1. 讨论丢失更新、未提交读、不可重复读和幻像读等各种异常现象，对每种现象举出 3 个以上的例子，加深对并发控制重要性和必要性的理解。

2. 事务的可串行化是否是说事务可以按照先后顺序串行执行？讨论可串行化的内涵。

3. 为了保证并发事务的隔离性采用了封锁技术，讨论如何在保证隔离性的基础上尽可能地保证系统有更高的效率。

4. 死锁是如何发生的？在设计事务时如何有效避免死锁？

5. 讨论设置隔离级别与设置各种封锁的关系。

6. 讨论在学籍管理系统中有哪些并发事务，并为这些事务设计并发控制方案。

本章小结

本章初步介绍了数据库管理的基本内容，以及数据库的安全管理、事务管理、灾难恢复管理和并发事务管理等。

数据库管理是数据库管理员的职责，宏观上包括数据库管理的所有工作，即包括数据库的规划、数据库的设计、数据库的实施、数据库的运行、数据库的维护、数据库的升级和改造等各个方面。

数据库的安全管理主要是指用户身份管理和应用权限管理。一般数据库管理系统的安全管理分为 3 个层次：

(1) 系统注册(可以连接到一个运行的数据库管理系统实例)。注册用户由系统管理员负责管理，建立注册用户的命令是 CREATE LOGIN。

(2) 数据库认证(确认是数据库的合法用户)。数据库用户由数据库管理员管理，一个注册用户可以是多个数据库的用户，建立数据库用户的命令是 CREATE USER。

(3) 数据库操作(但是需要相应的权限)。数据库上的操作权限由数据库管理员管理，对象上的操作权限由对象创建者管理，授予权限的命令是 GRANT，收回权限的命令是 REVOKE。

为了方便权限管理，数据库管理系统引入了角色的概念。用户作为角色的成员可以直接从角色继承权限，如果禁止某个用户从角色继承某种权限，则使用 DENY 命令。

事务是数据库的基本性质之一。事务是一个作业单元，它必须具备原子性、一致性、隔离性和持久性，简称 ACID 性质。事务可以管理，正确的事务需要提交(commit)，错误的事务可以撤销(rollback)。

恢复管理是数据库的重要管理内容。当发生软故障(各种错误造成的事务中断)时可以通过撤销事务将数据库恢复到事务之前的一致状态。当发生硬故障(磁盘损坏或数据丢失)时则需要利用恢复技术将数据库尽可能地完全恢复。通常利用备份并不能完全恢复数据库，需要日志技术的支持。备份数据库的命令是 BACKUP DATABASE，利用备份恢复数据库的命令是 RESTORE DATABASE；备份日志的命令是 BACKUP LOG，利用日志恢复数据库的命令是 RESTORE LOG。需要注意的是，当出现硬故障时，需要首先备份日志，然后按备份顺序加以恢复。为了保证出现故障时能在尽量短的时间内恢复数据库，则需要制定相应的备份和恢复策略。

并发执行的事务如果不加以控制可能会发生丢失更新、读“脏”数据、不可重复读和幻想读等问题，使得并发执行的事务间相互干扰。实现并发控制的基本技术是封锁，针对不同的并发事务可以设置共享封锁、独占封锁或更新封锁。在设计并发事务时，需要注意避免死锁。封锁的目的是保证并发执行事务的隔离性，现在数据库管理系统一般可以通过设置隔离级别来达到事务隔离的目的。

习题 5

1. 数据管理和数据库管理是如何划分的？这些工作是由什么角色的人员负责的？
2. 一般数据库访问认证分为哪几个级别？

3. 简单叙述在一个系统上系统管理员和数据库管理员的职责。

4. 解释角色管理的概念。

5. 什么是登录用户管理？登录用户管理包括哪些内容？

6. 什么是数据库用户管理？数据库用户管理包括哪些内容？

7. 系统管理员可以用哪些方式指定数据库管理员？并解释具体方法。

8. 授权命令 GRANT 分为哪两类？各自可以进行怎样的授权？

9. 在授权命令 GRANT 中 WITH GRANT OPTION 短语的作用是什么？AS 短语的作用是什么？

10. 叙述禁止权限(DENY)命令的作用。

11. 什么是事务的 ACID 性质？详细解释其内涵。

12. 在事务管理中每个事务是否必须用 BEGIN TRANSACTION 开始？为什么？

13. 在数据库应用中什么时候需要提交事务？什么时候需要撤销事务？

14. 在事务管理中保存事务是一个怎样的概念？什么时候需要保存事务(SAVE TRANSACTION)？

15. 如何划分数据库的软故障和硬故障？软故障影响事务的什么性质？硬故障影响事务的什么性质？

16. 在备份和恢复技术中日志的作用是什么？

17. 在 RESTORE DATABASE 和 RESTORE LOG 命令中，关键词 RECOVERY 和 NORECOVERY 的作用是什么？

18. 当数据库遇到灾难后，恢复工作的基本步骤是什么？

19. 并发执行的数据库事务如果缺少并发控制通常会产生哪些干扰问题？

20. 如何解决并发事务之间的干扰问题？

实验 9 用户管理和权限管理

实验名称：用户管理和权限管理。

实验内容：在 SQL Server 环境下完成数据库的用户管理、角色管理和操作权限管理。

实验目的：理解和体会数据库安全性的内容，加强对数据库管理系统的安全管理功能的认识。

实验方法：在 SQL Server 环境下分别以系统管理员、数据库管理员、对象拥有者和普通用户的身份完成所要求的各项操作。

实验要求：

1. 以系统管理员身份完成如下实验：

(1) 建立 3 个不同名称的注册用户。

(2) 使用 ALTER LOGIN 命令对建立的注册用户作不同的修改。

(3) 建立一个数据库管理员用户。

2. 以数据库管理员身份完成如下实验：

(1) 根据已有的注册用户建立几个当前数据库的用户(部分用户可以指定默认模式等)。

(2) 使用 ALTER USER 命令修改部分用户设置。

(3) 建立若干角色,部分角色指定其他用户管理。

(4) 授权一些用户可以创建表等数据库对象。

(5) 完成角色管理及其他授权管理。

3. 以下实验由若干学生组成一组共同完成:

(1) 每个用户有建立对象的权限,各自建立自己的对象(如表和视图等)。

(2) 各用户之间就表或视图的查询、修改、删除、插入等互相授权,在授权过程中体会GRANT命令中WITH GRANT OPTION短语的作用。

(3) 分情况收回授权,并体会REVOKE命令中GRANT OPTION FOR和CASCADE短语的作用。

4. 在实验报告中要给出具体的操作要求和过程,并针对各种情况做出具体的分析和讨论。

相关命令:

建立注册用户的命令(相关解释见第5.2.3节):

```
CREATE LOGIN login_name
{ WITH PASSWORD='password' [MUST_CHANGE]
[,DEFAULT_DATABASE=database]
[,CHECK_EXPIRATION={ ON | OFF}]}
```

修改注册用户的命令(解释见第5.2.3节):

```
ALTER LOGIN login_name {{ ENABLE | DISABLE}
        | WITH PASSWORD='password'
        [,.OLD_PASSWORD='oldpassword']
        [,DEFAULT_DATABASE=database]
        [,NAME = login_name]}
```

建立数据库用户的命令(解释见第5.2.3节):

```
CREATE USER user_name [LOGIN login_name]
[WITH DEFAULT_SCHEMA=schema_name]
```

修改数据库用户的命令(解释见第5.2.3节):

```
ALTER USER user_name WITH { NAME=new_user_name
| DEFAULT_SCHEMA=schema_name }[,...,n]
```

建立角色的命令(解释见第5.2.3节):

```
CREATE ROLE role_name [AUTHORIZATION owner_name]
```

为角色指定成员的系统过程是(解释见第5.2.3节):

```
sp_addrolemember [@rolename=] 'role', [@membername=] 'user'
```

创建对象的授权命令是(解释见第5.2.4节):

```
GRANT { ALL | permission [,...,n]}
TO principal [,...,n]
```

```
[WITH GRANT OPTIOn] [AS principal]
```

对象操作的授权命令是(解释见第 5.2.4 节)：

```
GRANT { ALL | permission [( column [,...,n] )] [,...,n]}
ON securable TO principal [,...,n]
[WITH GRANT OPTIOn] [AS principal]
```

收回授权的命令是(解释见第 5.2.4 节)：

```
REVOKE [GRANT OPTION FOR]
{ ALL | permission [( column [,...,n] )] [,...,n] }
[ON securable] FROM principal [,...,n]
[CASCADE] [AS principal]
```

禁止权限的命令是(解释见第 5.2.4 节)：

```
DENY { ALL | permission [( column [,...,n] )] [,...,n]}
[ON securable] TO principal [,...,n]
[CASCADE] [AS principal]
```

实验 10 事务管理和灾难恢复

实验名称：事务管理及备份与恢复。

实验内容：在 SQL Server 环境下完成事务管理的基本实验，完成数据库的备份和恢复操作。

实验目的：理解和体会数据库事务管理的内容，掌握数据库备份和恢复的基本方法，加强对数据库管理系统的事务管理功能的认识。

实验方法：在 SQL Server 环境下实验事务管理的基本内容；掌握数据库备份和恢复的基本方法。

实验要求：

1. 软故障后的恢复。

(1) 参照第 5.4.3 节思考题 1 中的程序设计事务及事务处理的程序。

(2) 模拟软故障的情形，使设计的事务及事务处理程序的各个分支都可以执行到。

(3) 体会事务的原子性和一致性。

2. 硬故障后的恢复。

(1) 针对一个具体的数据库设计一个备份恢复策略。

(2) 作数据库全备份和若干增量备份(每次备份后都有一些数据操作)。

(3) 模拟一个硬故障(假设数据库损坏)。

(4) 备份当前日志。

(5) 恢复数据库。

3. 在实验报告中要给出具体的操作要求和过程，并针对各种情况做出具体的分析和讨论。

相关命令：

事务管理的命令有(解释见第 5.3 节)：

- BEGIN TRANSACTION(开始事务)；
- COMMIT TRANSACTION(提交事务)；
- SAVE TRANSACTION(保存事务)；
- ROLLBACK TRANSACTION(撤销事务)。

备份数据库的命令是(解释见第 5.4 节)：

```
BACKUP DATABASE database_name TO <backup_device>
[WITH DIFFERENTIAL]
```

备份日志的命令是(解释见第 5.4 节)：

```
BACKUP LOG database_name TO <backup_device>
```

恢复数据库的命令是(解释见第 5.4 节)：

```
RESTORE DATABASE database_name FROM <backup_device>
WITH {RECOVERY | NORECOVERY}
```

利用日志进行恢复的命令是(解释见第 5.4 节)：

```
RESTORE LOG database_name FROM <backup_device>
WITH {RECOVERY|NORECOVERY}
```

实验 11 并发事务控制

实验名称：并发事务管理及控制。

实验内容：在 SQL Server 环境下完成封锁、死锁和设置隔离级别等基本实验。

实验目的：理解和体会数据库事务管理的内容，掌握设计并发事务的基本方法，加强对数据库管理系统的事务管理功能的认识。

实验方法：若干人一组在 SQL Server 环境下同时操作共享数据，设计各种情形进行实验，深刻体会并发控制的方法和重要性。

实验要求：

1. 若干学生一组共同完成本实验。
2. 设计一组操作产生“脏”读问题，然后通过封锁避免“脏”读问题。
3. 设计一组操作产生不可重复读问题，然后通过封锁避免不可重复读问题。
4. 设计一组操作产生丢失更新问题，然后通过封锁避免丢失更新问题。
5. 设计一组产生死锁的操作，再利用相同顺序法和一次封锁法有效避免死锁。
6. 设计一个相对完整的应用，使用设置隔离级别来进行并发控制，然后不同的用户运行相同的程序、操作相同的数据观察并发控制的效果。
7. 在实验报告中要给出具体的操作步骤和过程，并针对各种情况做出具体的分析和讨论，很好地体会事务的性质和并发控制的作用。

相关命令和提示：

1. 查询一个已被其他事务更新，但尚未提交的元组，将会引起“脏”读问题；为避免该问题的出现应该实施共享封锁。

2. 为避免不可重复读问题应将共享封锁保持到事务结束。

3. 为避免丢失更新问题应实施独占封锁或更新封锁。

4. SQL Server 的封锁操作是在相关语句的“WITH(<table_hint>)”子句中完成的，具体解释参见第 5.5.3 节。

5. 设置隔离级别的命令是(解释见第 5.5.5 节)：

```
SET TRANSACTION ISOLATION LEVEL
{ READ COMMITTED
| READ UNCOMMITTED
| REPEATABLE READ
| SERIALIZABLE }
```

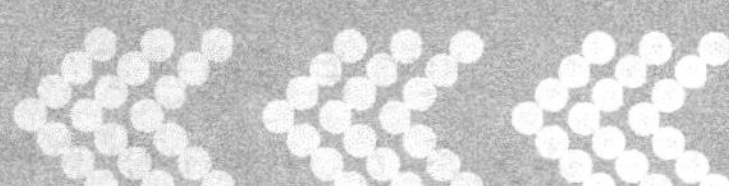

第6章 关系数据库理论

本章导读

主要内容

关系数据模型以关系数据理论为基础，据此可以判断一个关系模型的“好”与“坏”，可以依据关系数据理论设计出好的关系模型。本章主要介绍函数依赖、模式分解和关系规范化等内容，讨论什么样的关系是“坏”的关系，如何将“坏”关系转换为“好”关系等。

学习目标

- 理解函数依赖及其相应的概念和术语；
- 掌握模式分解的准则；
- 理解关系范式的定义，掌握关系规范化的方法。

重点、难点

本章学习的重点是围绕函数依赖的概念，理解和掌握关系规范化的方法，为以后设计关系数据库奠定一个良好的基础。

本章学习的难点是理解最小等价集的概念。

6.1 函数依赖

本节首先介绍与关系数据理论密切相关的一些基本概念以及相关术语。

6.1.1 函数依赖的概念

相信读者已对函数的概念非常熟悉，对如下公式自然也不会陌生：

$$Y=f(X)$$

但是，大家熟悉的是 X 和 Y 之间数量上的对应关系，也即给定一个 X 值，都会有一个 Y 值和它对应。也可以说，X 函数决定 Y，或 Y 函数依赖于 X，或 Y 是 X 的函数。在关系数据库中讨论函数或函数依赖注重的是语义上的关系，例如有：

$$省=f(城市)$$

这里，“城市”是函数的自变量，只要给出一个“城市”值，就会有一个“省”值和它对应。例如，“武汉市”在“湖北省”，因此可以说，“城市”函数决定“省”，或者说“省”函数依赖于“城市”。

在关系数据理论中，通常把 X 函数决定 Y，或 Y 函数依赖于 X 表示如下

$$X\rightarrow Y$$

根据以上叙述可以有直观的函数依赖定义：如果有一个关系模式 $R(A_1,A_2,\cdots,A_n)$，X 和 Y 为 $\{A_1,A_2,\cdots,A_n\}$ 的子集，那么对于关系 R 中的任意一个 X 值，都只有一个 Y 值与之对应，则称 X 函数决定 Y，或 Y 函数依赖于 X。

函数依赖的严格形式化定义如下：

设有关系模式 $R(A_1,A_2,\cdots,A_n)$，X 和 Y 均为 $\{A_1,A_2,\cdots,A_n\}$ 的子集，r 是 R 的任一具体关系，t_1、t_2 是 r 中的任意两个元组；如果由 $t_1[X]=t_2[X]$ 可以推导出 $t_1[Y]=t_2[Y]$，则称 X 函数决定 Y，或 Y 函数依赖于 X，记为 $X\rightarrow Y$。

在以上定义中要特别注意，只要如下推论成立：

$$t_1[X]=t_2[X]\Rightarrow t_1[Y]=t_2[Y]$$

就有 $X\rightarrow Y$。也就是说，只有当 $t_1[X]=t_2[X]$ 为真，而 $t_1[Y]=t_2[Y]$ 为假时，函数依赖 $X\rightarrow Y$ 不成立；而当 $t_1[X]=t_2[X]$ 为假时，无论 $t_1[Y]=t_2[Y]$ 为真或为假，都有 $X\rightarrow Y$ 成立。比如，当 X 是关键字时，就一定有 $X\rightarrow Y$ 成立，而对 r 中的任意两个元组 t_1、$t_2(t_1\neq t_2)$，$t_1[X]=t_2[X]$ 肯定为假。

6.1.2 为什么要讨论函数依赖

读者知道关系是二维表，函数依赖表述的是表中属性之间的一种关系，那么为什么要讨论属性之间的关系？为什么要讨论函数依赖呢？下面来看一个具体的关系模式。

假设有如下关系模式“选课”：

选课(学号，课程号，课程名，责任教师，职称，考试成绩)

它的一个关系实例见表 6-1，在这个关系中有学生选课的信息，同时包含部分课程信息和部分教师信息。下面分析在这样一个简单的关系上存在哪些问题。

表 6-1 选课关系

学 号	课程号	课程名	责任教师	职 称	考试成绩
0521101	B1001	数据库	崔侠	教授	90
0521101	B1010	数据结构	吴伟	副教授	85
0521107	B1001	数据库	崔侠	教授	80
0521108	B1001	数据库	崔侠	教授	74
0521108	X1010	电子商务	李洪	讲师	

(1) 数据冗余问题。在这个关系中可以明显地看到课程信息有重复存储，一门课程有多少学生选修，这门课程的信息就要重复存储多少遍。一个教师负责几门课程，这个教师的信息就要重复存储多少遍。重复存储或数据冗余不仅会浪费存储空间，更重要的是可能会带来下列一些问题。

(2) 数据更新问题。比如把第 1 条记录的“责任教师”字段值改为“邱侠”，而第 3 条记录和第 4 条记录的相应字段值没有修改，这样就使得同一门课程(B1001)的“责任教师”是两个不同的人，从而使数据库中的数据不一致、不可信。

(3) 数据插入问题。在这个关系中的关键字显然是(学号，课程号)，当新增一门课程，但尚未有学生选修时，这样构成关键字字段值的学号字段值不存在，因此无法插入新的记录，即无法存入新增加的课程信息。

(4) 数据删除问题。比如“电子商务”课程由于选修人数太少决定不开，如果删除选修“电子商务”课程的记录，这样可能会意外地删除“电子商务”课程的信息，而这一点可能并不是期望的。

这么一个简单的关系存在如此多的问题，读者一定会质疑：这样的关系能用吗？为什么会产生这些问题？这正是本章要解决的问题。

简单地说，在一个关系内的各个属性之间可能会存在这样或那样的依赖，其中最常见的就是函数依赖。通过了解一个关系模式上属性间的各种依赖就可以判断这个关系模式的“好”与“坏”。对于我们认为“坏”的关系模式，一定是在属性间存在着不恰当的依赖关系，通过解决这些不恰当的依赖关系，就可以使“坏”的关系模式变成“好”的关系模式。在第 6.3 节将给出判别关系模式“好坏”的标准，并介绍如何将“坏”的关系模式转换为“好”的关系模式。

需要说明的是，在关系模式的属性之间函数依赖是最简单的依赖，也是最常见的依赖，解决好这类依赖的关系基本就是一个“好”的关系。关系模式的属性之间除函数依赖外，还可能存在多值依赖、连接依赖等各种复杂的依赖关系。

6.1.3 术语和符号

为了方便后续内容的学习，这里首先对本章将用到的术语和符号作一介绍，它们是：

(1) 如果 $X \to Y$，但 Y 不包含于 X，则称 $X \to Y$ 是非平凡的函数依赖。若不作特别说明，这里总是讨论非平凡函数依赖。

(2) 如果 Y 不函数依赖于 X，则记作 $X \not\to Y$。

(3) 如果 $X \to Y$，则 X 称做决定因素，即每个函数依赖的左部都是一个决定因素。

(4) 用 U 表示关系模式 R 的属性全集，即 $U=\{A_1, A_2, \cdots, A_n\}$，用 F 表示关系模式 R 上的函数依赖集，则关系模式 R 可表示为 $R(U,F)$。

(5) 如果 K 是关系模式 $R(U,F)$ 的任一候选关键字，X 是任一属性或属性集，并且 $X \in K$，则 X 称为主属性；否则称为非主属性。

(6) 如果 $X \to Y$，并且 $Y \to X$，则可记作 $X \leftrightarrow Y$，这时 X 和 Y 可以称做函数等价。

(7) 如果 $X \to Y$，并且对于 X 的一个任意真子集 X' 都有 $X' \not\to Y$，则称 Y 完全函数依赖于 X，并记作 $X \xrightarrow{f} Y$；如果 $X' \to Y$ 成立，则称 Y 部分函数依赖于 X，并记作 $X \xrightarrow{p} Y$。

(8) 如果 $X \to Y$（非平凡函数依赖，并且 $Y \not\to X$），$Y \to Z$，则称 Z 传递函数依赖于 X。

6.1.4 函数依赖的逻辑蕴涵

如果已知关系模式 R 上有一组函数依赖 F，事实上，通过这组函数依赖还可以推导出其他函数依赖，这就是函数依赖的逻辑蕴涵问题。与之相关的还有其他一些概念。

1. 逻辑蕴涵

函数逻辑蕴涵的定义如下：

设有关系模式 $R(U,F)$，$X \subseteq U$，$Y \subseteq U$，如果从 F 中的函数依赖能够推导出 $X \to Y$，则称 F 逻辑蕴涵 $X \to Y$，或称 $X \to Y$ 是 F 的逻辑蕴涵。

例如有关系模式 $R(U,F)$，$U=\{A,B,C\}$，$F=\{A \to B, B \to C\}$，问 $A \to C$ 是否成立？如果

成立，则说明 F 逻辑蕴涵 $A \to C$，或者 $A \to C$ 是 F 的逻辑蕴涵。

2. 推理规则

设有关系模式 $R(U,F)$，X、Y、Z 均为 U 的子集，有如下推理规则：

- 自反律　如果 $Y \subseteq X$，则有 $X \to Y$；
- 增广律　如果 $X \to Y$，则有 $XZ \to YZ$；
- 传递律　如果 $X \to Y$，$Y \to Z$，则有 $X \to Z$ 。

以上推理规则还有如下 3 条推论：

- 合并规则　如果 $X \to Y$，$X \to Z$，则有 $X \to YZ$；
- 分解规则　如果 $X \to YZ$，则有 $X \to Y$，$X \to Z$；
- 伪传递规则　如果 $X \to Y$，$YW \to Z$，则有 $XW \to Z$。

根据以上推理规则或推论，显然由 $F=\{A \to B, B \to C\}$ 可以推导出 $A \to C$ 成立(传递律)，因此，F 逻辑蕴涵 $A \to C$。

3. 函数依赖集闭包

在关系模式 $R(U,F)$ 中，根据以上推理规则或推论可以从已知的函数依赖集 F 推导出在 R 上成立的全部函数依赖，因此有定义：

在关系模式 $R(U,F)$ 中，被 F 所逻辑蕴涵的函数依赖的全体称做 F 的闭包，记为 F^+。

函数依赖集闭包的概念很简单，但是计算函数依赖集闭包却是一件非常复杂的事情。设 $F=\{A \to B, B \to C\}$，根据函数依赖的推理规则及其推论计算 F^+ 则有如下结果：

$$F^+=\left\{\begin{array}{l}A \to \varnothing, AB \to \varnothing, AC \to \varnothing, ABC \to \varnothing, B \to \varnothing, BC \to \varnothing, C \to \varnothing \\ A \to A, AB \to A, AC \to A, ABC \to A, B \to B, BC \to B, C \to C \\ A \to B, AB \to B, AC \to B, ABC \to B, B \to C, BC \to C, \\ A \to C, AB \to C, AC \to C, ABC \to C, B \to BC, BC \to BC, \\ A \to AB, AB \to AB, AC \to AB, ABC \to AB, \\ A \to AC, AB \to AC, AC \to AC, ABC \to AC, \\ A \to BC, AB \to BC, AC \to BC, ABC \to BC, \\ A \to ABC, AB \to ABC, AC \to ABC, ABC \to ABC,\end{array}\right\}$$

因此，在实际应用中，计算函数依赖集闭包是不现实的，需要寻找一条途径解决这个问题。

4. 函数依赖集等价

设 F 和 G 是两个函数依赖集，如果 $F^+ \subseteq G^+$ 和 $G^+ \subseteq F^+$ 同时成立，即 $F^+=G^+$，则称 F 和 G 等价。

给出函数依赖集等价的概念是为了找出给定函数依赖集的最简单等价集，这样将使人们很容易判断一个关系模式会不会存在如第 6.1.2 节所叙述的各种操作异常现象，也很容易把一个“不好”的关系模式转换成“好”的关系模式。

计算 F^+ 和找出函数依赖集的最简单等价集都不是一件简单的事情，了解相关概念，以便学习后续内容。关于函数依赖的逻辑蕴涵以及相关知识的详细内容参见参考文献[1,2]。

5. 最小函数依赖等价集

如果函数依赖集 F 满足如下条件，则称 F 为一个最小函数依赖集：

(1) F 中任一函数依赖的右部都仅含有一个属性。

(2) F 中不存在这样的函数依赖 $X \to A$，X 有真子集 Z，使得 F 与 $F-\{X \to A\} \cup \{Z \to A\}$ 等价。

(3) F 中不存在这样的函数依赖 $X \to A$，使得 F 与 $F-\{X \to A\}$ 等价。

在这个定义中，(1)保证了 F 中每一函数依赖的右部都是单一属性；(2)保证了 F 中的每个函数依赖的左部都没有多余的属性；(3)保证了在 F 中不存在多余的函数依赖。

假设有关系模式 $R(U,F)$，其中属性集 $U=\{A,B,C,D,E\}$，函数依赖集 $F=\{A \to B, A \to C, B \to C, AD \to E\}$，问 F 是否是最小函数依赖集？根据以上定义分析可知，F 不是最小函数依赖集，因为 F 与 $F-\{A \to C\}$ 等价，有多余的函数依赖。也就是说，函数依赖 $A \to C$ 是多余的函数依赖(它可以根据 $A \to B$ 和 $B \to C$ 推导出来)。

思考题

1. 在你所熟悉的领域列举一些关系，并讨论这些关系上的函数依赖。

2. 用函数依赖的形式化定义证明第 6.1.4 节中所给出的推理规则(自反律、增广律和传递律)。

3. 用第 6.1.4 节中所给出的推理规则(自反律、增广律和传递律)证明第 6.1.4 节中所给出的 3 条推论(合并规则、分解规则和伪传递规则)。

4. 设有关系模式 $R(U,F)$，$U=\{A,B,C,D,E\}$，$F=\{AB \to E, DE \to B, B \to C, C \to E, E \to A\}$，能否找出一个它的最小等价集？

6.2 模式分解

将“坏”的关系模式变成“好”的关系模式，也即按照某种规则将一个存在各种问题的关系模式分解为不再存在问题的两个或多个关系模式。

6.2.1 模式分解的准则

模式分解不是随意的拆分，模式分解需要遵循一定的原则，正确的模式分解不能破坏原来的语义，不能丢失信息。也就是说，模式分解要具有：

- 无损连接特性；
- 保持函数依赖特性。

例如，有关系模式 $R(U,F)$，假设将其分解为 $R_1(U_1,F_1)$ 和 $R_2(U_2,F_2)$，其中，$U=U_1 \cup U_2$，$F^+=(F_1 \cup F_2)^+$，分解以后属性没有丢失(分解以后的两个关系模式上属性的并集和原来一样)，函数依赖也没有丢失(分解以后的两个关系模式上函数依赖的并集和原来的函数依赖集等价)，并且 R_1 和 R_2 通过自然连接还可以恢复成原来的关系。那么这个分解就是保持函数依赖和保证无损连接的分解。

无损连接的形式定义如下：

设有关系模式 $R(U,F)$，$\rho=\{R_1(U_1,F_1),\cdots,R_k(U_k,F_k)\}$ 是 R 的一个分解，其中 $U=U_1 \cup \cdots \cup U_k$ 并且 $U_i \not\subset U_j$，$i \neq j$。如果对于关系 R 的任一关系 r 都有：

$$r = \pi_{U_1}(r) \bowtie \pi_{U_2}(r) \bowtie \cdots \bowtie \pi_{U_k}(r)$$

则称分解 ρ 具有无损连接性，其中 $\pi_{U_i}(r)$ 是关系 r 在 U_i 上的投影，$\bowtie$ 是自然连接运算符。

从定义可以清楚地看出，无损连接是指分解后的关系通过自然连接可以恢复成原来的关系，即分解后的关系通过自然连接得到的关系与原来的关系相比，既不多出信息，又不丢失信息。判断一个分解是否具有无损连接特性可以用如下法则：关系模式 R 分解为 R_1 和 R_2 是无损连接分解的充分必要条件是：

$$R_1 \cap R_2 \rightarrow R_1 - R_2$$

或

$$R_1 \cap R_2 \rightarrow R_2 - R_1$$

保持函数依赖分解是指在模式的分解过程中，函数依赖不能丢失的特性，即模式分解不能破坏原来的语义。

保持函数依赖的形式定义为：

若 $F^+ = \left(\bigcup_{i=1}^{k} F_i\right)^+$，则 $R(U,F)$ 的分解 $\rho=\{R_1(U_1,F_1),\cdots,R_k(U_k,F_k)\}$ 保持函数依赖。

从定义可以看出，如果分解后的所有关系模式的函数依赖的集合与原关系模式的函数依赖集等价，则说明分解保持了函数依赖，或者说分解没有丢失语义。

6.2.2 模式分解举例

设有关系模式 $R(U,F)$，$U=\{$课程，教师，学院$\}$，$F=\{$课程→教师，教师→学院$\}$，从 F 中可以看出，一门课程只能由一名教师负责，一名教师只能属于一个学院。设有如表 6-2 所示的关系实例 r，看如下 3 个分解是否满足无损连接和保持函数依赖的特性：

表 6-2 关系 *r*

课 程	教 师	学 院
C1	T1	计算机
C2	T1	计算机
C3	T2	自动化
C4	T3	管理

$\rho_1=\{R_1($课程$,\varnothing),R_2($教师$,\varnothing),R_3($学院$,\varnothing)\}$

$\rho_2=\{R_1(\{$课程，教师$\},\{$ 课程→教师 $\}),R_2(\{$课程，学院$\},\{$ 课程→学院 $\})\}$

$\rho_3=\{R_1(\{$课程，教师$\},\{$ 课程→教师 $\}),R_2(\{$教师，学院$\},\{$ 教师→学院 $\})\}$

ρ_1 显然不满足无损连接，也不满足保持函数依赖；

ρ_2 满足无损连接，但不满足保持函数依赖（函数依赖"教师→学院"丢失了）；

ρ_3 既满足无损连接，又满足保持函数依赖。

思考题

1. 模式分解为什么要保证无损连接和保持函数依赖？
2. 模式分解的目的就是要消除那些"不好"的函数依赖，为什么又说是保持函数依赖呢？
3. 如何判断一个模式分解是保持函数依赖的？
4. 如何判断一个模式分解是无损连接的？

6.3 关系规范化

关系范式或关系规范化的理论首先由 E. F. Codd 于 1971 年提出，目的是要设计“好的”关系数据库模式。根据关系模式满足的不同性质和规范化的程度，把关系模式分为第一范式、第二范式、第三范式、BC 范式、第四范式和第五范式等，范式越高，规范化的程度越高，关系模式也就越好。在函数依赖范畴内最高讨论到 BC 范式，第四范式用多值依赖讨论，第五范式用连接依赖讨论。本章将只讨论函数依赖，并且大部分情况下第三范式的关系都能够满足应用需求。

6.3.1 第一范式

前面曾经提到过关系是二维表格，但是，并不是每个表格都是关系，关系数据库对关系模式有最低要求——即关系的所有分量都必须是不可分的最小数据项，并称其为第一范式(1NF)关系。

表 6-3 所示的表格就不是规范化的关系，因为在这个表中，“学生人数”不是基本数据项，它由另外两个基本数据项组成。非规范化表格转换成规范化关系非常简单，只需要将所有数据项都表示为不可分的最小数据项即可。表 6-3 所示表格转换成表 6-4 所示的表格后就是规范化的 1NF 关系了。

表 6-3 非规范化表格

班 级	学生人数	
	男生	女生
06241	16	20
06251	23	15
06261	24	18

表 6-4 规范化表格

班 级	男生人数	女生人数
06241	16	20
06251	23	15
06261	24	18

6.3.2 第二范式

第二范式定义如下：

如果 $R(U,F)\in$ 1NF，并且 R 中的每个非主属性都完全函数依赖于关键字，则 $R(U,F)\in$ 2NF。

完全函数依赖的定义见第 6.1.3 节。从第二范式定义中可以看出来所有单属性关键字关系自然是 2NF 关系。如果关键字是由多个属性构成的复合关键字，并且存在非主属性对关键字的部分函数依赖(定义见第 6.1.3 节)，则这个关系不是 2NF 关系。

在第 6.1.2 节中表 6-1 所示意的“选课”关系的关键字是(学号，课程号)，这是一个复合属性关键字，简称复合关键字，其中“课程名”函数依赖于“课程号”，“责任教师”函数依赖于“课程号”，即“课程名”和“责任教师”都是部分地依赖于关键字(学号，课程号)，因此，这个“选课”关系不满足第二范式的要求。

这样一个不满足第二范式要求的关系存在哪些问题呢？读者可以从第 6.1.2 节讨论的各种操作异常中分析，看哪些问题与不是第二范式有关，同时还可能存在哪些问题。

表 6-1 所示意的“选课”关系之所以不是第二范式是因为有以下部分函数依赖：

$$(学号,课程号) \xrightarrow{p} 课程名$$

$$(学号,课程号) \xrightarrow{p} 责任教师$$

也就是说，那些操作异常现象是由这些部分函数依赖造成的，为了解决这些操作异常现象，只需要设法消除这些部分函数依赖就可以了，为此可以把“选课”关系分解为如下“选课”和“课程”两个关系：

选课(学号，课程号，考试成绩)

课程(课程号，课程名，责任教师，职称)

这个分解是保持函数依赖和无损连接的分解。分解后的两个关系实例见表 6-5 和表 6-6，此时“选课”关系的关键字是(学号，课程号)，非主属性“考试成绩”完全依赖于关键字，所以此时的“选课”是 2NF 关系；“课程”关系的关键字是“课程号”，是单属性关键字关系，这样的关系自然是 2NF 关系。

表 6-5 选课关系

学号	课程号	考试成绩
0521101	B1001	90
0521101	B1010	85
0521107	B1001	80
0521108	B1001	74
0521108	X1010	

表 6-6 课程关系

课程号	课程名	责任教师	职称
B1001	数据库	崔侠	教授
B1010	数据结构	吴伟	副教授
X1010	电子商务	李洪	讲师

之后再来分析原来的存储冗余、插入异常、更新异常、删除异常等现象是否还存在？例如：

(1) 新增一门课程只需在“课程”关系中插入一条记录，与是否有学生选修无关，所以不再存在原来的插入异常现象。

(2) “电子商务”课程由于选修人数太少决定不开，从“选修”关系中删除“电子商务”课程号(X1010)所对应的记录，这样就不可能意外地删除“电子商务”课程的信息，所以不再存在原来的删除异常现象。

(3) 原来的更新异常和存储冗余也不存在了。

表 6-5 的“选课”关系和表 6-6 的“课程”关系是根据表 6-1 的“选课”关系分解得到的，这两个关系通过自然连接可以恢复成原来的关系。

6.3.3 第三范式

第三范式定义如下：

如果 $R(U,F)\in$ 2NF，并且所有非主属性都不传递依赖于关键字，则 $R(U,F)\in$ 3NF。

从定义中可以看出，如果存在非主属性对关键字的传递函数依赖，或者存在非主属性对另一个非主属性的函数依赖，则相应的关系模式就不是 3NF 关系。

表 6-6 的“课程”关系是第二范式但却不是第三范式，它的关键字是“课程号”，其他 3 个属性均是非主属性。但是这里“责任教师”可以函数决定“职称”，即“职称”函数依赖于“责任教师”，或者“职称”传递依赖于关键字“课程号”，因此，这个关系不是 3NF 关系。那么

不是 3NF 的关系存在什么问题吗？

假设给表 6-6 所示的课程关系使用如下命令插入如下的元组或记录：

```
INSERT INTO 课程 VALUES('B1011', '算法分析', '崔侠', '副教授')
```

如上命令假如能够成功执行，则课程关系中会有明显的信息错误，即同一个教师“崔侠”在不同的记录中显示的职称分别是“教授”和“副教授”。这种异常现象是由传递函数依赖(“职称”传递依赖于关键字“课程号”)造成的。其他操作异常现象请读者自行分析。

解决非第三范式关系的操作异常现象的方法就是消除非主属性对关键字的传递函数依赖。为此，可以把表 6-6 所示意的课程关系分解成如下两个关系：

课程(课程号，课程名，责任教师)

教师(教师，职称)

这里，“课程”的“责任教师”字段和“教师”的“教师”字段出自同一个值域。“课程”关系的关键字是“课程号”，“教师”关系的关键字是“教师”字段，这两个关系目前都是第三范式关系。

以上为了讨论函数依赖和操作异常现象，就事论事地“设计”了一些不好的关系，关于课程、选课、教师等关系请读者参阅第 3.2 节中给出的样本数据库，去分析一下那些表是第几范式关系，有无操作异常现象等。

6.3.4 BC 范式

第三范式实际上已经解决了大部分操作异常现象，但是有些关系模式可能还会出现这样、那样的问题。

假设有如下关系模式：

R(教师，教室，课程)

并且它所包含的语义是：

- 一名教师可以负责多门课程；一门课程仅由一名教师负责；
- 每个教师在一个教室只能上一门课程(但是一门课程在不同时间会在不同教室上)。

根据以上的语义关系模式 R 上的函数依赖有：

课程→教师

(教师，教室)→课程

由此可以判断关系模式 R 的关键字是(教师，教室)，在这个关系模式上不存在非主属性对关键字的部分函数依赖和传递函数依赖，因此这个关系模式是第三范式关系。

根据以上语义给出几组数据，然后把这些数据排列成关系，来看看这个 3NF 关系是不是仍然存在着操作异常现象。

第 1 组数据假设教师 $T1$ 负责课程 $C1$，$C2$，$C3$，并且 $C1$ 课程使用教室 $M1$ 和 $M4$ 等：

$T1$

$C1$—$M1$，$M4$

$C2$—$M3$，$M6$

$C3$—$M2$，$M5$，$M7$

第 2 组数据假设教师 $T2$ 负责课程 $C4$、$C5$，并且 $C4$ 课程使用教室 $M1$、$M3$ 和 $M4$ 等：

$T2$

$C4$—$M1$，$M3$，$M4$

$C5$—$M2$，$M6$

第 3 组数据假设教师 $T3$ 负责课程 $C6$，$C7$，并且 $C6$ 课程使用教室 $M2$ 和 $M3$ 等：

$T3$

$C6$—$M2$，$M3$

$C7$—$M4$

以上 3 组数据遵循了前面所给出的语义，把它们排列成关系后见表 6-7。

现在来看一下在这个关系上是否也存在操作异常现象？答案是肯定的。比如一个教师新负责一门课程，但尚未分配教室（构成关键字的教室字段值不能为空），这样的信息就无法插入该关系；另外也无法防止如下记录的插入：

("T3","C5","M5")

这样的记录不违背实体完整性，从操作的角度应该可以插入，但是它违背了“一门课程仅由一名教师负责”的语义（$C5$ 课程已经由 $T2$ 教师负责）。

表 6-7　一个关系实例

教师	课程	教室
$T1$	$C1$	$M1$
$T1$	$C1$	$M4$
$T1$	$C2$	$M3$
$T1$	$C2$	$M6$
$T1$	$C3$	$M2$
$T1$	$C3$	$M5$
$T1$	$C3$	$M7$
$T2$	$C4$	$M1$
$T2$	$C4$	$M3$
$T2$	$C4$	$M4$
$T2$	$C5$	$M2$
$T2$	$C5$	$M6$
$T3$	$C6$	$M2$
$T3$	$C6$	$M3$
$T3$	$C7$	$M4$

之所以存在以上操作异常现象是因为存在一个主属性对非主属性的函数依赖（课程→教师），这里，课程是非主属性，教师是主属性。这样的关系不满足 BC 范式的定义。BC 范式定义如下：

关系模式 $R(U,F) \in 1NF$，$X \rightarrow Y$ 是 F 上的任意函数依赖，并且 $Y \notin X$，$X \xrightarrow{f} U$，则$R(U,F) \in BCNF$。

换句话说，如果 $R(U,F)$中的每个函数依赖的左部都是关键字（或所有的决定因素都是关键字），则 $R(U,F) \in BCNF$。也可以说，如果 $R(U,F) \in 3NF$，并且不存在主属性对非主属性的函数依赖，则 $R(U,F) \in BCNF$。

一个 3NF 但不是 BCNF 的关系存在的操作异常现象前面已经看到了，要解决这些操作异常问题按说仍然是进行模式分解，但是我们注意到，对一个 3NF 但不是 BCNF 的关系进行分解将会破坏“保持函数依赖”的准则，以前面讨论的关系模式 R（教师，教室，课程）为例，任何分解都会破坏函数依赖“（教师，教室）→课程”。所以，BC 范式是判断一个关系规范化程度的准则，如果一个关系是 3NF 但不是 BCNF，此时也不再进行分解，而是要注意可能会产生的操作异常现象。

6.3.5 规范化算法

将一个关系模式从较低范式规范化到较高范式有相应的算法，下面给出将关系模式 $R(U,F)$ 转换为 3NF 的保持函数依赖和无损连接的分解算法：

(1) 对 $R(U,F)$ 中的 F 进行最小化处理，即计算 F 的最小等价集，并将最小等价依赖集仍然记为 F。

(2) 若有 $X \to A$，并且 $X \cup A = U$，则 $\rho = \{R\}$，算法终止。

(3) 找出不在 F 中出现的属性（即与 F 中任意函数依赖的左部和右部都无关的属性），把这样的属性构成一个关系模式 $R_0(U_0, \varnothing)$，并把 U_0 从 U 中去掉，剩余的属性仍然记为 U。

(4) 对 F 按具有相同左部的原则进行分组（假定分为 k 组），每组函数依赖 F_i 所涉及的全部属性形成属性集 U_i，若 $U_i \subseteq U_j (i \neq j)$，则去掉 U_i。

(5) 经过以上步骤得到的分解 $\rho = \{R_0, R_1, \cdots, R_k\}$（$R_0$ 可能为空，$1, \cdots, k$ 可能不连续）构成 R 的一个保持函数依赖的分解，并且每个 R_i 均为 3NF。

(6) 设 X 是 $R(U,F)$ 的关键字，并令 $\tau = \rho \cup R_X(X, F_X)$。

(7) 若对某个 U_i，如果 $X \subseteq U_i$，则将 R_X 从 τ 中去掉，或 $U_i \subseteq X$，则将 R_i 从 τ 中去掉。

(8) 最后 τ 就是所求分解。

以本章开始给出的"选课"关系为例（关系实例参见表 6-1），其中：

U={学号，课程号，课程名，责任教师，职称，考试成绩}

通过一般分析可以得到函数依赖集：

F={（学号，课程号）→考试成绩，课程号→课程名，课程号→责任教师，责任教师→职称}

根据第 6.1.4 节中给出的最小函数等价集的定义，以上 F 满足其定义。

根据 3NF 保持函数依赖和无损连接的分解算法，算法的第(2)步和第(3)步对本例没有影响，第(4)步按相同左部进行分组得到如下结果：

$F1$={（学号，课程号）→考试成绩}

$F2$={课程号→课程名，课程号→责任教师}

$F3$={责任教师→职称}

按照以上分组可以得到如下分解结果：

选课（学号，课程号，考试成绩）

课程（课程号，课程名，责任教师）

教师（责任教师，职称）

算法的第(6)步和第(7)步对本例没有影响，所以以上分解就是 3NF 无损连接和保持函数依赖分解，结果和前面的讨论是一致的。

6.3.6 规范化小结

在函数依赖范畴内可以讨论到关系的 BC 范式，可以将关系模式至少分解到第三范式。

面对最初的表格数据，将每个数据项都分解为最小数据项即达到第一范式的要求。

如果关系模式是单属性关键字或者不存在非主属性对关键字的部分函数依赖，则该关系模式是第二范式关系；否则，该关系模式不满足第二范式的要求。通过模式分解消除非主属性对关键字的部分函数依赖可以达到第二范式。

在第二范式的基础上，如果存在非主属性对关键字的传递函数依赖，则这样的关系模式不满足第三范式的要求。通过模式分解消除非主属性对关键字的传递函数依赖可以将关系转换为第三范式关系。

对于第三范式关系，如果不存在主属性对非主属性的函数依赖，则这样的关系模式满足BC范式；如果存在主属性对非主属性的函数依赖，则这样的关系模式不满足BC范式，通常也不将其分解转换为BC范式。

对关系模式的分解要求是保持函数依赖和保证无损连接的。但是为了得到更高范式的关系进行的模式分解，并不总能既保证无损连接，又保持函数依赖。下面给出关于模式分解的几个重要结论：

(1) 如果要求分解保持函数依赖，那么模式分解总可以达到3NF，但是不一定能够达到BCNF。

(2) 如果要求分解具有无损连接的特性，那么一定可以达到BCNF。

(3) 如果要求分解既保持函数依赖，又具有无损连接的特性，那么分解可以达到3NF，但是不一定能够达到BCNF。

思考题

1. 列举几个不是第二范式的关系，并说明它们为什么不是第二范式，然后讨论在这样的关系上存在的操作异常现象，最后把它们转换成第二范式关系。

2. 列举几个不是第三范式的关系，并说明它们为什么不是第三范式，然后讨论在这样的关系上存在的操作异常现象，最后把它们转换成第三范式关系。

3. 列举几个第三范式，但不是BC范式的关系，并说明它们为什么不是BC范式，然后讨论在这样的关系上存在的操作异常现象，最后是否要把它们转换成BC范式关系？

4. 设有关系模式$R(U,F)$，其中$U=\{A, B, C\}$，$F=\{B\rightarrow C\}$：

(1) 关系模式$R(U,F)$是第几范式？为什么？

(2) 试用第6.3.5节给出的3NF保持函数依赖和无损连接的分解算法对关系模式$R(U,F)$进行分解(要求有详细步骤)。

本章小结

本章首先介绍了函数依赖的概念，并解释了为什么要讨论函数依赖，然后延伸介绍了函数依赖的逻辑蕴涵、推理规则、函数依赖集等价和最小函数依赖集的概念。

讨论函数依赖的目的是为了设计“好”的关系，一个“坏”的关系通过模式分解可以转换成“好”的关系，模式分解需要遵守无损连接和保持函数依赖的特性。

模式分解的过程也是关系规范化的过程，在函数依赖范畴把关系分为1NF，2NF，3NF

和 BCNF。1NF 是对关系的基本要求，在 2NF 关系上不存在非主属性对关键字的部分函数依赖，在 3NF 关系上不存在非主属性对关键字的传递函数依赖，在 BCNF 关系上，所有决定因素都是关键字。为了保证无损连接和保持函数依赖，模式分解一定可以达到 3NF，但是不一定能够达到 BCNF。

习题 6

1. 为了管理学生信息、课程信息和学生选修课程信息，设计一些关系。要求：

(1) 尽可能地包含完整的信息，使设计的关系达到实用。

(2) 给出每个关系上的函数依赖。

(3) 说明这些关系是第几范式，为什么？

2. 假设有一个名为"参加"的关系，该关系有属性：职工（职工名）、工程（工程名）、时数（花费在工程上的小时数）和工资（职工的工资）；一个"参加"记录描述一个职工花费在一个工程上的总时数及其工资；另外，一个职工可以参加多个工程，多个职工可以参加同一个工程。请回答如下问题：

(1) 确定这个关系的关键字。

(2) 找出这个关系中的所有函数依赖。

(3) 指出这个关系上的哪些函数依赖会带来操作异常现象。

(4) 这个关系是第几范式关系？

(5) 将该关系分解成尽可能高的范式，并指明是第几范式。

3. 一个关系有 4 个字段 A,B,C,D，这里，A 和 B 构成复合关键字，问满足下列函数依赖的关系是第几范式？

(1) A,B,C,D 都函数依赖于 AB。

(2) A,B,C,D 都函数依赖于 AB，而 D 还函数依赖于 C。

(3) A,B,C,D 都函数依赖于 AB，而 D 还函数依赖于 B。

(4) A,B,C,D 都函数依赖于 AB，而 B 还函数依赖于 C。

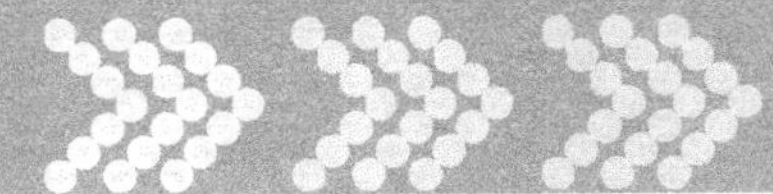

第7章　数据库设计与实施

本章导读

主要内容

管理信息系统的基础是数据库，所以数据库设计的好坏是信息系统成功的关键。本章介绍数据库设计的一般过程，并利用 PowerDesigner 实现数据库的概念模型设计和物理模型设计，另外还介绍数据库实施与维护的一般方法。本章最后给出了一个用 PowerDesigner 完成数据库设计的案例。

学习目标

- 了解数据库设计的基本任务和设计过程；
- 深刻理解数据库设计各阶段的特点和内容；
- 了解进行需求调查的方法；
- 掌握用 E-R 模型对现实世界进行抽象的方法；
- 掌握 E-R 模型向关系模型转换的方法；
- 掌握关系模型的优化方法；
- 掌握用 PowerDesigner 完成数据库设计的方法。

重点、难点

本章学习的重点是概念结构的设计、逻辑结构的设计和物理结构的设计，这是数据库设计中比较重要的3个阶段。

本章学习的难点是将前面所学各章知识综合运用到数据库设计中，完成从理论到实践的过程。

7.1　数据库设计的一般内容和步骤

有时，数据库设计的全部含义是指基于数据库的应用系统或管理信息系统的设计。因此，数据库设计有广义和狭义两种定义：广义的定义是指基于数据库的应用系统或管理信息系统的设计，它包括应用设计和数据库结构设计两部分内容；而狭义的定义则专指数据库模式或结构的设计。本章主要指的是后者。

7.1.1　数据库设计的基本任务

数据库设计就是通过设计反映现实世界信息需求的概念数据模型，并将其转换成逻辑

模型和物理模型，最终建立为现实世界服务的数据库。因此，数据库设计的基本任务就是根据用户的信息需求，处理需求和数据库的支撑环境（包括 DBMS、操作系统和硬件），设计一个结构合理、使用方便、效率较高的数据库。

其中，信息需求是指在数据库中应该存储和管理哪些数据对象；处理需求是指需要进行哪些业务处理和操作，如对数据对象的查询、增加、删除、修改、统计等操作。在充分了解用户的信息需求、处理需求基础上，结合硬件、操作系统环境以及 DBMS 的特性，通过数据库设计得到相应的数据模型。这一数据模型要能概括具体的数据库应用系统的全局数据结构，能够反映使用本系统所有用户的数据视图。然后，根据该模型创建数据库及其应用系统，达到有效存储数据、实现处理需求的目的。

7.1.2 数据库设计的方法与步骤

数据库设计的根本是对现实世界数据管理需求的理解，是综合运用计算机软件、硬件技术、结合应用系统领域的知识和管理技术的系统工程。它不仅需要个人的经验和技巧，更要遵循基于软件工程思想的数据库设计的一般方法、规则和步骤。在现实世界中，应用领域千差万别，信息结构错综复杂，而设计者的知识、经验和思路又各有不同，所以，数据库设计的方法和路径也不完全相同。

早期数据库设计主要采用手工和经验相结合的方法，设计的质量与设计人员的经验和水平有直接的关系。这一时期由于缺乏科学方法和设计工具的支持，设计质量难以保证。为此，人们经过不懈的努力和探索，提出各种数据库设计方法，开发了数据库设计工具软件。由于遵循了软件工程的思想与方法以及数据库设计的特点，数据库设计的质量大为提高。目前常用的数据库设计工具软件主要有：Sybase 公司的 PowerDesigner、Oracle 公司的 Oracle Designer 等。本书将使用 PowerDesigner 作为数据库设计的建模工具。

一般认为数据库设计可以分为以下 6 个阶段：

- 需求分析阶段；
- 概念结构设计阶段；
- 逻辑结构设计阶段；
- 物理结构设计阶段；
- 数据库实施阶段；
- 数据库运行和维护阶段。

图 7-1 示意了数据库设计的 6 个阶段及其各阶段的设计依据和结果。

需求分析阶段要在用户调查的基础上，通过分析，逐步明确用户对系统的需求，包括数据需求和围绕这些数据的业务处理需求。通过对组织、部门、企业等进行详细调查，在了解现有系统的概况、确定新系统功能的过程中，收集支持系统目标的基础数据及其处理方法。需求分析阶段是整个设计过程的基础，如果需求分析的工作做得不好，会导致整个数据库设计的重新返工。这一阶段的主要成果是需求分析说明书。

概念结构设计阶段是整个数据库设计的关键，此过程是对需求分析的结果进行综合和归纳，产生反映企业各组织信息需求的数据库概念结构，即概念模型。

逻辑结构设计阶段将概念结构设计的结果转换成选定的 DBMS 所支持的数据模型，并对其进行优化。

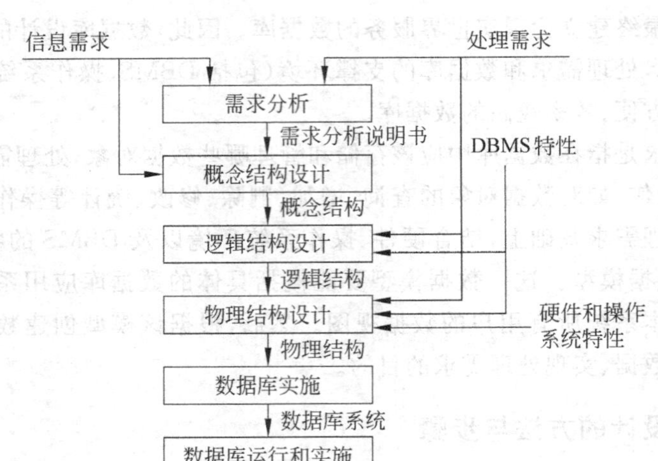

图 7-1 数据库设计步骤

物理结构设计阶段为逻辑结构设计的结果选取一个最适合应用环境的数据库物理结构。这个物理结构依赖于给定的计算机系统，而且与具体选用的 DBMS 密切相关。物理结构设计常常包括某些操作约束，如响应时间与存储要求等。

数据库实施阶段是设计人员运用 DBMS 所提供的数据语言（如 SQL）以及数据库开发工具，根据逻辑结构设计和物理结构设计的结果建立数据库，编制应用程序，装入实际数据并试运行。

数据库运行和维护阶段是指将试运行的数据库应用系统投入正式使用，并在使用过程中不断地进行调整和完善。

另外，在数据库的设计过程中还包括一些其他设计，如数据库的安全性、完整性、一致性和灾难恢复等方面的设计。虽然这些设计总是以牺牲效率为代价，但是，这些内容是必须具备的。

在数据库设计过程中，需求分析和概念结构设计独立于计算机的软件、硬件和 DBMS。逻辑结构设计和物理结构设计与选定的 DBMS 有关，物理结构设计与计算机的软、硬件环境也密切相关。

在以上各阶段中，概念结构设计、逻辑结构设计和物理结构设计是数据库设计最核心的部分，也是本章介绍的重点。

思考题

1. 什么是数据库设计？数据库设计的基本任务是什么？
2. 数据库设计的一般步骤是什么？
3. 在数据库设计过程中，各个阶段的主要内容是什么？
4. 讨论数据库设计的作用。
5. 查阅相关文献，了解数据库设计方法的发展过程，并对各种设计方法进行比较。

7.2 数据库设计工具 PowerDesigner 简介

目前，各主要的软件建模工具及其厂商都在加强各自建模工具的融合与集成，例如 Sybase 公司的 PowerDesigner、IBM 的 Rational Rose 以及 Computer Associates 公司的

ERWin 等。其中,PowerDesigner 在原有的数据建模的基础上形成了一套完整的集成化企业级建模解决方案,它融合了传统数据库建模技术、使用 UML 的应用程序建模和业务流程建模等多种标准建模技术,并且支持主流应用程序开发平台,可以满足系统分析人员、数据库设计人员、数据库管理员和数据库开发人员等采用不同标准完成数据库的建模和应用系统开发。

PowerDesigner 是 Gartner 评出的 2004 年全球排名第一的数据库建模工具,其灵活的分析和设计特性允许使用一种结构化的方法有效地创建数据库或数据仓库,并支持最新的 RDBMS 引擎以及数据库中的 Web Services 和 XML 等功能。PowerDesigner 提供了直观的符号表示,以便更加简单地向非技术人员展示数据库以及应用系统的设计。它是一个功能强大而且使用方便的工具集,为新一代数据库应用的建模提供了全面的支持。PowerDesigner 12.0 提供了如下 7 种模型:

- 需求分析模型(requirements model, RQM);
- 企业业务流程模型(business process model, BPM);
- 概念数据模型(conceptual data model, CDM);
- 物理数据模型(physical data model, PDM);
- 面向对象模型(object oriented model, OOM);
- 信息流动模型(information liquidity model, ILM);
- XML 模型(XML model)。

另外还提供 O/R 映射以及模型之间的转换。模型间的转换关系如图 7-2 所示。

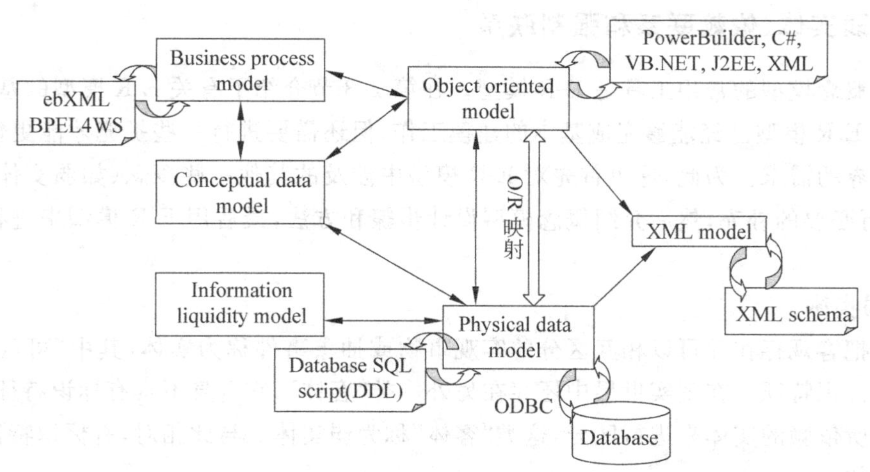

图 7-2 PowerDesigner 各模型之间的转换关系

设计人员可以根据需求分析模型(RQM),从面向对象分析设计(OOM)开始,依次建立用例图、时序图和类图,由类图转化为 CDM 以及 PDM;或者从结构化分析方法开始,依次产生流程分析模型(BPM),CDM,PDM 并转化为类图等。CDM,PDM 和 OOM 之间可以相互转换。OOM 可以生成应用程序的代码,也可以完成逆向工程,即从应用程序代码(如 C#.Java 等)生成类图等。PowerDesigner 还支持企业团队的开发管理,可建立所有模型的统一共享环境,一套元数据库(metadata repository),为企业级应用的分析、设计与开发提供了一个企业建模、UML 和数据建模等 3 种建模的集成化的工作环境。

本章重点介绍 PowerDesigner 的数据库建模技术，包括概念数据模型(CDM)和物理数据模型(PDM)。

利用 PowerDesigner 设计数据库的流程是：首先，设计概念数据模型，进行实体、属性和联系的定义；然后，由概念模型生成物理数据模型，在生成的物理数据模型中定义视图、触发器、存储过程、索引和完整性约束等，完成物理数据库设计；最后，生成创建目标数据库的脚本或者直接创建目标数据库。

利用 PowerDesigner 还可以完成逆向工程，其处理流程是：首先通过 ODBC 等访问技术连接目标数据库，然后由目标数据库生成物理数据模型，再根据物理数据模型生成概念数据模型。

思考题

1. 利用 PowerDesigner 可以完成哪些工作？
2. PowerDesigner 提供了哪些模型？各种模型的功能是什么？
3. 什么是逆向工程？在 PowerDesigner 中如何实现逆向工程？

7.3 概念模型设计

概念模型设计在需求分析之后进行，通过需求分析了解现实世界管理的数据以及对数据管理的需求。

7.3.1 弱实体、依赖联系和强制联系

描述概念模型的常用工具是 E-R 模型。在第 1.3 节介绍了有关 E-R 模型的基本概念，虽然利用 E-R 模型已经能够完成基本的建模工作，但还需要进行一些扩充才能更恰当地反映现实世界的需求。为此，这里首先对 E-R 模型中涉及的其他一些概念(如弱实体、依赖联系等)进行必要的补充，然后介绍概念模型设计步骤和方法，最后用 E-R 模型来进行概念结构设计。

1. 弱实体

我们把客观存在并可以相互区分的客观事物或抽象事件称为实体，其中“可区分”强调了实体有标识特征。在现实世界中还存在另外一类“客体”，它自身不具有标识特征，而是需要借助于所依赖的实体来进行区分，这类“客体”称为弱实体。与此相对，有标识特征的实体称为强实体。

弱实体必须依靠其他实体才能存在。如果弱实体所依靠的实体消失了，则该弱实体也就变得没有意义了。例如，学校的学生是一个强实体集，而学生家长就可以算是弱实体集，必须依靠学生实体集才能存在，如果学生从学校毕业了，则该学生的家长自然也就跟着被删除了。再例如，考虑贷款和还款两个实体集，贷款的属性有：贷款号和金额；还款的属性有：还款号、还款日期和金额。每个“贷款”的各个“还款”不同，但不同“贷款”之间的“还款”却可能相同，因此“还款”是一个弱实体集。

2. 依赖联系

弱实体集的属性不足以构成主关键字，为了区分弱实体集中的一个个实体，需要借助于

另一个实体集中的主关键字。这种被依赖的实体集也称为强实体集。在弱实体集和强实体集之间必然存在着一种联系,并把这种联系称为依赖联系,例如前面所提到的学生和学生家长之间的联系以及贷款和还款之间的联系都是一种依赖联系。依赖联系都是一对多的联系,弱实体集也只有作为一对多联系的一部分才有意义,依赖联系通常不具有任何描述性属性。强实体集和弱实体集的概念与存在依赖密切相关,强实体集的成员必然是支配实体,而弱实体集的成员是从属实体。

3. 强制联系和非强制联系

实体之间的联系可以分为强制联系和非强制联系。例如,专业和学生之间存在一对多的联系,学生在任何时候都必须属于某个专业,因此,专业和学生之间的联系是强制联系。再例如,社团和学生之间存在一对多或多对多联系,学生可以属于某个社团,也可以不属于任何社团,因此,社团和学生之间的联系是非强制联系。依赖联系都是强制联系。

7.3.2 概念数据模型设计的基本内容和方法

概念模型设计不依赖于任何数据库管理系统,它是对用户信息需求的归纳。这一阶段的设计结果得到的是数据库的概念结构,或称概念数据模型,由于它是从现实世界的角度进行的抽象和描述,所以与具体的硬件和软件环境均无关。

1. 一般步骤

设计概念模型的具体步骤通常是:

(1) 先设计面向全局应用的全局概念结构的初步框架,即先建立起整个系统的总体框架。

(2) 根据部门或功能划分成局部应用。

(3) 依据划分后的局部应用完成局部 E-R 图的设计。

(4) 将局部 E-R 图合并、转换成全局 E-R 图,完成概念模型的设计。

上述设计过程显然是自顶向下和自底向上的一个往复过程,它符合一般系统的设计规律。

概念模型的设计或描述的最常用工具是 E-R 图,这一步的工作至少要包括以下内容:

(1) 确定实体。

(2) 确定实体的属性。

(3) 确定实体的标识属性(关键字)。

(4) 确定实体间的联系和联系类型。

(5) 画出表示概念模型的 E-R 图(利用相应的建模工具,如 PowerDesinger)。

2. 合并 E-R 图及其冲突的解决

在设计 E-R 图时,首先从局部应用的角度出发,设计每一个应用的局部 E-R 图,然后再将局部 E-R 图合并为全局 E-R 图。在进行 E-R 图合并时,要注意消除不一致性和冗余,即解决冲突问题。各局部 E-R 图之间的冲突主要有属性冲突、命名冲突和结构冲突等。

(1) 属性冲突

属性冲突主要包括以下两种情况:

① 属性的值域冲突,简称域冲突,即属性值的类型、取值范围或取值集合不同。例如,学号属性在有的局部 E-R 图中定义为字符型,有的则又定义为数字型。

② 属性取值单位冲突，即属性值的单位不同。例如，学生身高，有的地方以米为单位，有的地方则以厘米为单位。

(2) 命名冲突

命名冲突主要包括以下两种情况：

① 同名异义，即不同意义的实体名、属性名或联系名在不同的局部 E-R 图中有相同的名字。例如，在学籍管理系统里，对于本科生的学籍管理应用中将本科生这个实体称为学生，而在研究生的学籍管理中也将研究生这个实体称为学生，但它们的属性和业务处理是不同的，分别代表不同的含义，需要取不同的名字以示区别。

② 异名同义(一义多名)，即相同意义的实体名、属性名或联系名在不同的局部 E-R 图中有不同的名字。例如，在描述学生入学时间时，有的地方称为入学时间，有的地方又称为入学日期，实际上都表达的是同样的含义，这时需要将名称统一起来。

属性冲突和命名冲突通常可以通过讨论、协商来进行统一。

(3) 结构冲突

结构冲突主要包括以下 3 种情况：

① 同一对象在不同应用中具有不同的抽象。例如，“课程”在某一局部应用中被当做实体，而在另一局部应用中则被当做属性。解决的方法是将它们统一，使同样的对象具有相同的抽象。在统一时要经过认真的分析。

② 同一实体在不同局部 E-R 图中所包含的属性不完全相同。例如，“课程”实体，在“选课”局部应用中包含课程号、课程名、学时、学分等属性，而在“课程管理”局部应用中则包括课程号、课程名、课程类型、责任教师、先修课程等属性。在合并时需要让该实体的属性或为各局部 E-R 图中的属性的并集。

③ 实体之间在不同的应用中可能存在着不同的联系。例如，实体“教师”和“课程”在“课程建设”局部应用中是一对多联系，它指出课程的责任教师，即一名教师可以负责多门课程的建设(或是多门课程的责任教师)，但是每门课程只能有一名责任教师；而在“任课管理”局部应用中，实体“教师”和“课程”则是多对多联系，即每名教师可以上多门课程，每门课程也可以有多名教师来上。在合并 E-R 图时注意不要丢失联系，也可能需要根据应用的语义对实体联系的类型进行综合或调整。

3. E-R 图的审核和验证

经过合并后得到全局 E-R 图，即形成了整体的概念数据库结构或概念数据模型，然后必须对整体概念数据模型进行必要的审核和验证，以保证它的正确性和可用性。

审核或验证工作包括：

(1) 整体概念模型内部必须具有一致性，不能有相互矛盾的表述。

(2) 整体概念模型必须能够准确反映原来的每个局部模型的结构，包括实体、属性和联系等。

(3) 整体概念模型必须能够满足需求分析阶段所确定的所有要求，这一条实际蕴涵了以上两条。

概念模型的设计结果要向用户进行演示和解释，听取用户的意见，检查由此设计的数据库将来是否可以提供用户所需要的全部信息。在经过反复评审、修改和优化后，最后把它确定下来，从而完成概念数据模型的设计。

在这一阶段，虽然最终的设计结果是整体的概念数据模型，但在此之前设计的反映局部概念数据模型的局部 E-R 图，也应该统一存档，以留作在逻辑数据库设计阶段参考（如设计视图、设计访问权限等）。

7.3.3 使用 PowerDesigner 设计概念模型

使用 PowerDesigner 设计数据库的处理流程是：首先设计概念数据模型，接着由概念数据模型(CDM)生成初步的物理数据模型(PDM)，然后在生成的物理数据模型中完成物理数据库设计，最后生成创建目标数据库的脚本甚至可以直接创建目标数据库。

本小节首先介绍使用 PowerDesigner 设计概念模型的基本方法。

图 7-3 是概念数据模型设计界面中的工具板，其中的命令按钮大致可以分为 3 类：

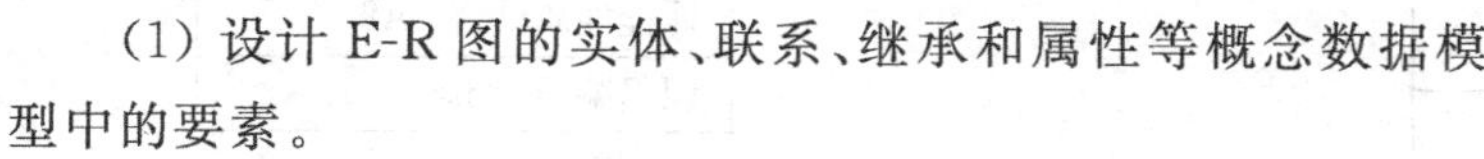

(1) 设计 E-R 图的实体、联系、继承和属性等概念数据模型中的要素。

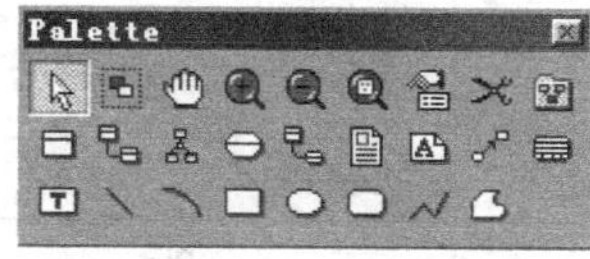

图 7-3　CDM 工具板

(2) 点取、套取、抓取、放大、缩小、剪裁等编辑手段和工具。

(3) 文本、直线、矩形、椭圆形、圆角矩形、任意形状、多边形等辅助信息和符号。

建立概念数据模型的常规操作包括定义实体、定义实体的属性及定义联系。

图 7-4 示意了用 PowerDesigner 的 CDM 设计的一个简单的概念数据模型，它含有前面各章反复使用过的院系、教师、学生和课程 4 个实体，还表示了院系和教师、院系和学生、教师和课程之间的 3 个一对多联系，以及学生和课程之间的 1 个多对多联系。

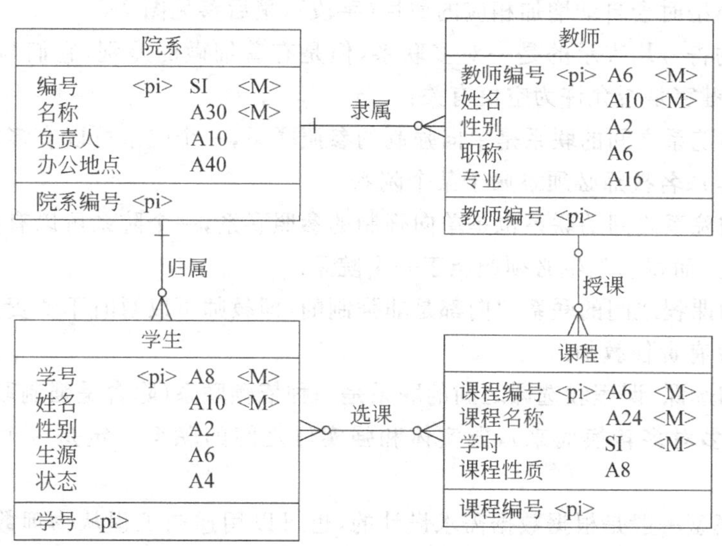

图 7-4　用 PowerDesigner 设计的一个简单概念模型

由于一般系统都不直接支持多对多联系，所以需要把多对多联系转换为一对多联系（方法是用鼠标右击联系，并从快捷菜单中选择 Change to Entity)，转换后的 E-R 图如图 7-5 所示。

表示实体的矩形框上部是实体名、中部是属性、底部是关键字。关于属性除了给出了属性名外，还给出了数据类型，〈M〉说明不允许为空值。另外，还可以为属性说明域约束等。

细心的读者也许已经发现在图 7-4 或图 7-5 中存在如下两个疑问：

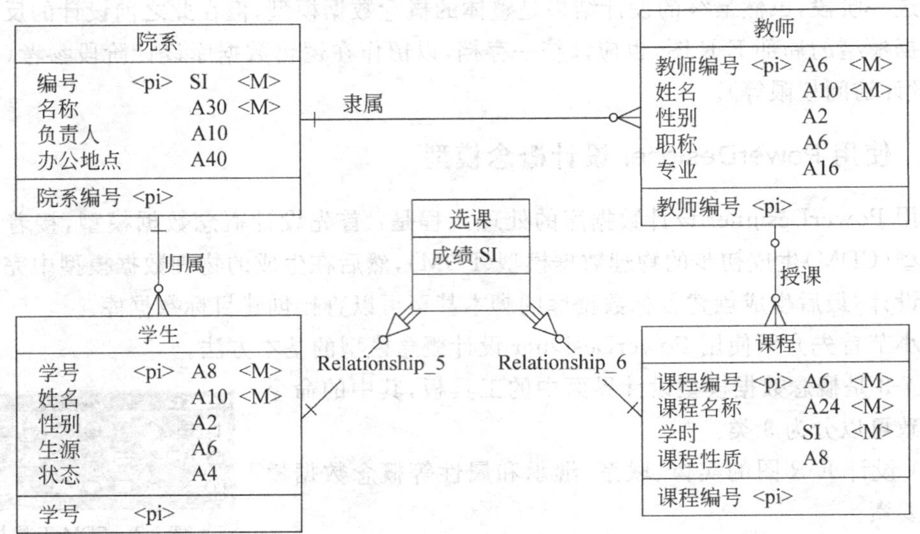

图 7-5 转换后的简单概念数据模型

(1) 在学生实体和教师实体中没有包含实现参照联系的院系编号属性，在课程实体和选课实体中也存在类似问题。

(2) 在图 7-5 中的联系全部是一对多联系，但是它们使用的符号不完全一样。

没有包含表示参照联系的连接属性是因为实现连接的属性属于“具体实现”，在由概念模型生成物理模型时会自动增加相应的属性(字段)，稍后参见图 7-6。

几个联系的符号均表示的是一对多联系，但是有着细微的差别，它们与参照完整性有关，还与外部关键字是否允许为空值有关：

(1) 教师和院系之间的联系是单向强制的参照联系，一个院系可以有多名教师(也可以暂时没有)；但是每名教师必须隶属于某个院系。

(2) 学生和院系之间的联系也是单向强制的参照联系，一个院系可以有多名学生，也可以暂时没有学生；而每名学生必须归属于一个院系。

(3) 教师和课程之间的联系双向都是非强制的，即教师可以暂时不负责具体的课程；课程也可以暂时没有责任教师。

(4) 学生和选课、课程和选课之间的联系是一种依赖联系(隐含是强制联系)，这里选课是弱实体(通过多对多转换而来)，弱实体和强实体之间的联系一定是一个一对多的依赖联系。

概念数据模型一般是根据数据需求设计的，也可以用逆向工程从物理数据模型逆向生成概念数据模型。

思考题

1. 在概念数据库设计阶段最困难的任务是什么？
2. 在数据库设计过程中，是否可以不需要概念模型设计阶段？为什么？
3. 在概念模型中强制联系和非强制联系反映了什么样的语义？
4. 使用 PowerDesigner 模仿图 7-4 的设计结果完成一个简单的概念模型设计。

7.4 逻辑模型设计

逻辑阶段设计的任务是将概念模型转换成某个具体的 DBMS 所支持的数据模型，一般称其为逻辑模型，这里只介绍到关系模型的转换。转换后的数据模型应与转换前的 E-R 模型保持一致的应用语义。

7.4.1 E-R 模型向关系模型的转换

在逻辑数据库设计阶段，首先将概念数据模型转换为关系数据模型，即将 E-R 图中的实体和联系转换为关系模式。

如果在概念模型设计阶段已将多对多联系转换成了一对多联系，则在逻辑模型设计阶段把 E-R 模型转换为关系模型会非常简单：

(1) 将每一个实体转换为一个关系模式，使其包含对应实体的全部属性，并根据语义确定关键字(实际上，在概念模型阶段已经确定)。

(2) 将一对多的联系直接并入 n 端实体的关系模式，这只需要将 1 端实体的关系模式的主关键字纳入 n 端实体的关系模式，并作为外部关键字。

(3) 将一对一联系的两个关系模式合并为一个关系模式。

7.4.2 使用 PowerDesigner 将概念模型转换成逻辑(物理)模型

在 PowerDesigner 中将概念模型转换成与具体数据库管理系统相关的模型称为物理模型，即 PDM。

在 PowerDesigner 的概念模型设计环境中，通过 Tools→Generate Physical Data Model 菜单则可以直接生成物理模型，根据图 7-5 生成的物理模型如图 7-6 所示。

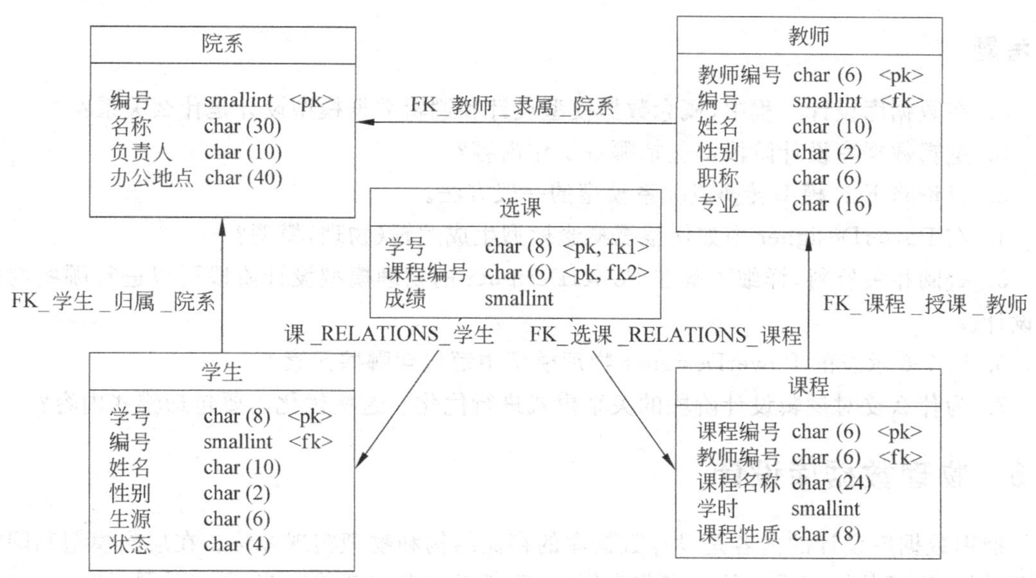

图 7-6 由概念模型生成的物理模型

在如图 7-6 所示的物理模型中，每个矩形框都是一个关系模式，图中的箭头线表示关系之间的参照联系，其中〈pk〉标明了主关键字、〈fk〉标明了外部关键字。

7.4.3 使用 PowerDesigner 设计逻辑(物理)模型

由 CDM 生成的 PDM 需要进一步进行设计,例如,可以设计索引、视图、约束、触发器、存储过程,还可以重新命名属性或修正在概念模型设计阶段产生的错误等。

图 7-7 是物理数据模型设计界面中的工具板,其中的命令按钮大致可以分为以下 3 类:

图 7-7 PDM 工具板

(1) 表、视图、参照、属性等物理数据模型中的要素。

(2) 点取、套取、抓取、放大、缩小、剪裁等编辑手段和工具。

(3) 文本、直线、矩形、椭圆形、圆角矩形、任意形状、多边形等辅助信息和符号。

在 PowerDesigner 中可以从 PDM 直接生成创建各种数据库对象的代码,它直接与具体的数据库管理系统相关。

物理数据模型也可以用逆向工程从已有的数据库逆向生成。物理模型还可以逆向生成概念数据模型。

7.4.4 关系模式优化

通常在生成逻辑数据模型后,为了进一步提高数据库的设计质量,要以关系规范化理论为指导对关系模式进行优化。

第 6 章曾讨论了关系数据理论,介绍了关系规范化的概念,讨论了为什么要进行规范化以及进行规范化的方法。现在可以运用规范化的标准(如 3NF 或 BCNF)来检验目前所得到的关系模式是否达到了规范化的要求,并对未达到规范化要求的关系模式进行模式分解,最终设计出高质量的关系模式。

思考题

1. 在数据库设计过程中,概念数据模型设计和逻辑数据模型设计是什么关系?
2. 逻辑数据库设计阶段都包括哪些工作内容?
3. 讨论将 E-R 模型转换成关系模型的一般方法。
4. 在 PowerDesigner 中如何根据概念模型生成逻辑(物理)模型?
5. 查阅相关资料,详细了解在 PowerDesigner 的物理模型设计阶段可以进行哪些内容的设计。
6. 图 7-6 示意的 PowerDesigner 物理模型中都包含哪些元素?
7. 为什么要对逻辑设计阶段的关系模式进行优化? 这些优化主要包括哪些内容?

7.5 物理数据库设计

物理数据库设计的内容是设计数据库的存储结构和物理实现方法。在层次模型和网状模型时代,物理数据库设计的内容非常复杂,要考虑很多实现的细节,所幸的是,这个时代已经结束了,关系数据库的物理设计要简单得多。

下面以使用类似 SQL Server 这样的数据库管理系统为例,讨论在物理数据库设计阶段要考虑哪些问题。

1. 估算数据库的数据存储量

数据存储量也就是数据库规模，可以利用需求分析阶段采集的数据需求，对数据库的大小作一个粗略的估算，并可以对数据的增长速度作出预测，以便为数据库分配足够的空间。比较简单、快速的方法是通过测算每个关系的大小来估算数据库的规模。测算关系的大小可按如下方法进行：

(1) 计算关系每一行的字节数。

(2) 用关系的行数乘以行的长度。

(3) 另加 20%的空间用作索引和其他开销。

2. 安排数据库的存储

根据数据库的规模和硬盘等资源的情况来考虑如何安排数据库的存储，同时必须考虑日志文件的安排。从安全、可靠的角度考虑，数据库和日志应该安排在不同的物理存储介质上。

关于建立数据库和数据库物理安排的详细内容请参见第 2.4.2 节。

3. 设计备份策略

在设计数据库时就要考虑到备份策略。可以根据实际情况设计分阶段的策略，比如在数据库建立初期，数据录入量较大，更新也相对比较频繁，可以设计一种策略，而在数据库相对稳定后又采取另外一种策略。有关备份和备份策略的制定可参见第 5.4.2 节。

数据库设计是数据库管理员的主要职责之一，一个数据库设计的好坏直接影响到日后数据库的使用。一个设计得很好的数据库，不仅可以为用户提供所需要的全部信息，而且还可以提供快速、准确、安全、可靠的服务，数据库管理相对也会简单一些；相反，一个设计得不好的数据库，日后可能需要经常进行修改、调整，不仅使数据库管理很复杂，更重要的是，数据库不能为用户提供可靠的服务。在基于数据库的应用系统中，数据库是基础，只有成功的数据库设计，才可能有成功的系统。否则，应用程序设计得再漂亮，操作界面设计得再动人，整个系统也是一个失败的系统。

思考题

1. 关系数据库的物理设计阶段主要包括哪些内容？

2. 结合第 2.4.2 节中建立数据库的内容，讨论在 SQL Server 环境下如何安排数据库的物理存储。

3. 结合第 5.4.2 节中恢复技术的内容，讨论在 SQL Server 环境下如何制定备份和恢复策略。

4. 讨论在数据库物理设计中，可以采用哪些方法来提高系统性能。

7.6 数据库的实施与维护

在完成数据库的物理阶段设计后，就可以创建数据库及其对象，并可以组织数据入库，经过试运行后，即可投入正式运行。在数据库运行阶段，需要对数据库进行维护，以保证应用系统能够以较好的状态正常运行。

7.6.1 数据库的实施

数据库实施主要包括以下几项工作：

(1) 建立数据库及其对象。确定了数据库的逻辑结构与物理结构后，就可以创建数据库及其数据库对象。

(2) 组织数据入库。在数据库、表结构及其各种数据库对象建立好之后，就可以向数据库装载数据了。这是数据库实施的基础工作，比较烦琐，但却非常重要。对于数据量不是很大的小型系统而言，可以用人工方法完成数据的入库。对于数据量比较大的中大型系统来说，可以借助一些数据导入/导出工具或编写导入程序完成数据转换和入库工作。同时，为了保证数据的正确性，还需要进行数据校验工作。

(3) 编制与调试应用程序。在数据库设计阶段，同时也进行数据库应用程序的设计和编制。在数据库实施阶段，在调试数据库的同时也开始调试应用程序。

(4) 数据库试运行。在完成数据的入库和应用程序调试之后，就可以开始数据库系统的试运行。这个阶段主要测试应用程序的各种功能以及数据库系统的性能指标是否符合设计要求。

7.6.2 数据库的运行和维护

数据库试运行的结果符合设计目标后，数据库就可以真正投入运行了。数据库投入运行标志着开发任务的基本完成和维护工作的开始，但并不意味着设计过程的终结。由于应用环境在不断变化，数据库运行过程中用户需求会发生变化，随着数据量的增多，数据库性能会发生变化，数据库的物理存储也会不断变化，因此，对数据库设计进行评价、调整、修改等维护工作是一项长期的任务，也是设计工作的延续。

数据库的维护工作主要是由数据库管理员或系统管理员来负责，主要工作包括：

(1) 备份数据库。定期对数据库和日志文件进行备份，以保证一旦发生故障，能够利用数据库备份及日志文件备份尽快地将数据库恢复到某种一致性状态，以便尽可能地减少对数据库的破坏。

(2) 数据库的安全性控制。系统管理员和数据库管理员必须根据用户的实际需要授予不同的操作权限，对用户、角色、权限进行严格和人性的管理，既要保证系统的安全，又要保证系统使用方便。

(3) 完整性控制。由于应用环境的变化，数据库的完整性约束条件也会发生变化，这就需要数据库管理员不断修正完整性约束，以满足用户要求。

(4) 数据库性能的监督、分析和改进。目前，许多 DBMS 产品都提供了监测系统性能参数的工具，例如在 SQL Server 2005 中可以使用 SQL Server Profiler 和数据库引擎优化顾问等性能工具来监测、跟踪和优化系统。系统管理员或数据库管理员可以利用这些工具方便地得到系统运行过程中一系列性能参数的值。通过分析这些数据，调整某些参数来进一步改进数据库性能。

(5) 数据库的重组织。数据库运行一段时间后，由于记录的不断增加、删除和修改，会造成磁盘碎片，使数据库的物理存储性能变坏，从而降低数据库存储空间的利用率和数据的存取效率，使数据库的性能下降。这时，系统管理员可以对数据库进行重组，以提高系统性

能。数据库管理系统一般都提供了数据重组的实用程序，帮助系统管理员重新组织数据库。

(6) 数据库的重构造。当数据库应用环境发生变化时，会导致实体及实体间的联系也发生相应的变化，使原有的数据库设计不能很好地满足新的需求，从而不得不适当调整数据库的概念模式和存储模式。例如，在表中增加、修改或删除某些属性，增加或删除某个表，增加或删除某些索引等。数据库管理系统一般都提供了修改数据库结构的功能。

思考题

1. 在数据库实施阶段，如何保证输入数据的正确性？
2. 什么是数据库的重组织和重构造？讨论数据库的重组织和重构造的必要性和作用。
3. 查阅相关资料，了解在 SQL Server 中有哪些工具可以用来监测、跟踪和优化系统。

7.7 数据库设计案例

本节以图书借阅管理为例来说明数据库设计的过程。

7.7.1 需求概述

假设某大学图书馆要开发一个图书管理系统，经过设计者调查、整理后，规划出该系统的主要工作如下。

1. 读者登记处

学生或教师需要办理读者卡之后才能进行图书的借阅工作。在填写“图书馆读者卡申请表”之后即可办理读者卡。读者卡申请表的格式见表 7-1。

表 7-1　读者卡申请表

读者编号：	姓名：	出生日期：
身份证号：	电话：	读者身份：⊙教师 ○学生
地址：		邮政编码：

家庭成员：

姓名	关系	工作单位	职务	电话

在读者登记处，需要将读者的有关信息添加到信息系统中保存，当读者信息发生改变时，需要对计算机里的内容进行相应修改。当读者办理退卡手续时，需删除相应的读者信息。另外，生成超过期限未还书的读者信息表，通知读者应尽快还书等。

2. 图书总管部门

图书总管部门负责图书和出版社等信息的管理，具体内容如下：

(1) 图书信息管理。完成图书的录入、修改、删除和查询功能。在查询图书信息时，可随时查询书库中现有书籍的类型、书号、书名、作者、单价和购买数量等。所有各类图书均可由书号唯一标识。

(2) 为了方便业务往来，需保存出版社相关信息。这些信息包括出版社编号、名称、电话、邮编、地址、联系人等。

3. 图书借还处

图书借还处负责图书的借阅和归还工作。具体如下。

(1) 读者借书管理。读者有两种身份，即学生和教师。根据读者身份的不同，有不同的借阅权力。教师身份的借阅人可以总共借 5 本书，每本书的借阅时间为 90 天；学生身份的借阅人可以总共借 3 本书，每本书的借阅时间为 30 天。读者可以根据图书类别和书名查找自己要借阅的图书，在图书借阅登记中，借阅日期是自动填写的(当前系统日期)。

(2) 还书管理。在办理还书业务时，系统判断是否过期，若过期，则首先查看是否已交了罚款。若未交，则生成一张罚款通知单，假设一张罚款通知单只对应一本图书和一名读者，但读者或图书可被罚多次，罚款金额按过期天数计算。且不能为其办理还书操作。若已交了罚款，则办理还书手续。

(3) 罚款处理。当超过期限未还或图书破损、丢失时需要进行罚款处理。假设处罚的标准如下：

- 当超过期限未还时，罚款金额(元)＝超过的天数×0.05。
- 当图书破损、丢失时，按照图书的原价赔偿。

(4) 完成图书在库数量的查询。

(5) 产生图书借阅排行榜报表，按照图书类型生成读者喜好分析报表等。

此外，对于图书、读者和出版社等信息，系统管理员可以做添加、修改、删除和查询操作。普通读者只能查询。

7.7.2 概念结构设计

根据概念设计的步骤，先产生局部 E-R 图，然后再将局部 E-R 图合并成初步 E-R 图，最后进行优化，得到整体 E-R 图。

1. 设计局部 E-R 图

根据职能部门，设计局部 E-R 图。

(1) 读者登记处的 E-R 图

在读者登记处里，有两个实体：读者和家庭成员。用 PowerDesigner 表示的读者登记处的 E-R 图如图 7-8 所示。需要注意的是，家庭成员是一个弱实体，家庭成员和读者之间是一种依赖联系。

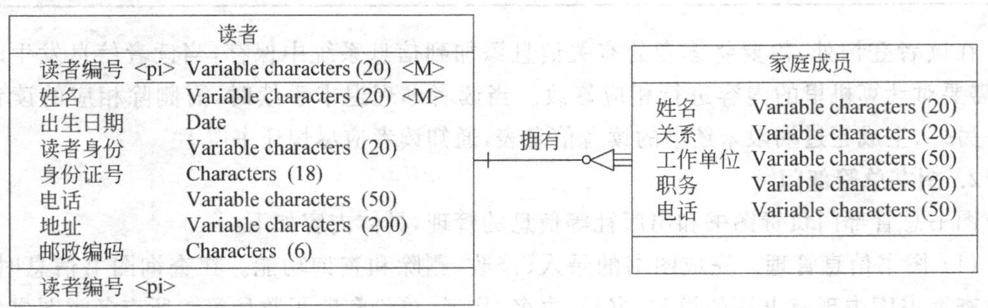

图 7-8 读者登记处的 E-R 图

(2) 图书总管部门

在图书总管部门，有两个实体：图书和出版社。出版社与图书之间是一对多的联系，用PowerDesigner表示的图书总管部门的E-R图如图7-9所示。

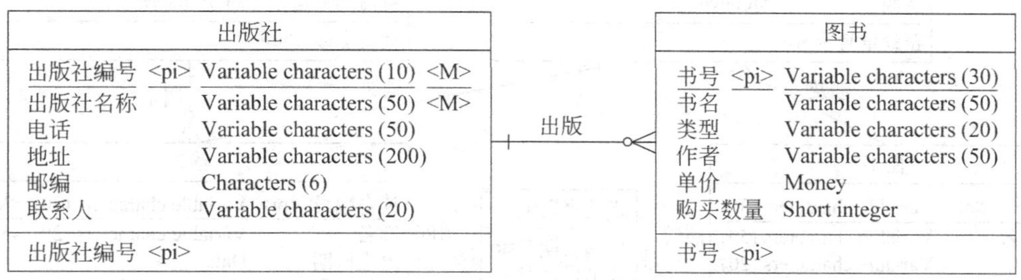

图7-9　图书总管部门的E-R图

(3) 图书借还处

在图书借还处涉及4个实体：图书、读者、读者身份表和罚款单。图书和读者之间是多对多的联系，读者身份表与读者之间、图书与罚款单之间以及读者与罚款单之间都是一对多的联系。在CDM里，直接将多对多的联系转换为实体。图书借还处的E-R图如图7-10所示。

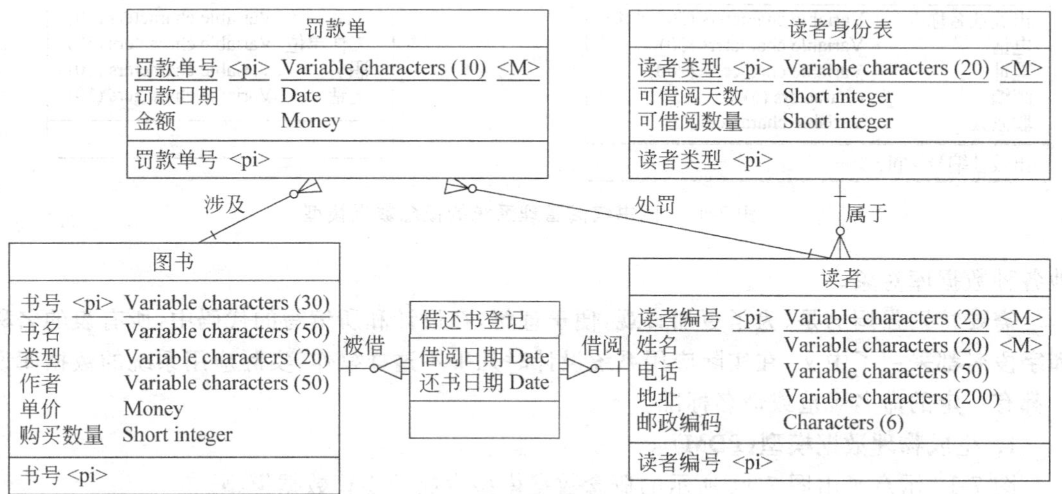

图7-10　图书借还处的E-R图

2. 设计和优化初步E-R图

将各个局部E-R图汇集成一个整体的E-R图，消除冗余和冲突，进行优化后产生全局E-R图。例如，在读者登记处的E-R图中，读者身份是一个属性，而在图书借还处的E-R图中，读者身份是一个实体。另外，图书借还处和读者登记处关于读者实体的属性是不同的，所有这些冲突都要消除。图书管理系统的全局CDM如图7-11所示。

7.7.3　逻辑结构设计

用PowerDesigner进行逻辑结构设计的工作主要是由概念数据模型生成物理数据模型，并对生成的物理数据模型进行修改和完善，创建所需要的视图、存储过程和触发器等其

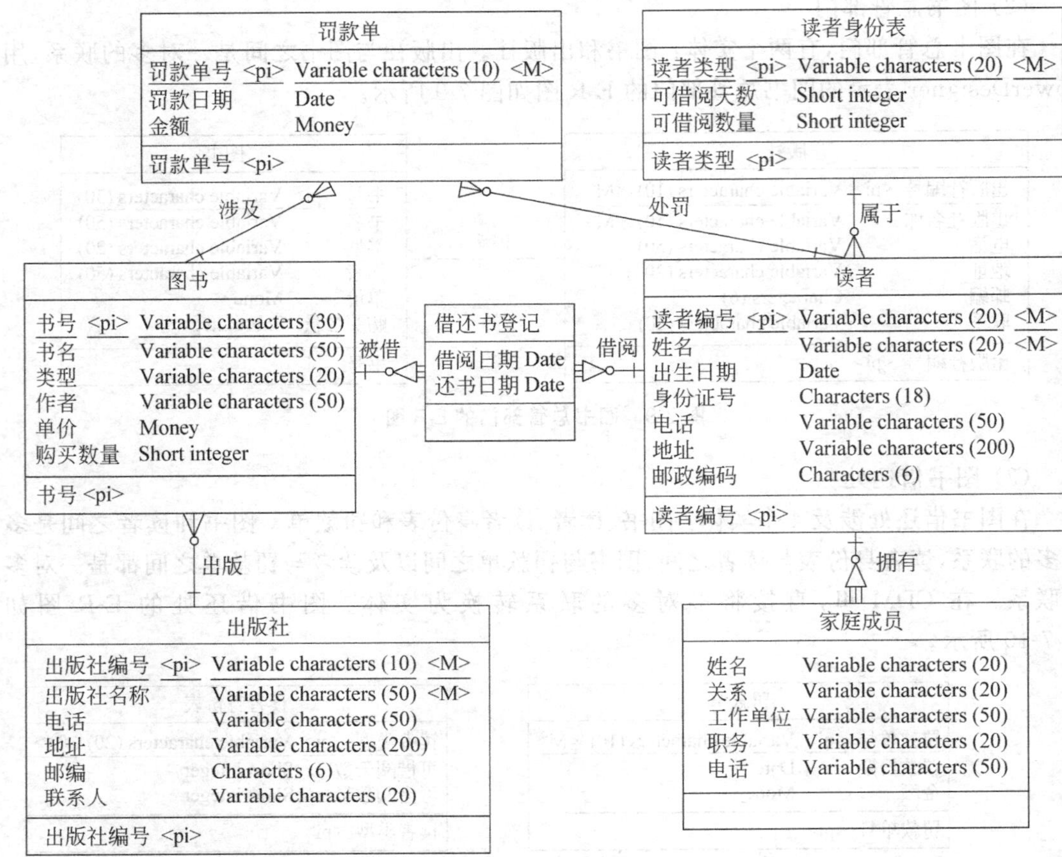

图 7-11 图书借阅管理系统的概念数据模型

他各种数据库对象。

需要特别强调的是，为了更加直观，便于理解，在设计和所编写的代码中，所有表的名称和字段名都采用了中文，在实际应用系统设计时几乎不这样操作，实际应用系统的数据库设计都有一定的命名规范或命名标准。

1. 生成物理数据模型(PDM)

图 7-12 示意了由图 7-11 所示的概念数据模型生成的物理数据模型。

2. 完善物理数据模型(PDM)

可以对生成的物理数据模型进行修改和完善。

例如，在第 7.7.2 节图书借还处的需求描述(1)中，要求借阅日期是自动填写的，填写当前系统日期，可以通过对借阅日期字段加 DEFAULT 约束来实现(getdate())。

再例如，在转换后的家庭成员表里，将读者编号作为主关键字和外部关键字，这是不正确的，因为一个读者可以有零个或多个家庭成员，所以可以在家庭成员表里增加一个序号的字段，序号和读者编号复合为一个主关键字。

3. 创建触发器

利用触发器可以完成一些复杂的完整性约束。例如，在图书借还处的需求描述(1)中，对不同的读者身份，有不同的还书期限和借阅图书的数量。这些处理需求可以通过在应用程序中编程实现，也可以用触发器来实现。

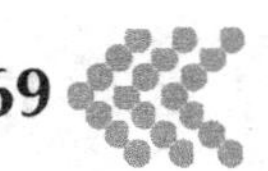

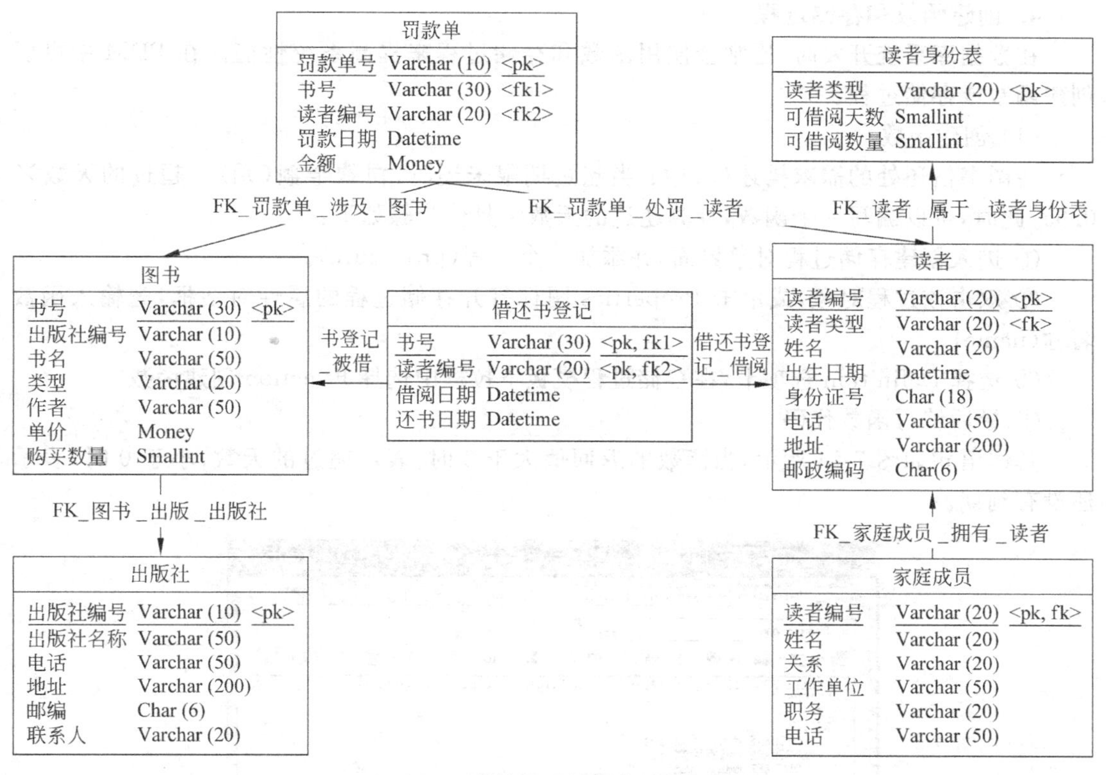

图 7-12 图书管理系统的物理数据模型

如果用触发器实现，可以对借还书登记表建立一个插入类的触发器。基本方法是在PDM中，打开借还书登记表的属性对话框，选择 Triggers 选项卡，输入触发器的名称和代码，然后打开触发器的属性对话框，书写触发器的程序代码，如图 7-13 所示。

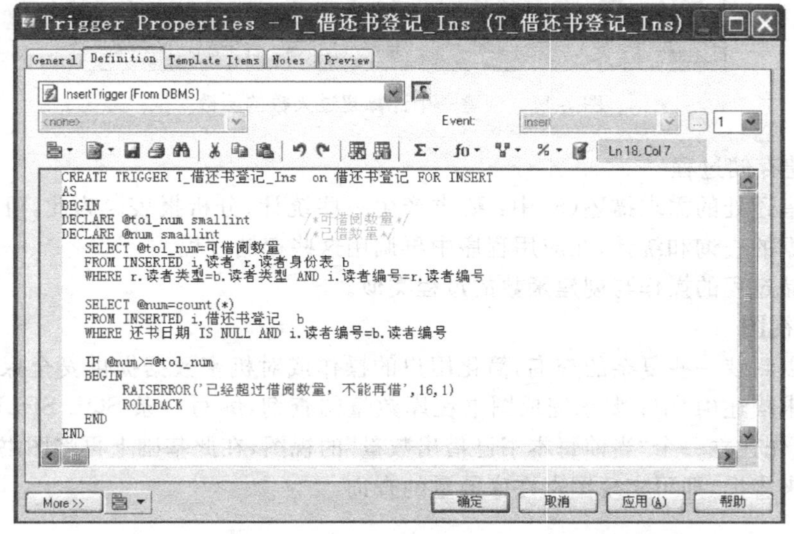

图 7-13 给借还书登记表建立一个插入类的触发器

4. 创建函数和存储过程

在数据库系统开发时，通常会使用函数和存储过程来提高系统性能。在 PDM 中可以创建函数或存储过程。

(1) 创建函数

在图书借还处的需求描述(3)中：当超过期限未还时，罚款金额(元)＝超过的天数×0.05。此时，可以编写一个函数，计算超过的天数。具体步骤如下：

① 进入创建存储过程对象界面，并添加一个过程(procedure)。

② 双击该过程对象，或单击 Properties 图标打开存储过程的属性对话框，先输入函数名称(name)。

③ 选择 Definition 选项卡，在存储过程模板下拉框中选择 Function 创建函数。

④ 最后编写函数代码。

具体语句如图 7-14 所示，当函数的返回值大于 0 时，表示超过的天数；小于 0 时，表示还没有到期。

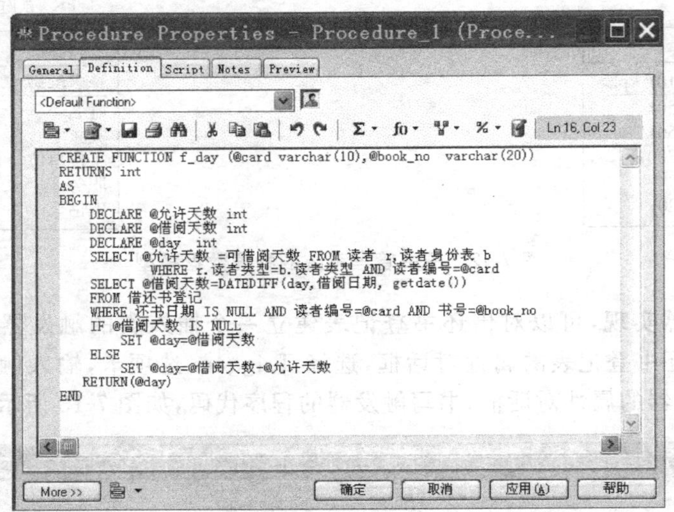

图 7-14 创建一个计算超过天数的函数

(2) 创建存储过程

在图书借还处的需求描述(5)中：要求产生一些统计、分析报表。为此，可以建立存储过程实现数据的查询和统计，在应用程序中再调用这些存储过程。

创建存储过程的操作与创建函数的过程类似。

5. 创建视图

视图可以封装一些复杂的查询，简化用户的操作或对机密数据提供安全保护。在图书借还处的需求描述(4)中：要求完成图书在库数量的查询，编写一条 SQL SELECT 语句很难实现，可以先建立一个“当前每本书已借出数量”的视图，在此基础上再将图书信息表和该视图关联起来查询，即可实现图书在库数量的查询。

7.7.4 物理结构设计和数据库实施

在物理结构设计中，需要考虑创建哪些索引、数据库的存放位置和存储空间、创建数据库及其对象、实施安全性控制以及制定数据库备份、恢复策略等。

1. 创建索引

类似 SQL Server 的关系数据库管理系统会自动地给主关键字建立一个聚集索引，给唯一约束建立一个唯一索引。因此，通常只需要根据查询要求来考虑用户自定义的索引。由于借阅登记表中存放的是每次借书和还书的详细记录，记录会比较多。在应用需求里经常会按照借阅日期和还书日期进行查询，可以考虑对它们建立索引。在 PowerDesigner 的 PDM 中，双击借阅登记表，打开借阅登记表属性对话框，选择 Indexes 选项卡，就可以创建索引。

2. 创建数据库及其对象

根据实际需求，可以粗略估计需要的存储空间，按照第 2 章所介绍的创建数据库的命令来建立数据库。数据库建立之后，需要将所设计的数据库对象在数据库中创建。在 PowerDesigner 的 PDM 中，可以直接用 ODBC 将所设计的数据库对象在新建的数据库里创建，也可以先生成 SQL 脚本文件，然后再创建。

3. 安全性控制以及数据库备份/恢复

对于一个实际的应用系统，安全性控制和数据库备份/恢复都是非常重要的。数据库管理员要结合应用系统的要求，制定数据库备份/恢复策略，结合实际应用环境和需求来制定计划和实施。

在安全控制方面，主要通过用户、角色和权限管理来实现安全控制。对图书借阅管理系统来说，可以考虑定义两个角色：图书管理员和普通读者，他们的权限如下：

- 图书管理员拥有所有表的添加、修改、查询和删除的权限；
- 普通读者只能拥有查询所有表的权限。

思考题

1. 讨论第 7.7.1 节中哪些需求不合理？应该如何改进？

2. 使用 PowerDesigner 完成本节图书借阅管理案例的 CDM（概念数据模型）设计和 PDM（物理数据模型）设计。

本章小结

本章首先讨论了数据库设计的概念和方法，介绍了数据库设计各个阶段的目标、方法和内容，并重点介绍了概念模型设计。概念模型设计使用 E-R 模型来描述用户需求，它与具体的 DBMS 无关。逻辑结构设计是将概念模型转换为与具体数据库管理系统相关的逻辑数据模型，本章讨论的是关系模型。物理结构设计主要是设计数据的存储方式和存储结构。本章还简单介绍了数据库建模工具 PowerDesigner，并以图书借阅管理为实例，模拟实现了一个真实的数据库设计过程。

习题 7

1. 讨论数据库概念结构设计的重要性和设计步骤。

2. 局部 E-R 图在合并为全局 E-R 图时主要存在哪些冲突？如何解决？

3. 建立一个关于学院、学生、班级、学生社团等信息的关系数据库。其描述如下：

   学生的属性有：学号、姓名、出生年月、班号和宿舍号

   班级的属性有：班号、班长、专业名和人数

学院的属性有：学院编号、学院名称和办公地点

学生社团的属性有：社团名称、成立年份和地点

有关语义如下：一个学院有若干个班，每个班有若干学生。每个学生可参加若干社团，每个社团有若干学生。学生参加某社团有一个入会年份。先画出 E-R 模型，并将这个 E-R 模型转换成关系数据模型，要求标注主关键字和外部关键字。

4. 设某网站开设虚拟主机业务，需要设计一个数据库进行管理。网站有多名职工参与主机的管理、维护与销售。一个职工(销售员)可销售多台主机，一台主机只能被一个销售员销售。一个职工(维护员)可维护多台主机，一台主机可被多个维护员维护。一个管理员可管理多台主机，一台主机只能被一个管理员管理。主机与客户单位及销售员之间存在租用关系，其中主机与客户单位是多对多的，即一台主机可分配给多个客户单位，一个客户单位可租用多台主机。每次租用由一位销售员经手。假设“职工”有职工号、姓名、性别、出生年月、职称、密码等属性。“主机”有主机序号、操作系统、生产厂商、状态、备注等属性。“客户单位”有单位名称、联系人姓名、联系电话等属性。请先设计出 E-R 模型，并将这个 E-R 模型转换成关系数据模型，要求标注主关键字和外部关键字。

5. 了解现在常用的数据库建模工具，用一种数据库建模工具(如 PowerDesigner)来完成上面第 4 题的数据库设计过程。

实验 12 数据库设计

实验名称：数据库设计。

实验内容：下图显示一张交通违章处罚通知书，根据这张通知书所提供的信息，用 PowerDesigner 完成概念数据模型设计、物理数据模型设计，并建立一个交通违章管理数据库。该数据库描述了被处罚人的基本信息、机动车的基本信息和处罚情况等。

交通违章通知书　　　编号：TZ0000

姓名：××× 驾驶执照号：×××××× 地址：×××××××××× 邮编：×××××××× 电话：×××××××
机动车牌照号：×××××× 型号：×××××× 制造厂：×××××××× 生产日期：××××××
违章日期：×××××××× 时间：×××××× 地点：×××××× 违章记载：××××××
处罚方式： ☑ 警告 ☑ 罚款 ☐ 暂扣驾驶执照
警察签字：××× 警察编号：×××
被处罚人签字：×××

实验目的：

- 通过实践，掌握本章介绍的数据库设计方法。
- 学会使用 PowerDesigner 来完成数据库设计过程。

实验方法：

1. 根据实验内容明确要完成的系统功能。

2. 运行 PowerDesigner 创建概念数据模型，建立实体、属性和联系。对关键字、空值、域完整性等做出必要的描述，根据实际情况确定联系的类型。

3. 将检查无误的概念数据模型转换成物理数据模型，并对生成的物理数据模型作必要的修改。

4. 选择一个实际的 DBMS 软件（如 SQL Server），根据物理数据模型，创建数据库及其对象。

实验要求：

1. 使用 PowerDesigner 或其他建模工具完成本实验。
2. 建立满足需求的概念数据模型、物理数据模型，并实施。
3. 提交实验报告和相关的 CDM 和 PDM 文件。

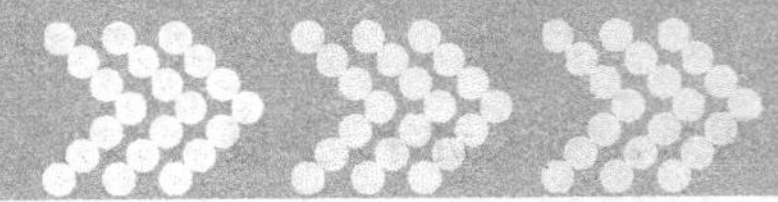

第8章　数据库开发入门

本章导读

主要内容

一般来说，几乎所有的用户和数据库之间的交互都是通过应用程序间接发生的。数据库系统长期以来都支持诸如表格和GUI(图形用户界面)开发工具，用于快速开发与用户交互的应用程序。本章主要介绍应用系统的开发方法和步骤、数据库应用系统的体系结构与开发平台、数据库访问技术等内容，并通过实例介绍如何开发一个基于C/S的小型应用系统，通过实践为以后进行数据库编程奠定一个良好的基础。

学习目标

- 了解结构化生命周期法、面向对象方法的开发步骤以及各阶段的内容；
- 了解快速原型法的基本思想和步骤；
- 了解客户/服务器和浏览器/服务器应用结构的特点；
- 理解ODBC的构成，掌握建立ODBC数据源的方法；
- 掌握ADO.NET的数据访问技术；
- 了解JDBC的工作原理、访问数据库的一般步骤；
- 初步掌握利用C#进行简单的应用程序开发的方法。

重点、难点

本章学习的重点和难点是数据库访问技术以及应用C#进行简单的应用程序开发的方法。

8.1　数据库应用系统开发方法概述

从20世纪60年代开始，人们就开始了数据库应用系统开发方法和开发工具的研究。一种好的开发方法应当能够为数据库应用系统的整个开发过程提供一整套提高效率的途径和措施。到目前为止，数据库应用系统的开发方法主要有结构化生命周期法、快速原型法和面向对象方法等。本节将简要介绍这3种开发方法的主要内容和特点。

8.1.1　结构化生命周期法

结构化生命周期法是一种运用软件工程、系统工程理论、方法和工具，严格按照系统生命周期的各个阶段所规定的步骤和要求开发数据库应用系统的方法。这种开发方法通常划

分为 5 个阶段：系统规划、系统分析、系统设计、系统实施和系统的运行与维护。每一阶段都以前一阶段形成的文档为基础完成相应的工作。同时，在每一阶段即将完成时，要求开发人员进行审查和确认，一旦发现错误，则反馈到前面的开发阶段。为了较好地完成软件开发任务，结构化生命周期法要求在应用软件开发之前对用户需求进行尽可能准确而完整的描述。

1. 系统规划阶段

系统规划阶段的主要任务是对组织的环境、目标、现行系统的状况进行初步调查，研究建立新系统的必要性和可行性，给出拟建系统的备选方案。对这些方案进行可行性分析，写出可行性分析报告。可行性分析报告审议通过后，将新系统建设方案及实施计划编写成系统设计任务书。

2. 系统分析阶段

系统分析阶段的任务是根据系统设计任务书所确定的范围，对现行系统进行详细调查，分析用户的各种需求，确定新系统的目标和功能，收集用户的数据需求和处理需求。系统分析的工作过程如图 8-1 所示。

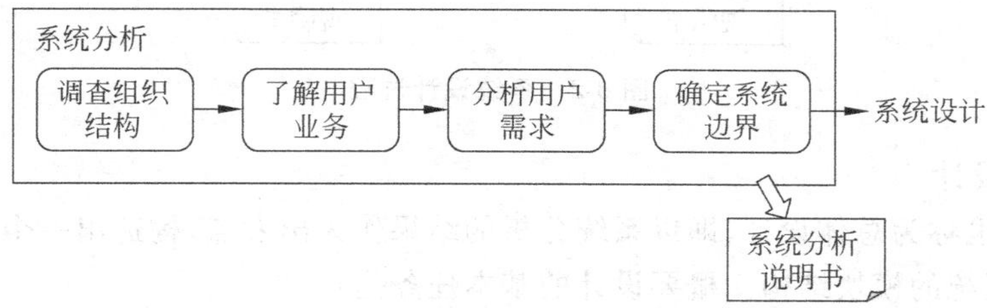

图 8-1 系统分析过程

（1）调查组织结构

了解用户的组织结构。例如：这个组织（或企业）是由哪些部门构成的，每个部门的职责是什么，部门之间的关系是什么等。调查的结果可以用组织机构图来表示。

（2）了解用户业务

调查、了解待开发的数据库应用系统中的各项业务活动以及诸业务之间的相互关系，对现行系统的功能和所需信息有一个明确的认识。通常使用的调查方法包括开座谈会、设计调查表请用户填写、跟班作业和查阅相关文档等。

（3）分析用户需求

根据所了解的用户业务，分析待开发的数据库应用系统的业务流程、数据流程等，整理各业务环节与各项数据之间的相互关系，总结系统功能，确定数据和功能间的处理关系。明确系统的信息需求和处理需求。

在众多分析和表达用户需求的方法中，结构化系统分析和设计技术（structured analysis and design technique，SADT）是一种简单、实用的方法。SADT 采用自顶向下、逐层分解的方式分析系统。分析的结果通常用一组图表来表示，主要包括数据流图（data flow diagram，DFD）、数据字典（data dictionary，DD）和处理逻辑表达工具等。其中数据流图是结构化系统分析的主要工具，它与具体的物理细节无关，在逻辑上精确地描述系统中数据和处理的关系，详尽地表示了系统的功能、输入、输出和数据存储等。数据字典是对数据库应用系统中数据的详细描述，是各类数据属性的清单。有关数据流图和数据字典的使用方法，请查阅信息系统开发类的相关书籍。

(4) 确定系统边界

确定整个系统中，哪些是由计算机完成的，哪些是由人工完成的。由计算机完成的功能就是数据库应用系统应该实现的功能。

这个阶段的工作成果是系统分析说明书。系统分析说明书必须提交，通过评审后作为以后各个阶段的依据。

3. 系统设计阶段

系统设计阶段的任务是根据系统分析说明书中规定的功能要求，考虑实际条件，设计出一个易于实现和维护的系统。系统设计的工作过程如图 8-2 所示。

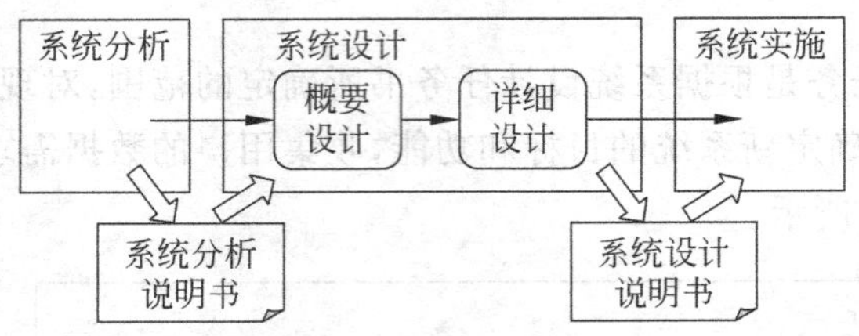

图 8-2 系统设计过程

(1) 概要设计

概要设计也称为总体设计，即以系统分析的结果作为出发点，构造出一个具体的系统设计方案，决定系统的模块结构。概要设计的基本任务是：

- 将系统划分成模块；
- 决定每个模块的功能；
- 决定模块间的数据传递和调用关系。

(2) 详细设计

详细设计是在概要设计的基础上，确定每个模块的内部结构和算法，最终产生每个模块的程序流程图。详细设计主要包括代码设计、数据库设计、输入设计、输出设计、人机对话设计和处理过程设计等多项内容。

这个阶段的工作成果体现在系统设计说明书中，它将成为系统实施阶段的工作依据。

4. 系统实施阶段

系统实施是开发数据库应用系统的最后一个阶段。系统设计说明书详细规定了系统的结构，规定了各个模块的功能、输入和输出，还规定了数据库逻辑结构和物理结构，这些都是系统实施的出发点，据此开发出可实际运行的数据库应用系统，交付用户使用。这个阶段的任务包括程序的编写和调试，人员培训，数据文件的准备和转换，计算机等设备的购置、安装和调试，系统调试与转换等。

系统实施是按实施计划分阶段完成的，每个阶段应写出实施报告。系统测试也应有相应的系统测试报告。

5. 系统的运行与维护阶段

系统投入运行后，可能还会出现新的问题，甚至提出新的需求，所以需要经常进行系统评价和维护，记录系统运行状况，对系统进行必要的修改，评价系统的工作质量和取得的效益。对于不能修改或难以修改的问题记录在案，定期整理成新的需求建议书，为下一周期的系统规划做准备。

结构化生命周期法的优点是：采用逐步求精的结构化方法；每个阶段的任务明确，前一阶段的成果是后一阶段的依据，软件的开发工作具有顺序性和依赖性；逻辑设计与物理设计分开；有质量保证措施等。缺点是：对需求变化的适应能力比较弱；设计出的软件难以重用，延缓了开发的过程；文档量大，开发周期长；审核困难等。

8.1.2 快速原型法

快速原型法的基本思想是：在投入大量的人力、物力之前，在限定的时间内，用比较经济的方法构造一个能够反映用户需求的原型系统（基本反映了新系统的基本功能和基本特征，依此快速开发的一个演示系统），让用户在计算机上运行，试用这个原型系统，通过实践，了解未来系统的概貌。用户通过实际使用原型系统，提出修改意见，根据这些意见，快速修改原型系统。经过对原型系统的反复试用和改进，最终建立起完全符合用户需要的新系统。

快速原型开发方法可以分为 4 个步骤：

(1) 确定系统基本需求。确定用户对系统的基本需求，包括系统的主要功能、总体结构和交互界面等，勾画出用户需要的初始原型。

(2) 建立初始原型。借助软件开发工具，在尽可能短的时间内制作一个初始原型。要求这个原型满足(1)所提出的基本要求，是一个可以实际运行的系统。

(3) 评价原型。用户在开发人员的协助下，运行原型系统，评价系统的优点和不足，进一步明确用户要求，提出修改原型系统的具体意见。

(4) 修改和完善原型。根据用户的意见，尽快修改原型系统，交给用户运行。

最后两步需要反复进行，直到用户满意为止。

快速原型法的关键在于如何快速地实现可运行的原型，以便尽快提交用户确认，然后再进行改进。当考虑采用快速原型法开发应用系统时，开发人员必须明确采用原型的理由，如：原型在问题求解中的作用、原型的目标、希望的利益等；同时还必须考虑原型的非完整策略是否能被用户所接受、原型与实际系统相混淆的问题、缺少工具及技术手段等。

快速原型法的优点是：需求定义清晰、直观，用户易于理解；增进用户与开发人员之间的沟通；缩短开发周期，降低开发风险；适用于解决不确定性或决策支持方面的应用。缺点是：不如结构化生命周期法成熟和便于管理控制；分析和设计工作深度不够，原型往往不是最好的方案；比较注重考虑局部需求，在子系统的集成形成整个系统的过程中会遇到困难；对实时分布系统和大型集成化的信息系统都不太适用。

8.1.3 面向对象方法

面向对象方法是从客观世界中的对象出发来构造整个软件系统，其实质是一种系统建模技术，是从系统的组成上对问题进行自然分解，以接近人类自然思维的方式来建立问题域模型。

目前，面向对象方法所采用的统一建模语言 UML(unified modeling language)是面向对象开发方法中的重要工具。它融入了软件工程领域的新思想、新方法和新技术，可以用于构造各种应用系统的业务模型和软件模型。就像建筑工人使用的建筑设计图纸一样，通过使用UML,IT人员能够查看、交流系统架构和设计方案,可以构造各种静态结构和动态行为的模型,因而广泛用于各种应用领域。UML的主要内容通常通过用例图、类图、对象图、状态图、活动图、构件图、配置图、顺序图、协作图和包图等来描述,它们从不同的角度和层次为系统建模提供支持,完全可以描述系统的各个方面。

与结构化生命周期方法类似,可将面向对象方法开发应用系统的工作过程分为4个阶段:

(1) 系统调查和需求分析

对系统将要面临的具体管理问题以及用户对系统开发的需求进行调查研究。即先弄清楚要解决什么问题。

(2) 面向对象分析(object-oriented analysis,OOA)

OOA阶段是采用面向对象方法,把问题域分解成一些类或对象,找出这些对象的属性和操作,以及对象间的关系(一般/特殊,整体/部分关系),并由此建立一个能够直接反映系统任务的OOA模型及其详细说明(用UML来表示)。

(3) 面向对象设计(object-oriented design,OOD)

面向对象设计是对分析的结果作进一步的抽象、归类、整理。从面向对象的分析转到面向对象的设计是一个累进的模型扩充的过程。由于OOA和OOD采用一致的概念、原则和表示方法,二者之间不存在鸿沟,不需要从分析文档到设计文档的转换,二者之间也不强调严格的阶段划分。在分析阶段所获得的信息,不仅是设计阶段的输入,同时也是设计阶段的一个完整部分,分析得到对象及其相互关系,而设计则是解决这些对象及其相互关系的实现问题。

(4) 面向对象的开发(object-oriented development,OOP)

在面向对象分析和面向对象设计完成之后,系统开发即进入程序实现阶段。使用面向对象的软件开发工具完成系统的开发。

面向对象方法的优点是:面向对象的模型与现实世界的模型在语义上非常接近,易于分析设计人员的分析和设计,也容易使得普通用户理解;从开发的角度支持组件技术、支持可重用,提高了系统的可扩展性、可维护性和可复用性,降低了系统开发和维护费用。缺点是:需要一定的软件基础支持;面向对象方法中对象的确定有时会因客观边界模糊而难以确定,这样就很难保证软件描述的正确性。

从应用范围来看,面向对象方法适用于数据库、信息管理系统等这些以数据为主而操作较少的系统。

思考题

1. 数据库应用系统的开发方法有哪些?它们主要有什么特点?
2. 在结构化生命周期法中,每个开发阶段的任务是什么?
3. 快速原型法的步骤是什么?
4. 讨论选择结构化生命周期法与快速原型法需考虑的因素。
5. 面向对象分析与面向对象设计之间的关系是什么?
6. 比较面向对象开发方法和结构化生命周期法。
7. 如何看待数据库应用系统的开发方法?如何提高开发效率?

8. 查阅相关资料，进一步熟悉面向对象开发方法和UML。

8.2　数据库应用系统的基本架构

当前数据库应用系统的架构主要有客户/服务器(client/server,CS)和浏览器/服务器(browser/server,BS)两种模式，两种模式将长期并存。

8.2.1　客户/服务器结构

客户/服务器结构是在客户端和服务器端都需要部署程序的一种应用架构，这种结构允许应用程序分别放在客户工作站和服务器上执行，可以合理划分应用逻辑，充分发挥客户工作站和服务器两方面的性能。

在客户/服务器结构中，我们常把客户端称做前台或前端客户，把服务器称做后台或后端服务器。客户端一般是普通的个人计算机，而服务器则采用高性能的计算机(专用服务器计算机，也可以是普通的个人计算机)。应用程序或应用逻辑可以根据需要划分在服务器和客户机中。客户端的应用程序主要处理包括提供用户界面、采集数据、输出结果及向后台服务器发出处理请求等；服务器端的程序则完成数据管理、数据处理、业务处理等。

客户/服务器结构通过将应用程序合理分配到客户端和服务器端，可以充分利用两端硬件环境的优势，简化了应用程序的开发，优化了网络利用率，从而可以利用较低的费用实现较高的性能，使整个系统达到最高的效率。

传统的客户/服务器系统是两层结构的，即一层为客户层，另一层为服务器层。而现在普遍使用三层客户/服务器结构，即将服务器端分为应用服务器和数据库服务器，应用服务器主要用来部署和封装业务处理程序，而数据库服务器主要支持数据库的存储和数据处理。在三层应用架构中，客户端应用程序不直接访问数据库，客户端通过应用服务器递交业务请求和数据请求，应用服务器完成对数据库的访问及其相关处理，并最终将处理结果返回给客户端。

客户/服务器系统适用于用户数较少、数据处理量较大、交互性较强、数据查询灵活和安全性要求较高的基于局域网的系统。

客户/服务器构架的主要缺点是：需要在客户端安装应用程序，部署和维护成本较高；代码复用困难。

目前，主流的数据库管理系统都支持客户/服务器结构，如SQL Server，Sybase和Oracle等。

8.2.2　浏览器/服务器结构

随着Internet技术的发展，浏览器/服务器结构得到了广泛的应用。

浏览器/服务器模式的主要特点是，在客户端的计算机上不需要安装专门的软件，只要有上网用的浏览器软件(如Internet Explorer)即可。因此不需要专门对客户端进行安装、部署，只需要在服务器上部署软件，整个系统的部署、维护成本较低，同时，代码的可重用性较高。

浏览器/服务器模式基于三层结构，其处理过程是：浏览器接受用户的请求，然后通过页面将请求提交给 Web 服务器，Web 服务器将页面请求解析后向应用服务器提出处理请求，应用服务器访问数据库服务器并进行相关处理，最后再由 Web 服务器将处理结果格式化成页面形式呈现在客户端。

浏览器/服务器结构的优势在于：无须开发客户端软件，维护和升级方便；可跨平台操作，任何一台计算机只要装有浏览器软件，均可作为客户机来访问系统；具有良好的开放性和可扩充性；具有良好的可重用性，提高了系统的开发效率。另外，通过 Internet 成熟的防火墙、代理服务、加密等技术，还极大地提高了系统的安全性。

浏览器/服务器结构适用于用户多、数据处理量不大、地点灵活的基于广域网的系统。

思考题

1. 客户/服务器结构和浏览器/服务器结构各有什么优点和缺点？它们分别适用于哪些应用系统？

2. 查阅资料，了解目前数据库应用系统开发的主要技术。

8.3 数据库访问技术

开放式体系结构使得数据库应用系统的开发不再紧密地依赖于数据库管理系统，用户有广泛的挑选余地来选择自己喜欢和熟悉的开发工具。在编写应用程序时，可以采用一种公用的、标准的方法来连接不同的 DBMS，实现对数据库的各种操作。随着数据库应用的日益广泛，数据库访问技术也在不断地发展。目前常用的数据库访问技术有 ODBC，OLE DB，ADO，ADO. NET 和 JBDC 等。本节将简要介绍 ODBC，ADO. NET 和 JDBC。

8.3.1 ODBC

ODBC(open database connectivity，开放数据库互连)是 Microsoft 公司开发的一套开放的数据库系统应用程序接口规范，它为应用程序提供了一组对数据库访问的标准 API 和基于动态链接库的运行支撑环境。一个基于 ODBC 的应用程序对数据库的操作不依赖于任何 DBMS，不直接与 DBMS 打交道，所有的数据库操作由对应的 DBMS 的 ODBC 驱动程序来完成。也就是说，不论是 SQL Server、Access，还是 Oracle 数据库，均可用 ODBC 进行访问。由此可见，ODBC 的最大优点是能以统一的方式与多个各不相同的数据库进行交互。

1. ODBC 体系结构

ODBC 的体系结构如图 8-3 所示，它由 4 部分组成：用户应用程序、驱动程序管理器、数据库驱动程序和数据源。

(1) 应用程序(application)

应用程序提供用户界面和应用逻辑等，它是使用诸如 C#，C++，Visual Basic 等编程语言编写的程序。应用程序利用标准的 ODBC 函数和 SQL 语句与数据库进行交互。

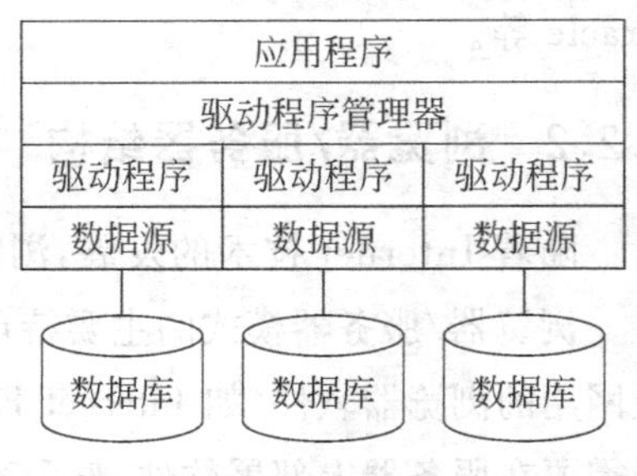

图 8-3 ODBC 体系结构

(2) 驱动程序管理器(driver manager)

驱动程序管理器的任务是管理 ODBC 驱动程序，是

ODBC 中最重要的部件，它负责管理应用程序和驱动程序之间的通信。当一个应用程序与多个数据库连接时，驱动程序管理器能够保证应用程序正确地调用这些 DBMS，实现数据访问，并把来自数据源的数据传送给应用程序。

(3) 驱动程序(driver)

驱动程序是一个动态链接库(DLL)，它提供了 ODBC 和数据库之间的接口。当应用程序调用 ODBC 函数(如 SQLConnect 或 SQLDriverConnect)时，驱动程序管理器就会加载对应的驱动程序，通过驱动程序实现对数据源的各种操作，数据库的操作结果也通过驱动程序返回给应用程序。应用程序通过调用驱动程序所支持的函数来操作数据库。

(4) 数据源(data source)

数据源是驱动程序与数据库之间的桥梁，用于表达一个 ODBC 驱动程序和 DBMS 特殊连接的命名。在连接中，用数据源名代表用户名、服务器名和所连接的数据库名等。可以将数据源名看成是与一个具体数据库建立的连接。在开发通过 ODBC 访问数据库的应用程序时，首先需要建立数据源。

2. 配置 ODBC 数据源

可以通过 Windows 的控制面板或管理工具建立 ODBC 数据源。其操作步骤如下：

(1) 如果使用的是 Windows XP，则双击管理工具中的“数据源（ODBC)”。打开“ODBC 数据源管理器”对话框，如图 8-4 所示。

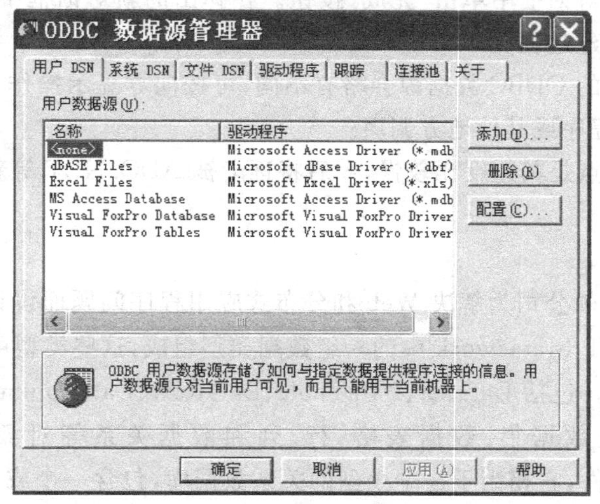

图 8-4 “ODBC 数据源管理器”对话框

(2) ODBC 数据源共有 3 种类型：用户数据源(用户 DSN)、系统数据源(系统 DSN)和文件数据源(文件 DSN)。用户 DSN 只能用在当前定义此数据源的计算机上，而且只有定义该数据源的用户才可以使用；系统 DSN 可用于当前计算机上的所有用户；文件 DSN 是将用户定义的数据源信息保存到一个文件中，并可被所有安装了相同驱动程序的不同计算机上的用户共享。选择“系统 DSN”后，单击右边的“添加”按钮，弹出如图 8-5 所示的对话框。

(3) 在如图 8-5 所示的对话框中选择要连接的数据库管理系统的驱动程序，在此，选择 SQL Server，单击“完成”按钮。

(4) 在弹出的“创建到 SQL Server 的新数据源”对话框中输入数据源的名称。名称可

图 8-5 “创建新数据源”对话框

以自由决定,但不能与其他的系统 DSN 同名。然后给出服务器名称,服务器名称可以是 IP 地址,也可以是计算机名。单击“下一步”按钮。在新对话框中选择安全认证方式,单击“下一步”按钮。

(5) 选择“更新默认的数据库为”复选框,在下拉框中选择要连接的数据库,单击“下一步”按钮,在接下来的对话框中单击“完成”按钮。在弹出的新对话框中单击“确定”按钮,即完成整个数据源的创建过程。

建立其他数据库的 ODBC 数据源会略有不同,可按向导提示操作。ODBC 数据源建好之后,就可以在应用程序或其他地方调用。

ODBC 的最大缺点是其速度比较慢,今后将逐渐被 ADO.NET 等新技术所取代。

8.3.2 ADO.NET

ADO.NET 是微软公司为解决 Web 和分布式应用程序问题而设计的一种新的数据库访问技术。它由.NET Framework 中的一组数据类型组成,这些类型可分为以下 3 部分:

(1) 数据结构类。包括 DataSet、DataTable、DataRow、DataColumn 和 DataRelation 等类型,它们分别对应数据集、数据表格、行、列和数据关系等对象。其中 DataSet 是 ADO.NET的核心组件,它相当于一个小型的关系数据库,包含一个或多个 DataTable 对象以及它们之间的关系。

(2) 数据提供类。包括维护数据连接的 DbConnection 类、执行数据命令的 DbCommand 类、将数据源映射到 DataSet 或 DataTable 的 DataAdapter 类、提供快速只读数据访问的 DataReader 类以及它们的派生类。

(3) 其他辅助类型。包括表示数据异常的 DataException 类、表示数据参数的 DbParameter 类、用于构造连接数据命令字符串的 CommandBuilder 类和用于事务管理的 DbTransaction 类。

ADO.NET 包含一组数据提供程序,用于访问不同类型的数据源(如 Oracle、Sybase 和 SQL Server 等)。通常情况下,数据提供程序都包含上述数据提供类的一组派生类。以 SQL Server 数据提供程序为例,其使用的数据连接、数据命令、数据适配器和数据阅读器的具体类型分别是：SqlConnection、SqlCommand、SqlDataAdapter 和 SqlDataReader；而其他辅助类型也有对应的派生类，如 SqlException、SqlCommandBuilder、SqlParameter 和 SqlTransaction 等。数据提供程序是 ADO. NET 的另一个核心元素，在应用程序和数据源之间搭起一座桥梁，是访问数据库的必备条件，它实现了对数据的通用访问形式。

在. NET Framework 中，数据结构类属于 System. Data 命名空间，而针对不同数据提供程序的派生数据提供类则分属于不同的命名空间，如 SQL Server. NET 数据提供程序的相关类都位于 System. Data. SqlClient 命名空间。

1. ADO. NET 的数据访问框架

ADO. NET 的数据访问框架如图 8-6 所示。

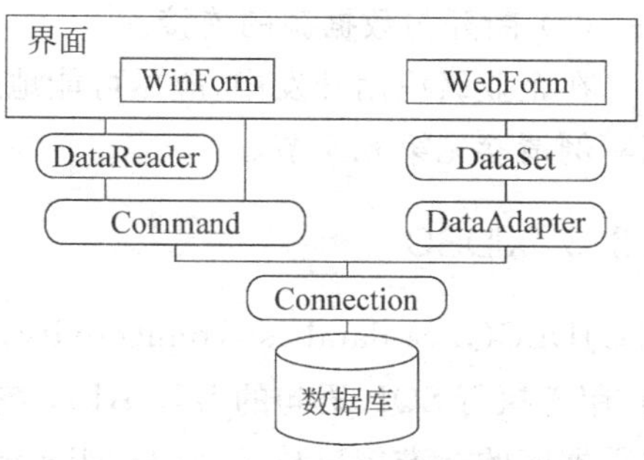

图 8-6 ADO. NET 的数据访问框架

从图 8-6 可以看出，ADO. NET 主要包含 Connection、Command、DataAdapter、DataSet 和 DataReader 等对象，各个对象的作用如下：

- Connection 提供与数据源的连接。在建立连接时需要指定服务器类型、数据源（服务器名字、数据库名字）和安全信息（登录的用户名、密码）。可以使用 Connection 类的 ConnectionString 属性指定这些信息。
- Command 从数据源中提取数据（select），操作数据源中的数据（Insert、Update 和 Delete）以及访问存储过程。
- DataReader 提供了一种对数据源的顺序的、快速的、只向前的数据流，从数据库服务器发送给应用程序。
- DataSet DataSet 是内存中数据的一种存储机制，可以看做一个内存中的数据库，它包含表、列、约束、行和关系。DataSet 和任何数据库都是不相连的，独立于数据源，可以使用任何一种数据提供者为 DataSet 提供数据，或者从 DataSet 中更新数据到数据源。DataSet 为 ADO. NET 提供了独立于数据源的数据访问和离线式数据服务。
- DataAdapter 作为 DataSet 的桥梁，DataAdapter 对象可以包含 4 个 Command 对象，即 SelectCommand、InsertCommand、UpdateCommand 和 DeleteCommand。使用 SelectCommand 对象可以通过 SQL 语句或存储过程从数据源中得到数据并填充到 DataSet、使用 InsertCommand、UpdateCommand 和 DeleteCommand 对象可以通过 SQL 语句或存储过程用 DataSet 中的最新数据去更新（增加、修改和删除）数据源中的数据，保持数据源的数据与数据集一致。

2. ADO. NET 的数据访问模式

ADO. NET 提供两种数据访问模式：数据集模式（非连接）和直接访问模式（连接）。

数据集模式（非连接）允许用户在离线的计算机上使用数据，以后再将更新提交到数据源里。其基本操作过程如下：

（1）通过 Connection 对象建立和数据源的连接。

（2）使用 DataSet 缓存数据，通过 DataAdapter 获取数据源的数据。

（3）可以断开和数据源的连接，处理 DataSet 中的数据。

(4) 当对 DataSet 中的数据操作完毕之后,使用 DataAdapter 将更新写回数据库。

(5) 断开与数据源的连接。

直接访问模式(连接)使用包含 SQL 语句或对存储过程引用的数据命令对象,资源存储在数据源上,直到断开连接。其基本操作过程如下:

(1) 通过 Connection 对象建立和数据源的连接;

(2) 使用 Command 命令来对数据源中的数据进行操作。如果需要读取数据源中的数据(执行 Select 语句),则可以用 DataReader 来实现快速的、只读的操作,DataReader 的功能类似于高效的只读游标。

(3) 断开与数据源的连接。

在企业级应用开发中,应尽可能地采用数据集模式。使用 ADO.NET 访问数据库的应用实例请参见第 8.4 节。

8.3.3 JDBC

JDBC(Java database connectivity,Java 数据库连接)是由 SUN 公司推出的第一个标准的、用于执行 SQL 语句的 Java API。它包括一系列用 Java 语言编写的类和接口,是 Java 访问数据库的标准接口技术,它与 Microsoft 公司开发的 ODBC 技术具有同样的功效,即提供一组通用的 API,通过数据库特定的驱动程序,访问数据库。不同之处是,ODBC 是用 C 语言编写的,而且只适用于 Windows 平台,无法实现跨平台的数据库操作;JDBC 是完全用 Java 语言编写的,是 Java 程序访问数据库的接口技术,编程人员能够用纯 Java API 来编写数据库应用程序,利用 Java 语言的跨平台特点,就可以做到只需写一遍数据库应用程序就能在任何平台、各种数据库系统上运行(数据库改变,驱动程序跟着改变,但应用程序不变),以减少不必要的重复代码。

JDBC 提供了 Java 程序与各种数据库服务器之间的连接服务。JDBC 由两部分与数据库独立的 API 组成:一部分是面向编程人员的 JDBC API,另一部分是面向底层的 JDBC Driver API。JDBC 提供了一个通用的 JDBC 驱动程序管理器,用来管理各种数据库厂商提供的 JDBC 驱动程序,从而访问其数据库。另外,对未提供相应 JDBC 驱动程序的数据库系统,开发了特殊的驱动程序:JDBC-ODBC 桥,该驱动程序支持 JDBC 通过现有的 ODBC 驱动程序访问其数据库系统。JDBC 的体系结构由 Java 应用程序、JDBC 驱动程序管理器、驱动程序和数据库这 4 部分组成(如图 8-7 所示)。

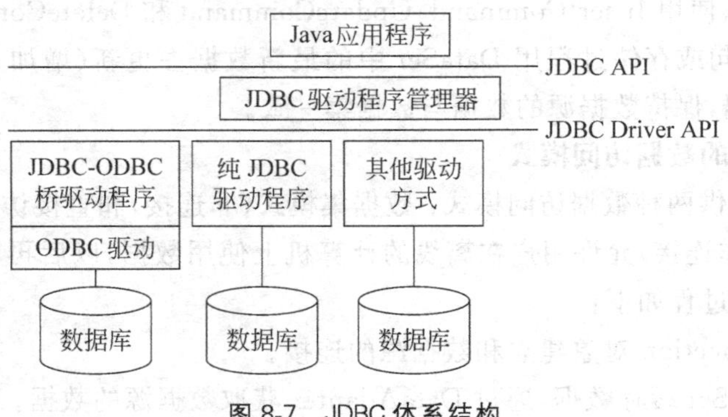

图 8-7 JDBC 体系结构

从图 8-7 可以看出，Java 应用程序通过 JDBC API(提供了独立于数据库的接口类)向 JDBC 驱动程序管理器发出请求，指定要装载的 JDBC 驱动程序和连接的数据库。驱动程序管理器通过 JDBC Driver API(提供底层开发的驱动程序接口)装载合适的 JDBC 驱动程序和指定数据库实例的连接。驱动程序负责解释应用程序使用 JDBC 编程接口嵌入的 SQL 语句，并访问指定的数据库，最后得到相应的结果。应用程序利用 JDBC 编程接口使用返回的结果，完成对数据库的访问。

思考题

1. 使用 ODBC 开发应用程序有什么优点？有什么缺点？
2. ODBC 主要由哪几部分构成？每部分之间的联系是什么？
3. ADO. NET 提供了哪些常用对象？它们的作用是什么？
4. ADO. NET 提供了哪几种数据访问模式？用 ADO. NET 访问数据库的步骤是什么？
5. 什么是 JDBC？JDBC 的体系结构是什么？

8.4 数据库开发案例

本节以简单的学籍管理系统为例，说明如何实现一个 C/S 体系结构的应用系统。该系统的功能如下：

(1) 基本信息管理：维护学生、课程和学生成绩等基本信息。实现对学生信息、课程信息和学生成绩的添加、修改和删除操作。

(2) 数据查询：对学生、课程和选课信息的查询。其中包括查询指定学生选修的课程和成绩，查询选修指定课程的学生名单。

(3) 汇总统计：对学生成绩进行统计和分析。其中包括统计所有课程的平均成绩、最高成绩和最低成绩；统计指定年级各课程的成绩情况。

8.4.1 数据库设计

1. 建立数据库表及其关系

在数据库学籍管理中，学生信息、课程信息和选课信息分别存放在 Student，Course 和 SC 表中。数据表结构如图 8-8 所示。

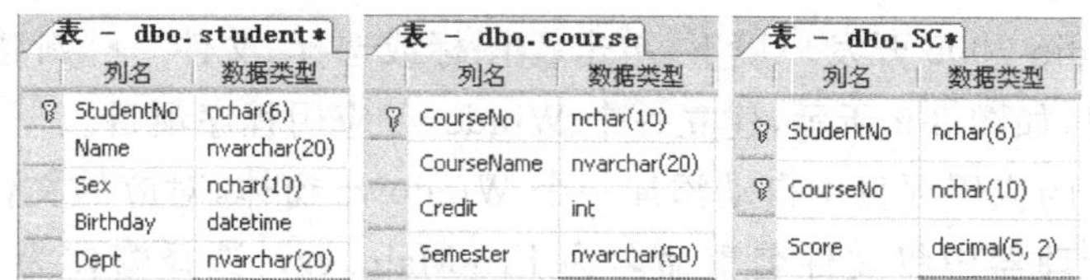

表 - dbo.student*

列名	数据类型
StudentNo	nchar(6)
Name	nvarchar(20)
Sex	nchar(10)
Birthday	datetime
Dept	nvarchar(20)

表 - dbo.course

列名	数据类型
CourseNo	nchar(10)
CourseName	nvarchar(20)
Credit	int
Semester	nvarchar(50)

表 - dbo.SC*

列名	数据类型
StudentNo	nchar(6)
CourseNo	nchar(10)
Score	decimal(5, 2)

图 8-8 学籍管理数据库的表结构

- Student 该表包括学号、姓名、性别、出生日期和院系字段。学生表中的学号用 6 个字符表示，其中第 1,2 位表示学生哪一年入学，第 3,4 位是班级号，第 5,6 位表示学生在班级中的序号。

- Course 该表包括课程编号、课程名称、学时和学期字段。
- SC 该表包括学号、课程编号和考试成绩字段。

2. 建立视图

为了便于查询，先建立一个名为 v_sc 的视图，该视图显示学生所选课程及其成绩。视图 v_sc 包含的字段有：学号、姓名、课程号、课程名和成绩，创建视图的语句如下：

```
CREATE VIEW v_sc as
    SELECT s.studentno,name,c.courseno,coursename,score
    FROM student s JOIN SC ON s.studentno=sc.studentno
    JOIN course c ON c.courseno=sc.courseno
```

3. 建立存储过程

在应用程序开发过程中，通常会用到存储过程。由于学号前两位表示入学年份，本案例将创建一个存储过程，根据输入的入学年份，统计该年级每门课程的平均成绩、最高成绩、最低成绩以及选修人数。具体语句如下：

```
CREATE PROCEDURE Proc_SC @ grade nchar(2)
AS
BEGIN
  SELECT SC.CourseNo AS 课程号,CourseName AS 课程名,AVG(Score) AS 平均成绩,
    MAX(Score) AS 最高成绩,MIN(Score) AS 最低成绩,COUNT(*)AS 人数
  FROM Course JOIN SC ON Course.CourseNo=SC.CourseNo
  WHERE LEFT(StudentNo,2)=@grade
  GROUP BY SC.CourseNo,CourseName
END
```

由于这是一个较为简单的学籍管理系统，所以系统采用两层的 C/S 体系结构：数据库采用 SQL Server 2005，数据访问和用户界面功能都由终端的 Windows 应用程序完成。所有应用系统的开发都在 Visual Studio 2005 集成开发环境中使用 C# 来完成。

8.4.2 系统主界面

客户端系统由 6 个界面组成。通过介绍各个界面的设计与实现，初步掌握数据库编程技术。

1. 新建一个 Windows 应用程序项目

在 Visual Studio 2005 开发环境下，单击图标或选择"文件"→"新建"→"项目"，弹出"新建项目"对话框，如图 8-9 所示，建立一个 Windows 应用程序项目。

系统会在新建的应用项目中自动添加一个 Windows 窗体，对应的文件名为 Form1.cs。在解决方案资源管理器中将文件名重命名为 FrmMain.cs。选择窗体为当前对象，在属性窗口中，将 Text 属性修改为学籍管理系统。

2. 设计主窗体界面

从工具箱中拖放 5 个 Button 控件到窗体上，它们分别用于进入不同的系统功能界面。其布局如图 8-10 所示。添加的各控件的属性见表 8-1。

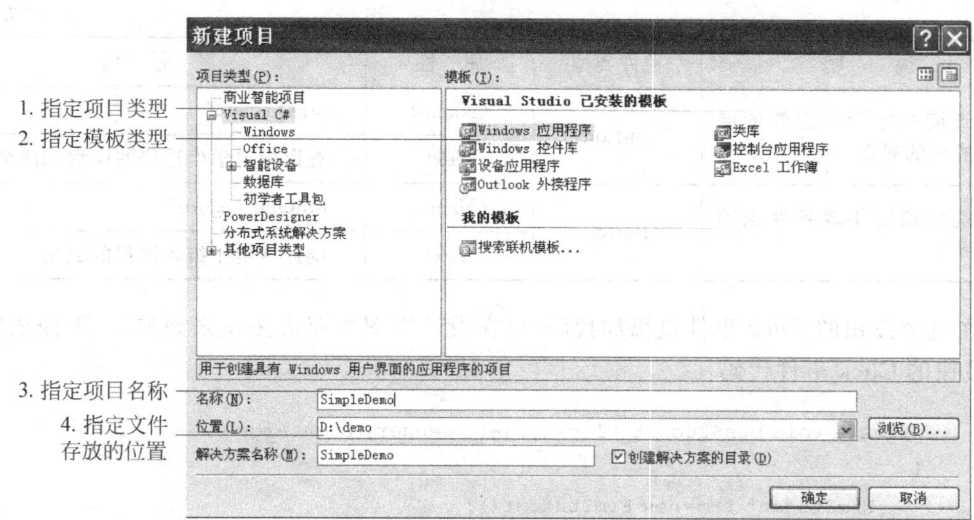

图 8-9 "新建项目"对话框

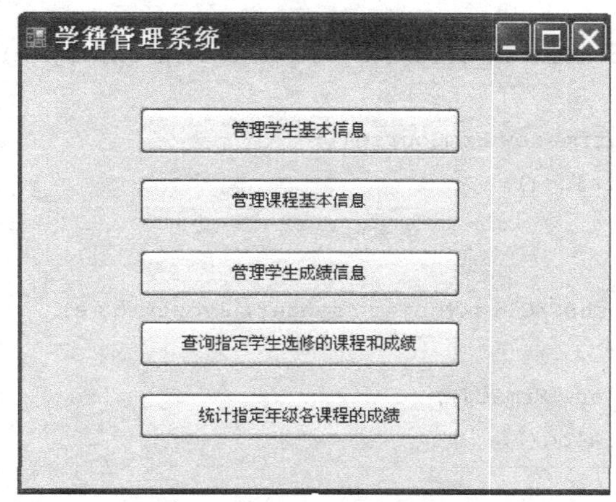

图 8-10 "学籍管理系统"主界面

表 8-1 学籍管理系统主界面的控件列表

说　　明	控件类型	属　性	属　性　值
学籍管理系统窗体	Form	(Name)	FrmMain
		Text	学籍管理系统
进入管理学生基本信息的界面	Button	(Name)	btnStudent
		Text	管理学生基本信息
进入管理课程基本信息的界面	Button	(Name)	btnCourse
		Text	管理课程基本信息
进入管理学生成绩的界面	Button	(Name)	btnSC
		Text	管理学生成绩信息

续表

说　明	控件类型	属　性	属 性 值
进入查询指定学生选修的课程和成绩的界面	Button	(Name)	btnQuerySC
		Text	查询指定学生选修的课程和成绩
进入统计指定年级各课程的成绩界面	Button	(Name)	btnQueryScore
		Text	统计指定年级各课程的成绩

在每个按钮的 Click 事件里添加代码(可在设计视图中双击按钮来添加)。下面依次是 5 个按钮的 Click 事件代码:

```
private void btnStudent_Click(object sender, EventArgs e)
{
    FrmStudent frm=new FrmStudent();
    frm.ShowDialog();
}

private void btnCourse_Click(object sender, EventArgs e)
{
    FrmCourse frm=new FrmCourse();
    frm.ShowDialog();
}

private void btnSC_Click(object sender, EventArgs e)
{
    FrmSC frm=new FrmSC();
    frm.ShowDialog();
}

private void btnQuerySC_Click(object sender, EventArgs e)
{
    FrmQueryStudent frm=new FrmQuerySC();
    frm.ShowDialog();
}

private void btnQueryScore_Click(object sender, EventArgs e)
{
    FrmQueryScore frm=new FrmQueryScore();
    frm.ShowDialog();
}
```

需要注意的是:每个功能按钮的 Click 事件里的代码应该等到相应的窗体建立之后再加入,以便测试新建立的窗体的功能。如果没有对应的窗体,可以先将该按钮的 Click 事件里的语句加以注释,等到创建好窗体之后,再取消注释。

3. 添加数据源

选择菜单命令“数据”→“添加新数据源”，打开“数据源配置向导”对话框，选择数据源类型为数据库，单击“下一步”按钮，选择应用程序连接到数据库应使用的数据连接。如果是第1次，须单击“新建连接”按钮，来建立数据连接。单击“新建连接”按钮后打开如图 8-11 所示的“添加连接”对话框。指定服务器名和数据库名。

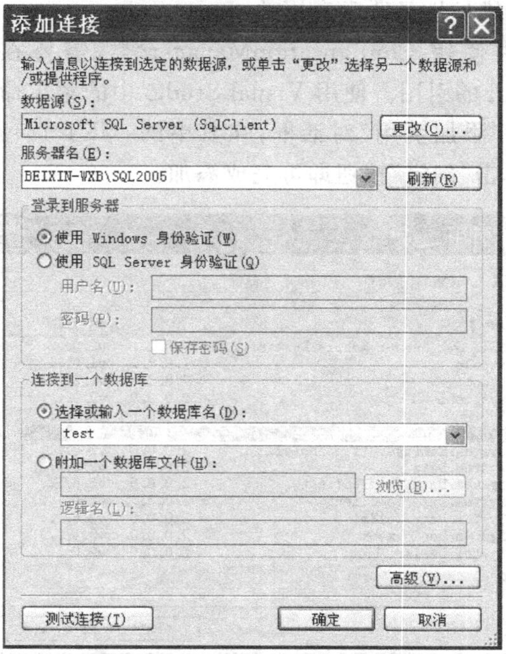

图 8-11 “添加连接”对话框

单击“确定”按钮之后，向导会提示是否将连接字符串保存到应用程序配置文件中，此时选择“是，将连接保存为”并接受默认的名称，然后单击“下一步”按钮。在“选择数据库对象”这一步，选中 student，course 和 SC 三个表、V_SC 视图以及 Proc_SC 存储过程，将 DataSet 名称设置为“S_CDataSet”。单击“完成”按钮以完成数据源的配置。

这样就为项目添加了一个名为“S_CDataSet”的数据集，其中定义了 5 个 DataTable 以及与之相关联的 SqlDataAdapter。

除数据集之外，数据源配置向导还向项目添加了一个名为 app. config 的配置文件，这是一个 XML 文件，其中的 connectionStrings 节中保存了配置数据源时所指定的连接字符串：

```
<connectionStrings>
  <add name="SimpleDemo.Properties.Settings.S_CConnectionString"
  connectionString="Data Source=BEIXIN-WXB\SQL2005;Initial Catalog=test;
  Integrated Security=True" providerName="System.Data.SqlClient" />
</connectionStrings>
```

通过.NET Framework 中的 ConfigurationManager 类（属于 System. Configuration 命名空间）可访问应用程序配置文件，这样，程序就可以从配置文件中读取连接字符串，从而构造数据连接，例如：

```
SqlConnection conn=new SqlConnection
(ConfigurationManager.ConnectionStrings["SimpleDemo.Properties.Settings.
S_CConnectionString"].connectionString);
```

由于连接字符串并没有直接写到程序代码中,因此,如果以后数据库或服务器名发生改变,只需修改对应的配置文件中的内容就可以保证数据连接的正确性,而不必修改程序代码,这对于提高程序的可维护性是非常有用的。

为了能够在程序中使用 ConfigurationManager 类,需要在项目中添加对程序集 System.Configuration.dll 的引用。使用 Visual Studio 中的菜单命令“项目”→“添加引用”可打开如图 8-12 所示的“添加引用”对话框,在其中的.NET 选项卡下找到名为 System.Configuration 的组件,单击“确定”按钮即可完成添加。

图 8-12 “添加引用”对话框

8.4.3 学生管理

1. 界面设计

(1) 给 SimpleDemo 项目添加窗体文件 FrmStudent

在解决方案资源管理器中,选中项目名 SimpleDemo 并右击,弹出快捷菜单,选择其中的“添加”→“Windows 窗体”,打开“添加新项”对话框,在名称位置输入窗体文件名 FrmStudent.cs。单击“添加”按钮(如图 8-13 所示),给 SimpleDemo 项目添加窗体文件 FrmStudent。

(2) 向窗体添加数据匹配器和数据连接对象

在新建的 FrmStudent 窗体界面里,从“工具箱”的“数据”选项卡中,将 BindingSource 对象拖到窗体上,在窗体的下面生成一个对象 bindingSource1,选中 bindingSource1 对象,设置该对象的属性 DataSource 和 DataMember。在 DataSource 属性中,选择项目数据源 S_CDataSet。在 DataMember 属性中,选择 student 数据表。这样,在窗体的下面就生成另外两个对象:s_CDataSet 和 studentTableAdapter。

(3) 添加其他控件

除了数据控件以外,在窗体上还要添加其他数据编辑、数据显示等控件。在此窗体中主要用到 Label,TextBox 和 Button 等控件,如图 8-14 所示。添加的各个控件的属性见表 8-2。

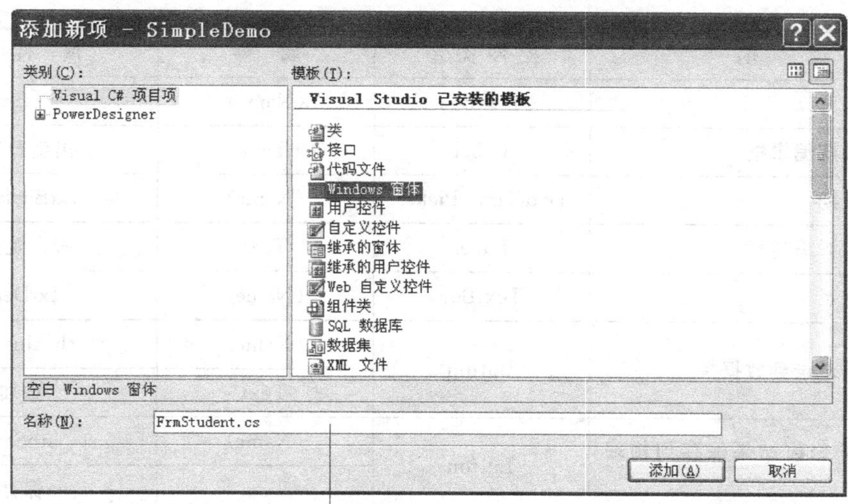

图 8-13 “添加新项”窗口

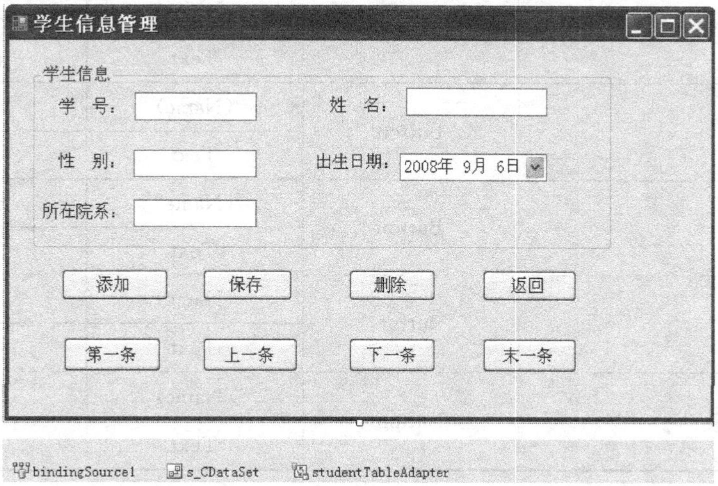

图 8-14 “学生信息管理”的设计界面

表 8-2 学生管理界面的控件列表

说 明	控件类型	属 性	属 性 值
学生信息管理窗体	Form	(Name)	FrmStudnet
		Text	学生信息管理
指示学号编辑框	Label	Text	学号：
输入学号	TextBox	(Name)	txtStudentNo
指示姓名编辑框	Label	Text	姓名：
输入姓名	TextBox	(Name)	txtName
指示性别编辑框	Label	Text	性别：

续表

说　明	控件类型	属　性	属　性　值
输入性别	TextBox	(Name)	txtSex
指示出生日期编辑框	Label	Text	出生日期：
输入出生日期	DataTimerPicker	(Name)	txtBirthday
指示所在院系编辑框	Label	Text	所在院系：
输入所在院系	TextBox	(Name)	txtDept
插入一条空记录到数据集	Button	(Name)	btnInsert
		Text	添加
将数据集的修改结果保存到物理数据库中	Button	(Name)	btnSave
		Text	保存
删除数据集的当前记录	Button	(Name)	btnDelete
		Text	删除
关闭学生信息管理窗体，返回到主界面	Button	(Name)	btnClose
		Text	返回
显示第一条学生	Button	(Name)	btnFirst
		Text	第一条
显示前一条学生	Button	(Name)	btnPrevous
		Text	上一条
显示后一条学生	Button	(Name)	btnNext
		Text	下一条
显示最后一条学生	Button	(Name)	btnLast
		Text	下一条

(4) 数据绑定

要让编辑框与数据集中的数据记录相关联，必须将某些属性与数据集中的数据集或数据表中的字段绑定起来，按照表 8-3 所示进行设置。

表 8-3　学生管理界面上的数据绑定列表

说　明	控件类型	属　性	属　性　值
学号的绑定设置	TextBox	(DataBindings). Text	bindingSource1-StudentNo
姓名的绑定设置	TextBox	(DataBindings). Text	bindingSource1-Name
性别的绑定设置	TextBox	(DataBindings). Text	bindingSource1-Sex
出生日期的绑定设置	DataTimerPicker	(DataBindings). Text	bindingSource1-Birthday
所在院系的绑定设置	TextBox	(DataBindings). Text	bindingSource1-Dept

2. 功能实现

(1) 打开窗体类代码，添加下面的语句：

```
private BindingManagerBase myBMB;
```

(2) 在窗体的 Load 事件过程中添加下面的语句(可在设计视图中双击窗体来添加)：

```
myBMB=this.groupBox1 .BindingContext[this.bindingSource1];
```

(3) 分别为 8 个按钮的 Click 事件过程添加代码(可在设计视图中双击按钮来添加)。

学生窗体中的总代码如下：

```
using System;
using System.Collections.Generic;
using System.ComponentModel;
using System.Data;
using System.Drawing;
using System.Text;
using System.Windows.Forms;

namespace SimpleDemo
{
    public partial class FrmStudent : Form
    {
        //添加 BindingManagerBase 成员
        private BindingManagerBase myBMB;
        public FrmStudent()
        {
            InitializeComponent();
        }

    private void FrmStudent_Load(object sender, EventArgs e)
    {
        try
        {
          //TODO: 这行代码将数据加载到表"s_CDataSet.student"中,读者可以根据需要移
          //动或移除它
            this.studentTableAdapter.Fill(this.s_CDataSet.student);
            //获取 CurrencyManager 对象的引用
            myBMB=this.groupBox1.BindingContext[this.bindingSource1];
        }
        catch (Exception exp)
        {
            MessageBox.Show("无法建立数据连接："+exp.Message);
            this.Close();
        }
    }
```

```
private void btnInsert_Click(object sender, EventArgs e)
{
    //新建一个数据行对象,同时数据行进入编辑状态
    this.bindingSource1.AddNew();
}

private void btnSave_Click(object sender, EventArgs e)
{
    try
    {
    //结束编辑状态
    this.bindingSource1.EndEdit();
        //更新数据库中的数据
        this.studentTableAdapter.Update(this.s_CDataSet.student);
        this.s_CDataSet.AcceptChanges();
        MessageBox.Show("已经保存!");
    }
    catch (Exception exp)
    {
        MessageBox.Show("保存失败: "+exp.Message);
    }
}

private void btnDelete_Click(object sender, EventArgs e)
{
    //删除当前记录
    this.bindingSource1.RemoveCurrent();
    this.studentTableAdapter.Update(this.s_CDataSet.student);
    this.s_CDataSet.AcceptChanges();
    MessageBox.Show("已经删除!");
}

private void btnFirst_Click(object sender, EventArgs e)
{
    //转到第 1 条记录
    myBMB.Position=0;
}

private void btnPrevous_Click(object sender, EventArgs e)
{
    //如果不是第 1 条,则上移一条记录
    if (myBMB.Position>0)
    {
        myBMB.Position-=1;
```

```
            }
        }

        private void btnNext_Click(object sender, EventArgs e)
        {
            //如果不是最后一条,则下移一条记录
            if (myBMB.Position<myBMB.Count-1)
            {
                myBMB.Position+=1;
            }
        }

        private void btnLast_Click(object sender, EventArgs e)
        {
            // 转到最后一条记录
            myBMB.Position=myBMB.Count-1;
        }

        private void btnClose_Click(object sender, EventArgs e)
        {
            this.Close();
        }
    }
}
```

运行程序,测试程序是否能够正常运行。

8.4.4 课程管理

上面的窗体采用的是控件组的编辑方式,即一次只能处理一条记录。接下来采用网格式的编辑方式,一次可批量处理多条记录。

1. 界面设计

如前面所介绍的给 SimpleDemo 项目添加窗体文件 FrmCourse。在新建的 FrmCourse 窗体界面里,从“工具箱”的“数据”选项卡中,将 DataGridView(即数据网格控件,名称为 dgvCourse)控件拖到窗体上,用于显示和编辑课程信息。选中该控件,单击▸按钮,打开“DataGridView 任务”对话框(如图 8-15 所示),选择数据源,编辑列。

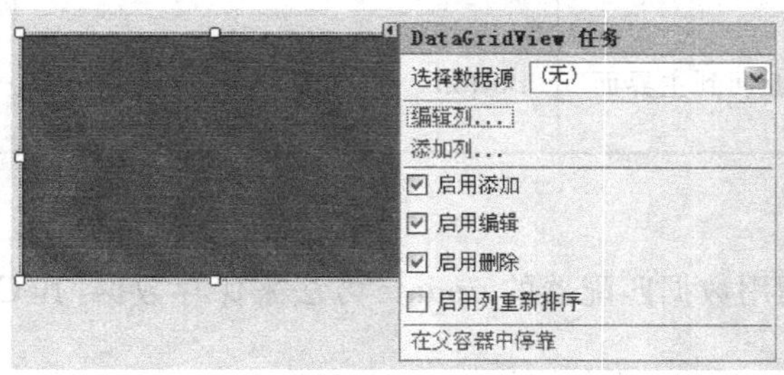

图 8-15 “DataGridView 任务”对话框

由于前面已经建立 S_CDataSet 数据源，所以在选择数据源时，可以展开“其他数据源”的“项目数据源”，选择 S_CDataSet 下面的 Course 数据表。这样，在窗体下面生成 3 个对象：s_CDataSet，courseBindingSource 和 courseTableAdapter。

单击▶按钮，打开“DataGridView 任务”对话框，单击“编辑列”，打开“编辑列”对话框，在其中可设置网格中各列的详细选项。通过列属性 HeadText 为各列设置中文标题，通过列属性 Width 将各列宽度调整到合适等。FrmCourse 的界面设计如图 8-16 所示。界面上的各个控件的属性设置见表 8-4。

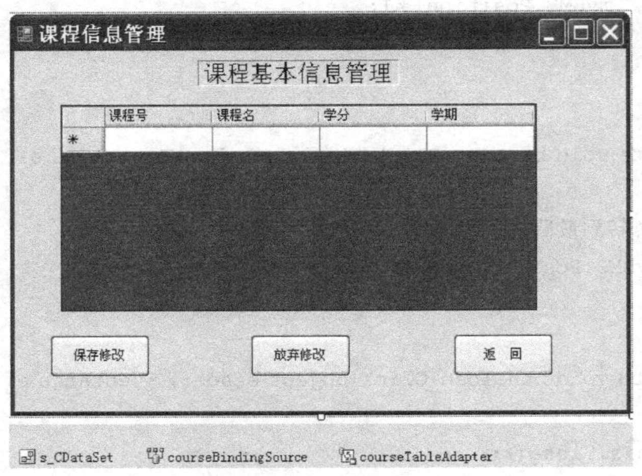

图 8-16 “课程信息管理”设计界面

表 8-4 课程管理界面的控件列表

说　明	控件类型	属　性	属　性　值
课程信息管理窗体	Form	(Name)	FrmCourse
		Text	课程信息管理
显示、编辑数据集中 Course 表里的内容	DataGridView	(Name)	dgvCourse
		DataSource	courseBindingSource
将数据集的修改结果保存到物理数据库中	Button	(Name)	btnSave
		Text	保存修改
放弃所作的修改	Button	(Name)	btnAbort
		Text	放弃修改
关闭课程信息管理窗体，返回到主界面	Button	(Name)	btnClose
		Text	返回

2. 功能实现

“保存修改”按钮调用数据匹配器的 update 方法来保存数据，其 Click 事件的代码如下：

```
private void btnSave_Click(object sender, EventArgs e)
{
```

```
        if (!s_CDataSet.HasChanges())
            return;
        try
        {
            courseTableAdapter.Update(s_CDataSet.course);
                MessageBox.Show("保存成功!", "提示", MessageBoxButtons.OK,
                MessageBoxIcon.
                Information);
        }
        catch (Exception exp)
        {
            MessageBox.Show("保存失败:"+exp.Message);
        }
    }
```

“放弃修改”则简单地通过表格对象的 RejectChanges 方法来放弃修改,Click 事件的代码如下:

```
    private void btnAbort_Click(object sender, EventArgs e)
    {
        if (!s_CDataSet.HasChanges())
            return;
        if (MessageBox.Show("确认要放弃上次保存以来的所有修改吗?", "提示",
    MessageBoxButtons.YesNo, MessageBoxIcon.Question, MessageBoxDefaultButton.
    Button2)==DialogResult.Yes)
            s_CDataSet.course.RejectChanges();
    }
```

“返回”按钮的 Click 事件的代码如下:

```
    private void btnClose_Click(object sender, EventArgs e)
    {
        this.Close();
    }
```

8.4.5 选课管理

本窗体将前面所介绍的两种界面结合起来,实现学生成绩的添加、修改、删除和浏览操作。

1. 界面设计

如前面所介绍的给 SimpleDemo 项目添加窗体文件 FrmSC。在新建的 FrmSC 窗体界面里,学号和课程号编辑框采用的是 ComboBox 控件;而姓名和课程名采用的是只读的 TextBox 控件,显示多条记录仍然使用 DataGridView 控件。“学生成绩信息管理”的界面设计如图 8-17 所示。界面上的各个控件的属性设置见表 8-5。数据绑定的设置见表 8-6。

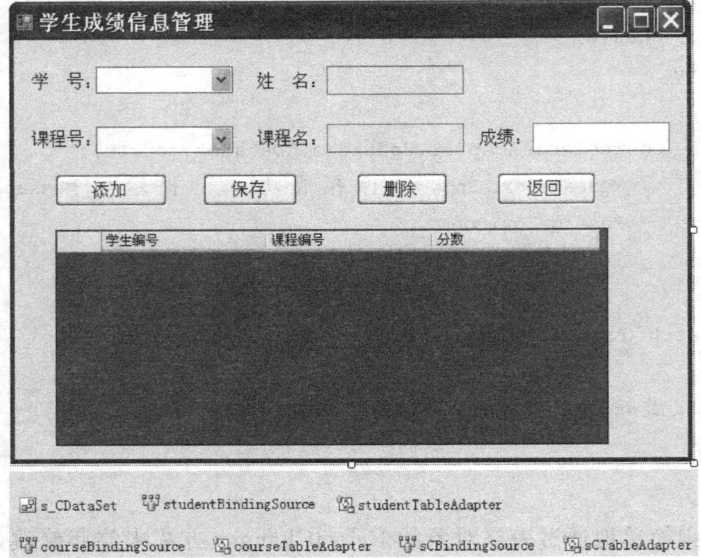

图 8-17 “学生成绩信息管理”设计界面

表 8-5 学生成绩管理界面的控件列表

说　明	控件类型	属　性	属性值
学生成绩信息管理窗体	Form	(Name)	FrmSC
		Text	学生成绩信息管理
指示学号编辑框	Label	Text	学号:
选择学号	ComboBox	(Name)	cboStudentNo
指示姓名编辑框	Label	Text	姓名:
显示姓名	TextBox	(Name)	txtName
		ReadOnly	True
指示课程号编辑框	Label	Text	课程号:
选择课程号	ComboBox	(Name)	txtCourseNo
指示课程名编辑框	Label	Text	课程名:
显示课程名	TextBox	(Name)	txtCourseName
		ReadOnly	True
指示成绩编辑框	Label	Text	成绩:
输入成绩	TextBox	(Name)	txtScore
插入一条空记录到数据集	Button	(Name)	btnInsert
		Text	添加

续表

说　明	控件类型	属　性	属性值
将数据集的修改结果保存到物理数据库中	Button	(Name)	btnSave
		Text	保存
删除数据集的当前记录	Button	(Name)	btnDelete
		Text	删除
关闭学生信息管理窗体,返回到主界面	Button	(Name)	btnClose
		Text	返回
显示、编辑数据集中 SC 表里的内容	DataGridView	(Name)	dgvSC
		ReadOnly	True
		AllowUserToAddRows	False
		AllowUserToDeleteRows	False

表 8-6　学生成绩管理界面上的数据绑定列表

说　明	控件类型	属　性	属性值
学号的绑定设置	ComboBox	(DataBindings). Text	sCBindingSource-StudentNo
		DataSource	studentBindingSource
		DisplayMember	StudentNo
姓名的绑定设置	TextBox	(DataBindings). Text	studentBindingSource-Name
课程号的绑定设置	ComboBox	(DataBindings). Text	sCBindingSource-CourseNo
		DataSource	courseBindingSource
		DisplayMember	CourseNo
课程名的绑定设置	TextBox	(DataBindings). Text	courseBindingSource-CourseName
成绩的绑定设置	TextBox	(DataBindings). Text	sCBindingSource-Score
学生成绩表的绑定设置	DataGridView	DataSource	sCBindingSource

2. 功能实现

程序代码可以参见前面介绍的。主要代码如下:

```
private void FrmSC_Load(object sender, EventArgs e)
{
  try
  {
      //TODO: 这行代码将数据加载到表"s_CDataSet.SC"中。读者可以根据需要移动或移除它
      this.sCTableAdapter.Fill(this.s_CDataSet.SC);
      //TODO: 这行代码将数据加载到表"s_CDataSet.course"中。读者可以根据需要移动或移除它
      this.courseTableAdapter.Fill(this.s_CDataSet.course);
      //TODO: 这行代码将数据加载到表"s_CDataSet.student"中。读者可以根据需要移动或移除它
```

```
        this.studentTableAdapter.Fill(this.s_CDataSet.student);
    }
    catch (Exception exp)
    {
        MessageBox.Show("无法建立数据连接:" +exp.Message);
        this.Close();
    }
}

private void btnInsert_Click(object sender, EventArgs e)
{
    this.sCBindingSource.AddNew();
}

private void btnSave_Click(object sender, EventArgs e)
{
    try
    {
        this.sCBindingSource.EndEdit();
        //更新数据库中的数据
        this.sCTableAdapter.Update(this.s_CDataSet.SC);
        this.s_CDataSet.AcceptChanges();
        MessageBox.Show("保存成功!", "提示", MessageBoxButtons.OK, MessageBoxIcon.
        Information);
    }
    catch (Exception exp)
    {
        MessageBox.Show("保存失败: " +exp.Message);
    }
}

private void btnDelete_Click(object sender, EventArgs e)
{
    if (MessageBox.Show("确认要删除学生成绩吗?", "提示", MessageBoxButtons.
      YesNo, MessageBoxIcon.Question)==DialogResult.No)
        return;
    this.sCBindingSource.RemoveCurrent();
    this.sCTableAdapter.Update(this.s_CDataSet.SC);
    this.s_CDataSet.AcceptChanges();
    MessageBox.Show("已经删除!", "提示", MessageBoxButtons.OK, MessageBoxIcon.
      Information);
}

private void btnClose_Click(object sender, EventArgs e)
{
```

```
        this.Close();
    }
```

8.4.6 统计查询

1. 查询指定学生选修的课程和成绩

(1) 界面设计

为项目添加一个 Windows 窗体 FrmQuerySC，参照图 8-18 设计窗体的控件和布局。界面上的各个控件的属性设置见表 8-7。

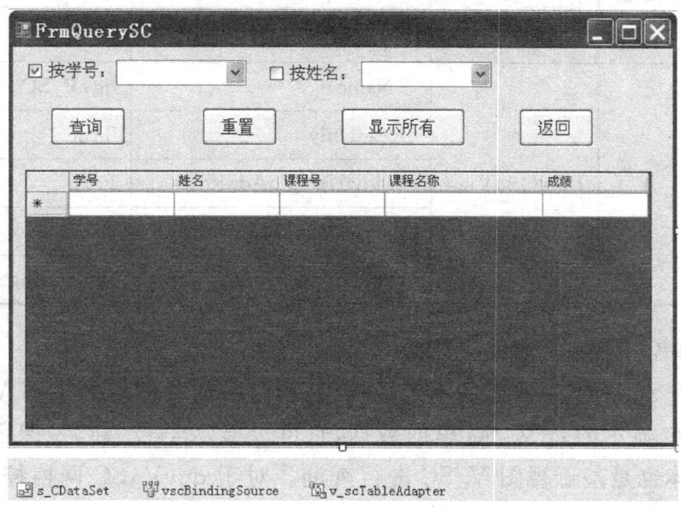

图 8-18　查询指定学生选修课程和成绩的设计界面

表 8-7　查询指定学生选修课程和成绩界面的控件列表

说　明	控件类型	属　性	属　性　值
查询指定学生选修课程和成绩窗体	Form	(Name)	FrmQuerySC
		Text	查询指定学生选修课程和成绩
指示按学号查询的检查框	CheckBox	(Name)	chbStudentNo
		Text	按学号：
		Checked	True
选择学号	ComboBox	(Name)	cboStudentNo
指示按姓名查询的检查框	CheckBox	(Name)	chbName
		Text	姓名：
选择姓名	ComboBox	(Name)	cboName
查询指定学生选修课程和成绩	Button	(Name)	btnQuery
		Text	查询

续表

说明	控件类型	属性	属性值
恢复初始状态	Button	(Name)	btnReset
		Text	重置
显示所有学生的课程和成绩	Button	(Name)	btnDispAll
		Text	显示所有
关闭本窗体，返回到主界面	Button	(Name)	btnClose
		Text	返回
显示数据集中 V_SC 视图里的内容	DataGridView	(Name)	dgvV_SC
		ReadOnly	True
		AllowUserToAddRows	False
		AllowUserToDeleteRows	False
		DataSource	vscBindingSource

(2) 设置 DataGridView 控件的数据源

给名为 dgvV_SC 指定的数据源不是数据表，而是前面所创建的视图 V_SC，也就是说，dgvV_SC 网格控件显示的是 V_SC 里的数据，它可以显示学号、姓名、课程号、课程名和成绩等信息。本窗体也是基于视图 V_SC 进行查询。对于 dgvV_SC 网格控件的设置方法可以参考前面所介绍的来进行。

(3) 功能实现

切换到窗体的代码视图，首先在FrmQuerySC.cs的开头添加两个相关命名空间的引用：

```
using System.Data.SqlClient;
using System.Configuration;
```

然后在 FrmQuerySC 的类定义中添加 3 个成员字段，它们分别对应数据连接、数据命令和数据匹配器对象：

```
protected SqlConnection conn;
protected SqlCommand cmd;
protected S_CDataSetTableAdapters.v_scTableAdapter adp;
```

上述对象在窗体的 Load 事件(可在设计视图中双击窗体来添加)处理代码中进行初始化，由数据匹配器填充表格并显示在名为 dgvV_SC 的网格控件之中：

```
private void FrmQuerySC_Load(object sender, EventArgs e)
{
    try
    {
      conn=new      SqlConnection(ConfigurationManager.ConnectionStrings
    ["SimpleDemo.Properties.Settings.S_CConnectionString"].ConnectionString);
```

```
        conn.Open();
    //将所有学号和姓名的数据分别载入到组合框 cboStudentNo 和 cboName 之中
        this.InitData();
        adp=new S_CDataSetTableAdapters.v_scTableAdapter();
        adp.Fill(s_CDataSet.v_sc);
        dgvV_SC.DataSource=s_CDataSet.v_sc.DefaultView;
    }
    catch (Exception exp)
    {
        MessageBox.Show("无法建立数据连接:"+exp.Message);
        this.Close();
    }
    finally
    {
        if (conn!=null && conn.State!=ConnectionState.Closed)
            conn.Close();
    }
}
```

上述代码还调用了窗体类的成员方法 InitData，以便在启动窗体时将所有学号和姓名的数据分别载入到组合框 cboStudentNo 和 cboName 之中。主要通过 DataReader 对象来实现：

```
protected void InitData()
{
    cmd=new SqlCommand("SELECT DISTINCT StudentNo FROM Student ORDER BY StudentNo",
    conn);
    SqlDataReader rd=cmd.ExecuteReader();
    cboStudentNo.Items.Clear();
    while (rd.Read())
        cboStudentNo.Items.Add(rd[0]);
    rd.Close();
    cmd.CommandText="SELECT DISTINCT Name FROM Student ORDER BY Name";
    rd=cmd.ExecuteReader();
    cboName.Items.Clear();
    while (rd.Read())
        cboName.Items.Add(rd[0]);
    rd.Close();
}
```

在设置查询条件时，程序是根据组合框前面的 CheckBox 是否选中来判断的。用户在单击“查询”按钮时，程序首先检查条件输入是否正确，如果正确，则调用 GetFilter 方法构造查询条件，并作用于表格视图：

```
private void btnQuery_Click(object sender, EventArgs e)
{
```

```
    if (!chbStudentNo.Checked && !chbName.Checked)
    {
    MessageBox.Show("请至少选择一项查询条件!", "提示", MessageBoxButtons.OK,
    MessageBoxIcon.Warning);
       return;
    }
    if (chbName.Checked && cboName.Text=="")
    {
      MessageBox.Show("请输入姓名!", "提示", MessageBoxButtons.OK, MessageBoxIcon.
      Warning);
      cboName.Focus();
      return;
    }
    if (chbStudentNo.Checked && cboStudentNo.Text=="")
    {
      MessageBox.Show("请输入学号!", "提示", MessageBoxButtons.OK, MessageBoxIcon.
      Warning);
      cboStudentNo.Focus();
      return;
    }
//构造查询条件,并作用在网格控件中
    s_CDataSet.v_sc.DefaultView.RowFilter=this.GetFilter();
}
```

在输入条件进行查询时,既可以按照“学号”进行精确查询,也可以按照姓名进行模糊查询,这些查询条件可以单独使用,也可以组合使用。这些主要通过成员方法 GetFilter 来实现:

```
protected string GetFilter()
{
    StringBuilder sb1=new StringBuilder();
    if (chbStudentNo.Checked)
        sb1.Append(string.Format("StudentNo='{0}'", cboStudentNo.Text));
    if (chbName.Checked)
    {
        if (sb1.Length>0)
            sb1.Append(" AND ");
            sb1.Append(string.Format("Name LIKE '%{0}%'", cboName.Text));
    }
    return sb1.ToString();
}
```

“重置”按钮用于清空所输入的查询选项,其事件的处理代码如下:

```
private void btnReset_Click(object sender, EventArgs e)
{
    chbStudentNo.Checked=true;
```

```
        chbName.Checked=false;
        cboStudentNo.Text="";
        cboName.Text="";
    }
```

“显示所有”按钮用于显示所有学生选修的课程及其成绩，其事件的处理代码如下：

```
private void btnDispAll_Click(object sender, EventArgs e)
{
    s_CDataSet.v_sc.DefaultView.RowFilter="";
}
```

“返回”按钮关闭本窗体，其事件的处理代码如下：

```
private void btnClose_Click(object sender, EventArgs e)
{
    this.Close();
}
```

2. 统计指定年级各课程的成绩

本窗体将显示第 8.4.1 节所创建的存储过程 Proc_SC 的运行结果。这个存储过程将根据输入的年级显示该年级的所有课程的平均成绩、最高成绩、最低成绩和选课人数等。

(1) 界面设计

为项目添加一个 Windows 窗体 FrmQueryScore，参照图 8-19 设计窗体的控件和布局。界面上的各个控件的属性设置见表 8-8。

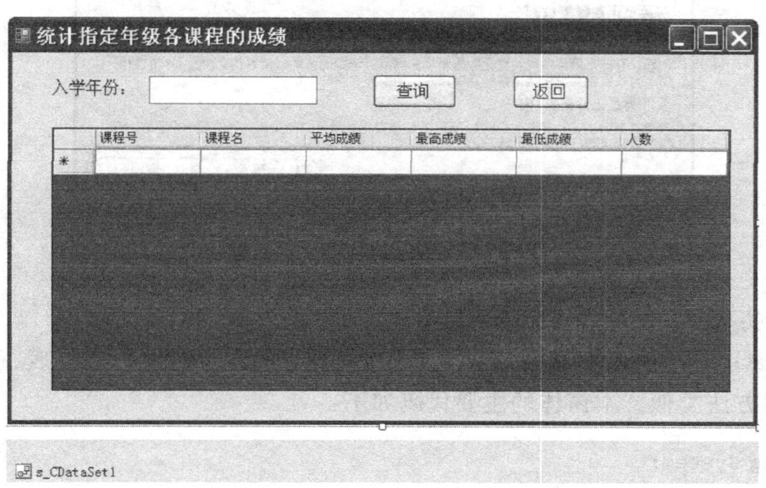

图 8-19 “统计指定年级各课程的成绩”设计界面

表 8-8 统计指定年级各课程成绩界面的控件列表

说　　明	控件类型	属　　性	属　性　值
统计指定年级各课程成绩的窗体	Form	(Name)	FrmQueryScore
		Text	统计指定年级各课程的成绩

续表

说　明	控件类型	属　性	属 性 值
指示输入年级的检查框	Label	Text	入学年份：
输入年级	TextBox	(Name)	txtGrade
查询指定年级各课程的成绩	Button	(Name)	btnQuery
		Text	查询
关闭本窗体，返回到主界面	Button	(Name)	btnClose
		Text	返回
显示数据集中 Proc_SC 视图里的内容	DataGridView	(Name)	dgvProc_SC
		ReadOnly	True
		AllowUserToAddRows	False
		AllowUserToDeleteRows	False

(2) 添加数据集

从工具箱的“数据”选项卡下拖放一个 DataSet 控件到窗体上，在弹出的“添加数据集”对话框中选择第 8.4.2 节所创建的 S_CDataSet 数据集，如图 8-20 所示。在窗体下方将自动创建一个名为 S_CDataSet1 的数据集。

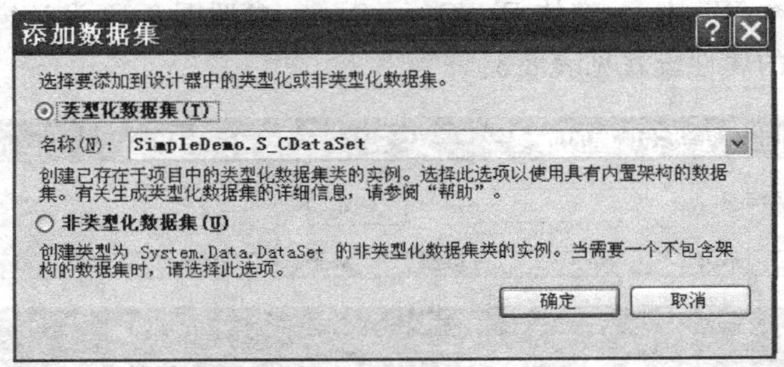

图 8-20 “添加数据集”对话框

(3) 功能实现

在用 DataGradView 控件显示多条记录时，其绑定的数据对象可以是表、视图和存储过程等。实现的方法类似。本窗体的主要代码如下：

```
using System;
using System.Collections.Generic;
using System.ComponentModel;
using System.Data;
using System.Drawing;
using System.Text;
using System.Windows.Forms;
using System.Data.SqlClient;
using System.Configuration;
```

```
namespace SimpleDemo
{
    public partial class FrmQueryScore : Form
    {
        protected SqlConnection conn;
        protected SqlCommand cmd;
        protected S_CDataSetTableAdapters.Proc_SCTableAdapter adp;

        public FrmQueryScore()
        {
            InitializeComponent();
        }

        private void btnQuery_Click(object sender, EventArgs e)
        {
            adp.Fill(s_CDataSet1.Proc_SC, txtGrade.Text);
        }

        private void FrmQueryScore_Load(object sender, EventArgs e)
        {
            try
            {
                conn=new SqlConnection(ConfigurationManager.ConnectionStrings
          ["SimpleDemo.Properties.Settings.S_CConnectionString"].ConnectionString);
                conn.Open();
                adp=new S_CDataSetTableAdapters.Proc_SCTableAdapter ();
                adp.Fill(s_CDataSet1 .Proc_SC ,txtGrade.Text);

                dgvProc_SC.DataSource=s_CDataSet1.Proc_SC.DefaultView;
            }
            catch (Exception exp)
            {
                MessageBox.Show("无法建立数据连接:"+exp.Message);
                this.Close();
            }
            finally
            {
                if (conn!=null && conn.State!=ConnectionState.Closed)
                    conn.Close();
            }
        }
        private void btnClose_Click(object sender, EventArgs e)
        {
            this.Close();
        }
    }
}
```

思考题

1. 用 ADO. NET 开发数据库应用程序的步骤是什么?
2. 在 Visual Studio. NET 中,有几种途径可以建立与数据库的连接?
3. 在 C# 中如何通过控件绑定方式来实现对数据库里的数据进行添加、修改、删除和查询操作?
4. DataGridView 的作用是什么?
5. 按照第 8.4 节说明实现一个小型的学籍管理系统。
6. 尝试用非绑定的方式实现对数据库里的表进行添加、修改、删除和查询等操作。

本章小结

本章从数据库应用系统的开发方法、数据库应用系统体系结构、数据库访问技术等角度简要说明了与数据库开发相关的技术。最后通过开发一个小型数据库应用系统,让学生更好地掌握数据库应用开发的一般原理和方法,为今后开发更复杂的数据库应用系统打下良好的基础。

习题 8

1. 按照结构化生命周期法,开发一个数据库应用系统主要包括哪些步骤? 各个步骤的工作内容是什么?
2. 简述面向对象开发方法的基本思想和步骤。
3. 简述客户/服务器结构和浏览器/服务器结构的概念。
4. 应用在客户/服务器结构的数据库管理系统是否也同样可以应用在浏览器/服务器结构中?
5. 简述应用程序通过 ODBC 访问数据库的基本流程。

实验 13 使用 C# 开发数据库应用程序

实验名称: 数据库应用程序的开发。

实验内容: 用 C# 或其他开发工具开发一个小型的数据库应用系统。

实验目的: 初步掌握用 C# 或其他开发工具开发 C/S 应用系统的方法。

实验方法:

1. 在 SQL Server 中建立前面实验中所用到的数据库表。
2. 模拟第 8.4 节中所介绍的方法,开发一个应用程序,实现对表的添加、修改、删除和查询等操作。

实验要求:

1. 使用 C# 或其他开发工具完成本实验。
2. 在 SQL Server 中建立所需要的表。
3. 模拟第 8.4 节中所介绍的方法,开发一个应用程序,实现对数据库的访问。
4. 提交实验报告和相关的应用程序。

第9章 数据库新技术与发展

本章导读

主要内容

数据库经过40年左右的发展，其应用领域和研究领域日益扩大，也早已不是传统的普通数据管理的概念。数据库的研究可以划分为以下3大类：

- 关于数据模型的研究；
- 关于新技术的研究；
- 关于数据库应用的研究。

从数据模型的角度，目前的研究主要经历了层次模型、网状模型、关系模型、语义模型、面向对象模型等研究过程。

数据库新技术的研究主要是数据库技术与其他技术相结合而派生出来的新的研究领域，如数据库技术和分布式技术相结合出现了分布式数据库系统等，在本章的第9.1节～第9.7节分别介绍这方面的内容。这些研究不仅促进了数据库技术的发展，也促进了相关技术的发展。

而数据库的应用更是渗透到了所有领域，有数据的地方就有数据管理，有数据管理就一定有数据库，因此自然也有一些面向应用领域研究的数据库新技术，如用于决策支持的数据仓库技术等，在本章的第9.8节～第9.10节分别介绍这方面的内容。数据库技术促进了很多应用领域的发展，反过来，应用的需求也促进了数据库技术的发展。

学习目标

本章的学习目标是了解数据库的研究领域和数据库的发展及其新技术。

9.1 分布式数据库

数据库技术和分布式技术相结合出现了分布式数据库系统。

9.1.1 分布式数据库的基本概念

传统的数据库系统是集中式数据库，即整个数据库是存放在一台计算机或服务器上的。这种系统的数据采取集中管理的方式，要求主机或服务器有比较大的容量，这样比较容易实现和管理。但是，随着数据库应用的不断发展和数据库应用规模的不断扩大，越来越感到集中式数据库存在很多缺陷和不便。另一方面，随着网络技术和分布式技术的发展，行业性的甚至跨行业的数据共享和数据处理也变得尤为重要。大家最熟悉的国内银行系统，现在通过银联系统已经实现了很多跨行的业务，这样一个系统不可能采用集中式数据库，各家银行的数据一定是自己管理的，存在自己的数据库中。各家银行的数据库通过银联构成了一个统一的国内银行数据库。

由此可以想象什么是分布式数据库，它应该是这样一个系统：数据物理地分布存储在不同的计算机上，这些物理上分布存储的数据又在逻辑上构成一个整体的数据库。

分布式数据库的定义：分布式数据库是一个物理上分布于计算机网络的不同地点，而逻辑上又属于同一系统的数据集合。网络上每个地点的数据库都有自治能力，能够完成局部应用；同时，每个地点的数据库又属于整个系统，通过网络也可以完成全局应用。

由此可以看出，每家银行的数据库在物理上是独立的，分布存储在不同地点的计算机上；在逻辑上，所有银行的数据库又构成一个整体的数据库，通过银联系统可以实现跨行业务。

分布式数据库的数据尽管是物理地分布在不同的地点，但它们在逻辑上构成了一个整体数据库。也就是说，用户使用的是一个整体数据库，他们不需要知道哪些数据存放在什么地方，在分布式数据库中把这种特性称为位置透明性。这样，应用程序(用户)只需要提出应用要求，至于数据库管理系统在哪里能取到所需要的数据，则完全是由分布式数据库系统决定和完成的。

分布式数据库系统可以由一群“对等”的局部数据库构成，也可以再有一个中央控制数据库负责这些分布数据库系统中的各局部数据库的资源调度和协调。

注意：把集中式数据库用网络连接起来，只是集中式的数据库联网。数据库联网使分散在各个场地上的集中式数据库可以被网络上的用户通过远程登录加以访问，或者通过网络传递数据库中的数据。这种方式不是分布式数据库，而称为分散式数据库。

9.1.2 分布式数据库的基本特点

分布式数据库应该具有如下基本特点：

(1) 数据的物理分布性。数据库中的数据不是集中存放在一个场地的一台计算机上，而是分布在不同场地的计算机上。

(2) 数据的逻辑整体性。数据库中的数据虽然物理上是分布在不同场地的计算机上，但这些数据不是互不相关的，它们逻辑上属于同一个整体数据库。

(3) 数据的分布透明性。数据的分布透明性也称做分布独立性，也就是说，在分布式数据库中，除了有数据的逻辑独立性和物理独立性之外，还有数据的分布独立性。数据的分布独立性(分布透明性、位置透明性)是指用户只需关心整体数据库中有哪些数据，而不必关心数据存放在什么地方及存放细节，分布的存储实现是由系统自动完成的。

(4) 场地自治和协调工作。系统中每个场地的计算机都有独立的自治能力，能够独立执行局部的应用请求；每个场地的数据库又是整体数据库的一部分，可以通过网络协调处理全局的应用请求。

(5) 数据冗余。在集中式数据库中人们设法消除冗余，而在分布式数据库中常常利用适当的冗余来提高系统的处理效率和可靠性。目前采用最多的复制技术就是一种利用冗余的技术，也是分布式数据库的一种重要技术。

思考题

1. 讨论银行系统的分布式特性。

2. 为什么说国内的银行系统是物理上分布、逻辑上统一的系统？这样的系统如何完成局部应用和全局应用？当某一家银行的系统出现故障时，对整个银行系统会产生什么影响？

3. 讨论分布式数据库的分布数据独立性的含义。

4. 查阅相关文献，全面了解分布式数据库的特点和目标。

5. 查阅相关文献，了解 SQL Server 的分布数据管理机制和主要技术。

9.2　面向对象数据库

面向对象数据库是面向对象技术与数据库技术相结合的研究领域。

9.2.1　面向对象数据库的研究方法

关系数据库系统可以很好地满足传统的信息管理领域的应用需求，这些应用一般只使用标准的数据类型(如整数、日期、字符串等)。然而，在传统信息管理领域之外还有很多新的应用领域迫切需要使用数据库，如计算机辅助设计(CAD)、多媒体技术(音频、视频文件的存储和处理)等，这些应用往往需要存储大量的复杂类型的数据；同时，面向对象的概念和技术也强烈地引发了数据库对复杂数据类型的支持，从而推动了面向对象数据库的发展。

按照面向对象的思想，新的数据库技术不仅能够处理复杂的数据类型，而且要封装对存储数据的处理方法。面向对象的方法是面向对象数据模型和面向对象数据库的基础。

面向对象数据库可以细分为对象关系数据库与对象数据库，这与面向对象数据库的研究方法有关。面向对象数据库的研究方法目前主要有以下 3 种：

(1) 扩充关系数据模型。关系数据库已积累了相当成功的经验，并为工业界广泛接受。将成熟的关系数据库与面向对象数据库方法结合起来，可减少研制工作量，缩短研制周期。这种方法的弱点是仍不能支持一些面向对象的语义，而且由于保留了关系数据库的存储结构而牺牲了一些面向对象数据库的特征，其性能、效率极难有实质性提高。

(2) 在面向对象语言中嵌入数据库功能而形成面向对象数据库。该方法的关键是如何在面向对象语言中增加持久性对象的存储管理，如以 C++ 等语言扩充面向对象数据库。使用此方法的困难在于受到面向对象语言的限制。

(3) 开发全新的数据模型，从底层实现面向对象数据库系统。该方法首先建立一个包含面向对象数据库核心概念的数据模型，然后设计相应的语言及相应的面向对象数据库管理系统核心。其优点是系统结构清晰、效率高；缺点是难度大，一方面缺乏统一的数据模式及形式化理论；另一方面在查询优化、视图及数据库工具方面的研究仍然没有取得实质性进展。

以上 3 种研究方法实际上可以归纳为下面两种(即目前面向对象数据库在沿着两个方向发展)：

(1) 对象关系数据库系统。对象关系数据库系统可以看做是对关系数据库系统的扩充，它以关系数据库系统为基础，扩展了对面向对象概念的支持，从而具有必要的功能，支持更广泛的应用，并且在很多时候还可以在关系型和面向对象方法之间架起一座桥梁。这是前面提到的第一种研究方法。

(2) 对象数据库系统。对象数据库系统被认为是不同于关系数据库系统的另一种选择,其目标是针对那些以复杂对象扮演核心角色的应用领域。这种方法一方面试图设计全新的数据模型;另一方面,在很大程度上受到面向对象编程语言的影响。所以,从另一个角度也可以把它理解为把 DBMS 的功能加入到编程语言环境。这是前面提到的第(2)和第(3)种研究方法。

9.2.2 ODMG 数据模型和 OQL

对象关系数据库是对关系数据库的扩充和发展,它仍然基于关系数据模型,仍然使用 SQL 完成数据查询和操作(在 SQL99 中增加了对面向对象概念的支持)。

而对象数据库使用全新的面向对象数据模型,该模型的标准由 ODMG(对象数据库管理组)制定,所以也称为 ODMG 数据模型,同时 ODMG 也定义了相应的对象查询语言(OQL)。

ODMG 数据模型是 OODBMS 的基础,就像关系数据模型是 RDBMS 的基础一样。数据库中存储的是对象的集合(与 E-R 模型中的实体类似),每个对象有一个唯一的对象标识符,具有相同属性和方法的对象构成类。

类的属性实际上分为属性、联系和方法。属性可以是简单数据类型,也可以是复杂数据类型。ODMG 中的联系类似于 E-R 模型中的二元联系,它描述对象与同一类或不同类的一个或多个对象的关系。方法是应用到类的对象上的函数,在 E-R 模型中没有类似的概念。

OQL 类似于 SQL,其查询的语法结构也是 SELECT... FROM... WHERE(甚至支持 GROUP BY,HAVING 和 ORDER BY),OQL 还支持复杂数据类型。

9.2.3 面向对象数据库的基本特征及其存在的问题

一个面向对象数据库系统应该具备如下基本内容和特征:

(1) 在数据模型方面支持对象、复合对象、封装、类、继承、重载、多态性等基本概念。其中,复合对象的概念包括支持生成复合对象的构造器(元组、集合、包、列表、数组等)。

(2) 数据库管理系统除了具有传统的数据库管理系统所具有的功能(如并发控制、故障和恢复)之外,还支持永久对象、长事务处理和嵌套事务,具有版本管理和模式演化的能力,能够维护数据完整性,适合在分布式环境下工作。

(3) 数据库访问界面要支持消息传递,提供计算能力完备的数据库程序设计语言,能够解决数据库语言与宿主语言的某些不匹配问题,提供类似 SQL 的非过程化查询功能。

关于面向对象数据库的研究,开始主要集中在建造复杂对象的模型方面,并在扩展关系代数理论、嵌套关系、复杂对象演算等方面的研究取得了相应的研究成果,为构造复杂对象模型建立了模式化的理论框架,为面向对象数据库的设计和理论研究打下了基础。

目前,面向对象数据库仍然没有撼动关系数据库的主流地位,真正商品化的面向对象系统还不多见,面向对象数据库的市场并不理想,还远未被广大用户所接受。究其原因,一方面用户已十分熟悉关系数据库的各种使用方式,而对面向对象数据库仍知之甚少,这种习惯势力也许会长久持续下去;另一方面,面向对象数据库本身仍存在一些未能解决的问题,归纳起来有如下几点:

- 缺乏通用数据模型；
- 缺乏理论基础；
- 缺乏友好的用户界面与工具环境；
- 缺乏有力的查询优化。

9.2.4 RDBMS、ORDBMS和OODBMS的比较

这里，首先注意3个术语及其英文缩写：关系数据库管理系统(RDBMS)、对象关系数据库管理系统(ORDBMS)和面向对象数据库管理系统(OODBMS)。

1. RDBMS和ORDBMS

RDBMS和ORDBMS的比较是直截了当的。RDBMS不支持构造数据类型和面向对象特征。由于关系模型的简洁，所以关系系统更容易使用，也更有利于查询优化的执行。

ORDBMS是对RDBMS的扩展，它基于关系模型，但支持构造数据类型和面向对象特征。

2. ORDBMS和OODBMS的相似之处

ORDBMS和OODBMS都支持构造数据类型和面向对象特征。两者还有类似的查询语言，ORDBMS支持SQL的扩展形式，而OODBMS支持的是OQL。SQL和OQL的类似也非偶然，ORDBMS是RDBMS的扩展，所以自然会向RDBMS增加OODBMS的特征；而OODBMS的OQL正是基于关系数据标准语言SQL开发的。ORDBMS和OODBMS都提供一般数据库管理系统的功能，如并发控制、安全管理和恢复等。

3. ORDBMS和OODBMS的不同之处

ORDBMS和OODBMS的不同之处在于它们的基本原理不同：ORDBMS试图向RDBMS中增加新的数据类型和面向对象的特征；而OODBMS则试图向程序设计语言中增加DBMS的功能，并定义新的数据模型。

尽管这两类对象系统从功能上会越靠越近，但是，由于实现方法和底层原理的差异，它们在设计时的重点以及对各种特征支持的有效性等方面自然会有不同之处。

OODBMS的目标是实现与程序设计语言(如C++和Java等)的无缝集成，而这种集成不是ORDBMS的主要目标。

OODBMS的目标是适用于以对象为中心的应用，数据库应用的设计、开发和使用始终是以对象为中心的；而ORDBMS的目标是优化以大数据集合操作为重点，虽然支持面向对象的特征，但不是以对象为中心的。

思考题

1. 面向对象数据库是在什么背景下产生的？为什么需要面向对象数据库？

2. 讨论为什么面向对象技术在很多方面得到了很好的应用，而面向对象数据库却发展缓慢？

3. 讨论面向对象数据库应该具备的基本特征。

4. 比较RDBMS，ORDBMS和OODBMS，然后分别描述一个适合使用RDBMS，ORDBMS和OODBMS的应用，并说明原因。

9.3 并行数据库

并行数据库是在并行计算机上具有并行处理能力的数据库系统,它是数据库技术与计算机并行处理技术相结合的产物。

9.3.1 为什么要研究并行数据库

数据库自诞生以来,应用领域日益广泛,应用规模急剧膨胀,工作负荷日益加重,因此,对数据库性能的要求也就越来越高。如何将各种先进的计算机技术运用到数据库中是数据库研究领域的一个重要课题。由于提高大规模计算能力的多处理机并行处理技术已经得到迅速发展,这为研究如何提高数据库的处理能力和性能提供了思路,使数据库领域开始将并行处理技术引入数据库,从而形成了并行数据库这一先进的技术。近几年数据仓库的出现,也为数据库技术提出了新的要求,它同样需要并行数据库技术的支持。

由于数据库模型,特别是关系数据库模型本身就有极大的并行可能性,因此,将并行处理技术与数据库技术相结合是完全可行的。在关系数据库中,数据库是元组的集合,数据库操作实际上是对集合的操作,许多情况下可以将其分解为对一系列子集合的操作。由于这些子集合操作不具有数据相关性,因而具有潜在的并行处理的可能。

9.3.2 并行数据库的研究内容

并行数据库的研究主要包括以下几个方面:一是实现并行数据库操作的并行算法的研究,它要解决如何对数据库进行并行操作的问题;二是并行数据库物理存储结构的研究,它要考虑如何划分多处理机、如何划分或共享磁盘及内存等,以保证能够实现对数据库的并行操作;三是并行查询优化的研究,查询优化是数据库领域的一个传统课题,但并行查询优化更加复杂,实现起来也困难得多。

并行数据库系统是近几年刚刚兴起的研究领域,虽然已有了一些研究或实验用的原型系统,但尚无真正的并行数据库系统投入使用。一些著名的数据库厂商也开始注重数据库并行处理能力的研究,但一般只是使用并行数据流方法对原有系统进行简单的扩充,没有实现真正的、使用并行算法的并行数据库系统。尽管并行数据库的研究还处在初级阶段,有待于进一步发展和研究,但可以肯定,在注重效率的今天,在需要数据库有更高性能的今天,并行数据库将成为数据库领域的一个非常重要的分支。

思考题

1. 什么是并行数据库?并行数据库的主要研究内容是什么?
2. 为什么说关系数据库模型本身就有极大的并行可能性?
3. 查阅相关资料,了解目前各主流数据库管理系统对并行处理的支持能力。

9.4 主动数据库

人们可以对数据库进行查询、插入、修改和删除等操作,从而获得来自数据库的“数据支持”。但需要指出的是,数据库本身总是被动的,用户给什么指令,它就完成什么操作。目前的数据库还不会主动地为人们提供信息，总是根据用户的命令被动地服务。

但是，在现实中确实需要数据库能为人们提供主动的服务。例如，主动提出警告信息、主动切换检索方法以及主动实现某些动态修改等功能。比如，有一个典型的库存管理系统，它除了应该有一般的入库、出库管理功能之外，人们肯定还希望它能具有仓库库存的监控功能，当库存太少或太多时能够主动给出警告信息。

事实上，在第 4 章介绍的“触发器”这一概念已经使数据库能够提供主动的服务。比如，对上面库存管理的例子，通过对更新(update)事件定义触发器，使得发生更新(数量减少或增多)时能够对库存数量进行条件判断，以决定是否给出库存太少或太多的警告信息。利用触发器引入主动处理的功能可以使数据库发挥更大的作用。

但是，利用触发器实现数据库的主动功能还远远不够，它至少存在这样一些缺陷：触发事件的指明方式局限性很大，不能提供给用户一种自由构造和设置自己所需要事件的机制，更没有从简单事件构造更复杂事件的能力，因此只能在一些很简单的事件发生时主动触发一些较简单的动作或处理。显然，利用简单的触发机制不能建立起具有完善主动功能的数据库系统。

主动数据库通常采用的方法是在传统数据库中嵌入 ECA(event condition active，事件-条件-动作)规则，即在某一事件发生时，触发数据库管理系统去检测当前数据库的状态，如果满足设定的条件，便执行规定的动作(程序)。

为了有效地支持 ECA 规则，主动数据库研究的主要课题有以下几种：

(1) 主动数据库的数据模型和知识模型，即研究如何扩充传统的数据模型，使之适应于主动数据库的要求。

(2) 执行模型，即研究 ECA 规则的处理和执行方式。

(3) 条件检测，这是主动数据库系统实现的关键技术之一，由于条件的复杂性，如何高效地对条件求值对提高系统效率有很大影响。

(4) 体系结构，目前，主动数据库的体系结构大多是在传统数据库管理系统的基础上，扩充事务管理部件和对象管理部件，以支持知识模型和执行模型，并增加事件侦测部件、条件检测部件和规则管理部件等。

根据主动数据库的要求和研究范围，实现主动数据库系统比较简单可行的途径是改造的途径，即在原有数据库管理系统的基础上进行改造。也就是在原有数据库管理系统之外增加一个能经常有机会(具有较高的运行优先级)运行的事件监视程序。此时，事件规则库是一个统一的库，由用户事先设置好，在应用程序运行的同时，由事件监视程序监视事件的发生，并根据事件规则库中的要求自动执行相应的动作。

尽管已经提出了一些实现主动数据库的方法，现在的数据库也有了一定的主动功能，但是，主动数据库仍然处在研究阶段，还有一些相关的概念不够成熟，不少技术问题还有待进一步解决。

思考题

1. 为什么需要主动数据库？
2. 主动数据库应该具有哪些主要特征？
3. 讨论主动数据库有可能提供的主动服务。

9.5 知识库

知识库是人工智能技术与数据库技术相结合的产物,研究如何在数据库中加入推理规则或知识,以使数据库具有推理能力或知识。

前面讨论和介绍的各种数据库,无论其应用领域如何,管理的都是数据。人们也研究如何在数据库中存储和管理“知识”,使数据库智能化,这就是所谓的知识库。知识库把人类具有的知识以一定形式存入计算机,实现方便而有效地使用和管理大量的知识。

知识库的研究一般从两个方面进行。一方面是从人工智能出发研究知识库;另一方面是从数据库出发研究知识库。

知识库系统同样要求共享性、独立性和完整性,即知识库中的知识是可供众多应用程序共享的,不同的应用程序可以使用相同的知识;知识库的组织独立于应用程序,知识库逻辑结构的变化对应用程序没有影响;知识库中的知识同样要保证正确性、有效性和相容性。

在关系型数据库技术的基础上,可以利用人工智能中知识表示、基于规则的演绎和归结原理及自然语言理解等技术来构造知识库管理系统,这样的系统通常由自然语言处理模块、编译模块、语义处理模块、推理演绎模块、数据库管理模块、规则库管理模块和学习模块等部分构成。其中各模块的主要功能如下:

(1) 自然语言处理模块。采用用户熟悉的自然语言作为系统的输入和输出,为人机间的交互提供方便。

(2) 编译模块。对知识库系统中的知识定义语言和知识操作语言进行词法分析和语法分析,形成系统内必要的数据结构,为后续的处理做好准备。

(3) 语义处理模块。对用户问题及用户定义的知识进行语义检查。

(4) 推理演绎模块。除了可以检索知识库中现存的数据(知识或规则)外,还可以通过知识库中已有的知识进行推理演绎产生用户所希望的结果。

(5) 数据库管理模块。提供关系数据库的基本操作。

(6) 规则库管理模块。提供检索和管理规则的功能。

(7) 学习模块。允许知识库不断获取和更新知识。计算机获取知识通常有 3 种途径:一是把人的知识内容直接“编辑”后存入计算机;二是用自然语言将知识“传授”给计算机;三是建立机器学习系统,让计算机从“经验”中学习,以便不断修正和丰富自己的知识库。

知识库是数据库与人工智能技术相结合的产物,虽然它是一个很热门的研究领域,但它还不够成熟,缺乏更多的成果和有效的应用,有待于进行进一步的深入研究。

思考题

1. 什么是知识库?讨论研究知识库的必要性。
2. 人们是如何研究知识库的?
3. 查阅相关文献,了解知识库近几年的研究进展。

9.6 模糊数据库

模糊技术是一种利用模糊、不准确的数据做出正确结论的技术，它也是人工智能的一种研究方法。例如，现在使用的一般全自动洗衣机有固定的洗涤模式，人们需要根据面料和脏污的程度等来选择洗涤模式，然后洗衣机完成全部的洗涤过程。而模糊洗衣机则不同，当把要洗涤的物品放入洗衣机后，洗衣机会自动地判别洗涤物品的重量、面料和脏污程度等，然后自动地决定加多少水、采取什么洗涤模式，并完成整个洗涤过程。在这里，面料可能有很柔软、比较柔软、柔软、柔软偏硬、不柔软等之分，洗涤物品又分为很脏、比较脏、不太脏等，这些概念都是模糊的。

模糊性也是客观世界的一个重要特征，不但静态的事物结构存在着模糊性，而且事物间相互作用的动态行为也存在着模糊性。之所以研究模糊性，是因为有些事物不能给出准确的描述，我们只能根据模糊描述给出正确结论。

传统的数据库系统描述和存储的是精确的和确定的客观事物，但不能描述和处理模糊的和不确定的数据。模糊技术与数据库技术相结合，就是希望利用数据库来描述、存储和处理模糊数据，从而提高模糊技术的应用水平。

模糊数据库系统可以定义为：存储、管理和操作模糊数据的数据库。模糊数据库除了具有一般数据库的性质以外，还需要体现模糊性，概括起来有以下几点：

(1) 存储的是以各种形式表示的模糊数据。

(2) 数据之间的联系是模糊的。

(3) 对数据的约束(如完整性)是模糊的。

(4) 数据的处理和操作是模糊的。

模糊不是我们的目的，研究模糊是人们认知世界所采取的一种手段，人们通过模糊最终要做出正确的结论。所以模糊数据库是人工智能和专家系统的一个很重要的研究领域。

思考题

1. 谈谈你对模糊理论的认识，列举1～2个利用“模糊”进行决策的例子。
2. 讨论模糊数据库和知识库有何异同之处。
3. 讨论研究模糊数据库的意义。

9.7 多媒体数据库

通常把能够播放音频(如音乐)和视频(如DVD)信号的计算机称为多媒体计算机，也就是说，计算机除了能够处理一般的数字和文字信息以外，还能够处理现实世界中多种媒体保存的信息。

媒体即信息的载体。多媒体即信息的多种载体。多媒体数据库即为可以存放和处理多种媒体信息的数据库。多媒体数据库与传统数据库的最大区别是可以处理非格式化的大数据(如音频、视频、图像等)。

传统的数据库也可以存储多媒体信息，例如在SQL Server中可以通过varbinary(max)类型的字段存储多媒体信息，但这不能认为是多媒体数据库。多媒体数据库的一个重要特征是不仅能够存储多媒体信息，而且能够高效地处理多媒体信息。

例如，传统数据库可以存放图像，但是不能按照图像的内容进行检索。而在真正的多媒体应用中可能需要有查询“找出和这张图像类似的所有图像”或“找出画面上有汽车的图像”等。为此，当图像存入到数据库时，数据库管理系统必须能够分析它们并提取出可以基于内容查询的特征。

事实上，当多媒体技术与数据库技术相结合时，很多多媒体的应用都希望有数据库的支持，例如，视频点播、图像的压缩和变换、视频的剪接与拼接等。

思考题

1. 谈谈你对多媒体数据库的认识，多媒体数据库都有哪些方面的应用？

2. 查阅相关资料，讨论视频点播是如何实现的？有无可能实现按情节进行点播？如果可能应该如何实现？

9.8 数据仓库

数据仓库和数据库只有一字之差，从中文字面上看似乎也是一个概念，但实则不然。数据仓库的英文是Data Warehouse，它不是一种软件或产品，它是在数据库系统支持下的一种结构或解决方案。

9.8.1 什么是数据仓库

数据仓库的提出是以关系数据库、并行处理和分布式技术的飞速发展为基础的，目的是解决在信息技术发展中存在的虽然拥有大量数据，然而有用信息却非常贫乏的问题。数据仓库是“更大”概念的数据库，它希望从大量“过时”的数据中“挖掘”出有用的信息。数据仓库管理的是大量的历史数据，希望从这些数据中获得可以为决策支持服务的信息。

目前，数据仓库还没有一个统一的、标准的定义，比较公认的定义是：数据仓库是支持管理决策过程的、面向主题的、集成的、随时间而增长的、持久的数据集合。这个定义实际上概括了数据仓库的如下几个特征：

(1) 支持管理决策。不是支持日常数据管理、支持联机事务处理(OLTP)，而是支持管理决策过程的联机分析处理(OLAP)。

(2) 面向主题。可以根据最终用户的观点组织数据和提供信息。

(3) 集成的系统。信息可能存储在多个存储介质上(因为必须管理大量的信息，所以数据仓库的数据往往存储在多个介质上)，甚至关联许多数据源(由于数据仓库要管理大量的且包含历史信息的数据，而这些数据可能和多个应用及多个数据库有关，所以需要数据仓库收集和组织这些应用程序多年来在各种场合获得的数据)，并且信息可以分层概括和聚集(可以将信息概括和聚集，并以人们易于理解的方式提供出来)。

(4) 管理大量数据，并随时间增长的持久数据集合。数据仓库管理大量历史数据，随时可能将OLTP数据转换成OLAP数据，甚至跨越数据库模式的多个版本(因为数据仓库必须管理和存储历史数据，而这些历史数据在不同时代数据库模式的不同版本之中，所以数据仓库有时还需要处理来自不同数据库的信息)。

9.8.2　数据仓库系统

数据仓库是基于数据库的，数据仓库的解决方案一般也是由数据库软件商所提供。数据仓库系统一般包括数据仓库、数据仓库管理工具和数据分析工具3大部分。

数据仓库的数据来源于多个数据源，它可能是跨平台的各种数据库，也可能是各种应用软件产生的数据文件等。其内容包括企业内部数据、市场调查报告及各种文档之类的外部数据等。需要强调的是，并不是所有数据库或数据源的数据都可以进入数据仓库，它需要数据仓库管理工具的抽取、过滤、概括和聚集。

数据仓库管理工具主要包括数据建模工具、数据转换工具和元数据管理工具。数据建模工具根据数据仓库信息需要进行数据建模；数据转换工具完成从源数据到数据仓库的数据抽取、清理和转换过程；而元数据是数据仓库的核心，它用于存储数据模型、定义数据结构、定义转换规则、确定控制信息等。数据仓库管理包括对数据的安全、归档、维护、备份、恢复等工作，这些工作需要数据库管理系统(DBMS)的支持。

数据仓库不是面向事务的，而是面向分析的，所以，数据分析工具是数据仓库系统的一个重要组成部分。分析工具包括用于完成实际决策问题所需要的各种查询工具、检索工具、OLAP分析工具和数据挖掘工具等，以实现决策支持系统的各种要求。所谓数据挖掘是指数据分析的发现模式，或者说是通过对大量详细数据的分析从而发掘出意料之外的或未知的有用信息。

9.8.3　数据仓库与决策支持

数据仓库是为决策支持服务的，也有人说数据仓库就是决策支持系统。实际上，决策支持系统的提出和研究要比数据仓库早很多年。在20世纪80年代初，在决策支持系统的研究过程中提出了数据库、模型库和方法库的概念和方法，描述了一个决策支持系统的理想框架，但却没有取得实质性的进展和成功，究其原因是缺少足够的数据源和分析工具。而今天的数据仓库正是强调大量的数据源，强调从不同时期的历史数据中挖掘、分析数据，从而获得可以为决策支持服务的信息。

基于数据仓库的决策支持技术是通过数据仓库来转化、综合和管理业务数据库中的大量数据的，因此，数据仓库的快速查询可以高效地获得数据。数据挖掘不是一种单一的技术或软件，它综合了数据可视化、机器学习、统计学和数据库技术，通过某种方法在大量数据中发现有用知识，使数据、知识和决策过程成为一个有机的整体，因此，决策支持过程的准确性和实时性都能大大提高。数据仓库和数据挖掘技术已经迅速发展起来，并逐渐成为决策支持的新手段。

数据仓库和数据挖掘是作为两种独立的信息技术出现的。数据仓库由数据库技术发展而来，是为决策应用服务的数据组织技术和数据存储技术；数据挖掘是通过对数据库、数据仓库中的数据进行分析并获得知识的一系列方法和技术。数据仓库和数据挖掘都可以完成对决策过程的支持，它们相互间有一定的内在联系，因此，将它们集成到一个系统中，可以更加有效地提高系统的决策支持能力。

数据挖掘工具则对数据库和数据仓库中的数据使用一系列方法进行挖掘，分析大量数据，从中识别和抽取隐含、潜在的有用信息(即知识)，并充分利用这些知识辅助决策。数据仓库和数据挖掘结合起来构成了一种新的决策支持结构，将决策数据与决策知识结合起来成为决策信息，进一步提高了决策支持能力。

思考题

1. 什么是数据仓库？讨论数据仓库和数据库的关系。
2. 为什么 OLAP 应用需要有大量历史数据的支持？
3. 在数据库的基础上数据仓库需要哪些特殊的管理工具？
4. 查阅相关文献，了解如何将 SQL Server 的 OLTP 数据转换到 OLAP 数据仓库。
5. 查阅相关文献，阐述 SQL Server 的数据仓库解决方案。

9.9 XML 数据库

XML(eXtended Markup Language，扩展标记语言)技术的诞生就是为了统一不同格式的数据，实现不同系统之间的信息共享，增加系统价值。现在 XML 已经成为网上数据交换的标准，被称做是 Internet 上的世界语。

9.9.1 XML 数据库的研究过程

在 XML 出现不久，很多数据库厂商就提供了关系数据库数据的 XML 数据发布方式，但当时数据库却无法直接存储 XML 支持的半结构和非结构数据，这样，大量新的 XML 文档将不能直接存储在数据库中，从而使 XML 数据的管理得不到数据库管理系统的有力支持。

基于以上原因，XML 数据库自然成为一个研究热点。与研究面向对象数据库类似，研究 XML 数据库也主要有两种思路：一是研究纯 XML 数据库，称做 NDX(native XML DBMS)；二是依托于关系数据库来实现 XML 数据库的功能，称做 XED(XML-enabled DBMS)。与研究面向对象数据库的结果也类似，纯 XML 数据库的研究取得了一些研究成果和实验产品，而依托于关系数据库来实现 XML 数据库的功能则占主导地位。类似 SQL Server 这样的数据库管理系统，目前均支持 XML 数据类型及其相关的操作。更重要的是，在 SQL 的新标准中(SQL 2003)，也增加了有关 XML 的描述，即支持 XML 功能已经成为关系数据库的标准。

9.9.2 XML 基础

XML 与 HTML 类似，也是一种标记语言，但是 XML 和 HTML 是不同的。XML 描述的是文档的结构和数据，它不描述页面元素和格式；XML 不能用来直接写网页，它需要转换成 HTML 格式才能在浏览器上显示。

下面就是一段 XML 示例：

```
<?xml version="1.0"?>
<myfile>
<title>Database</title>
<author>cuiwei</author>
<email> cuiw@ bistu.edu.cn</email>
```

```
<date>20080910</date>
</myfile>
```

其中,类似<title>,<author>的语句就是自己创建的标记(tags),它们和 HTML 标记不一样,例如,这里的<title>是文章标题的意思,HTML 里的<title>是页面标题。

9.9.3 XML 数据类型和 SQL/XML

SQL Server 2005 开始支持 XML 数据类型,使用 XML 数据类型,可以将 XML 文档和片段存储在 SQL Server 数据库中,同时通过扩充的 SQL/XML 可以完成 XML 文档的存储、查询和发布等。

例如,如下命令可以创建一个带 XML 类型的列的表:

```
CREATE TABLE xmltest(icol int primary key,xmlcol xml)
```

而如下命令可以将 XML 文档插入到表中:

```
INSERT INTO xmlTest values(3,'<?xml version="1.0"?>
<myfile>
<title>Database</title>
<author>cuiwei</author>
<email>cuiw@ bistu.edu.cn</email>
<date>20080910</date>
</myfile>
')
```

需要说明的是,XML 文档不仅仅是以 XML 字符串的形式存储,通过 SQL/XML 完全可以将其解析为 XML 文档。

通过扩充的 FOR XML、OPENXML、XQuery 及其相关的 XML 函数,可以将关系数据转换为 XML 文档,也可以对存储的 XML 文档进行查询和解析等。

思考题

1. 讨论 XML 产生的背景和 XML 数据库的研究背景。
2. 查阅相关资料,全面了解 XML 的内容和作用。
3. 查阅相关资料,了解最新版的 SQL Server 对 XML 的支持及其相关的具体技术。

9.10 地理信息系统与空间数据库

空间数据是用于表示空间物体的位置、形状、大小和分布特征等各方面信息的数据。空间数据库则是存储空间物体信息的数据库,并能够对空间数据进行高效的查询和处理。

空间数据库是数据库技术在地理信息系统(geographical information system,GIS)领域的应用,并且空间数据库是地理信息系统的基础和核心。

空间数据库的主要研究内容包括:

(1) 空间数据模型。空间数据模型是描述空间实体之间联系的数据模型,一般可以用传统的数据模型加以扩充和修改来实现,也可以用面向对象的数据模型来实现。

(2) 空间数据查询语言。空间数据查询可以包括空间位置查询、空间关系查询和属性查询等。常用的查询有：

- 点-线查询　例如查询某一河流(线)上的桥梁(点)；
- 点-面查询　例如查询某一城市(面)的学校(点)；
- 线-面查询　例如查询某一高速公路(线)所经过的城镇(面)；
- 点-点查询　例如查询两个地点之间的距离；
- 线-线查询　例如查询与某一高速公路相交的所有公路等。

(3) 空间数据库管理系统。空间数据库管理系统提供对空间数据以及空间数据之间联系的定义和描述，提供对空间数据的高效查询和操作。

思考题

1. 什么是空间数据库？空间数据库的主要应用领域有哪些？
2. 讨论空间数据库应该提供哪些特定的查询功能。

本章小结

本章介绍了数据库的研究领域和数据库技术的新发展，介绍了分布式数据库、面向对象数据库、并行数据库、主动数据库、知识库、模糊数据库、多媒体数据库、数据仓库、XML数据库和空间数据库等一些数据库的专门的、新的应用及研究领域。尽管如此，也还是不能将数据库所有的应用和研究领域全部概括进来。随着科学技术的发展，相信还会有新的数据库应用领域和新的数据库研究领域陆续出现。

附录A　课程大作业

A.1　内容及要求

A.1.1　实践目的

- 掌握数据库设计和实现的基本方法；
- 掌握关系模式设计，理解规范化的作用；
- 掌握数据库对象的作用和创建，这些对象包括表、视图、索引、存储过程、触发器等；
- 初步掌握数据库访问技术，实现简单的数据库编程，了解数据库应用系统开发的基本方法；
- 学会将知识应用于实际的方法，提高分析和解决问题的能力，增强动手能力；
- 为毕业设计和以后工作打下必要基础。

A.1.2　实践内容

1. 需求分析

一般的需求分析需要从原有的系统开始，可参考老师给出的系统需求概述以及实际情况（如学籍管理系统可参考本校的管理模式，网上书店可参考 china-pub 网站、当当网站等）来确定系统需求。需求分析阶段的主要任务是明确用户的各种需求，包括数据的需求和处理的需求，可以用业务流程图和数据流图的形式表述。需求分析的成果是编写需求分析说明书，文档的格式可以参照相应的规范。本阶段的成果是需求分析说明书。

2. 概念设计

借助于 CASE 工具（如 PowerDesigner）来绘制概念模型。概念模型必须从需求出发，提取实体、属性和联系。本阶段的成果是概念模型。

3. 逻辑设计

将概念模型转换成逻辑模型（PowerDesigner 称做物理模型），并根据规范化理论对其进行改进。要考虑数据的完整性，根据处理要求创建合适的视图、触发器以及存储过程。所有表、视图、触发器以及存储过程都要用 SQL 语句描述出来（系统可以生成建表语句）。本阶段的成果是逻辑模型。

4. 物理实现

根据系统的规模来建立数据库，根据处理要求建立合适的索引，从需求出发，确定角色，给角色分配相应的权限。本阶段的成果是物理实现。

5. 初步编程实现

根据需求编程，实现核心功能，重点在对数据库的访问实现。本阶段的成果是应用程序。

A.1.3 实践步骤

1. 根据题目给出的系统需求概述以及实际情况，明确要完成的系统功能(学生可以结合实际进行需求分析，确定系统需求和系统目标)。

2. 按照数据库设计步骤提交数据库设计文档。文档包括需求分析说明书、概念模型设计、逻辑模型设计、物理模型设计以及物理实现报告等。

3. 熟悉相关的数据库开发技术，编程实现系统中的主要功能。

4. 教师检查设计文档和程序。

A.1.4 实践要求

1. 及时提交报告和文件。所需提交的报告分别是需求分析计报告、概念模型设计报告、逻辑模型设计报告和物理实现报告；文件包括概念模型、逻辑(物理)模型的设计文件。

2. 编程实现系统中的主要功能。

A.1.5 评分标准

课程大作业采用“优、良、中、及格、不及格”五级评分制，成绩评定一般包括如下步骤：

(1) 首先根据分工进行小组内自评，根据贡献大小和能力排出名次。

(2) 教师检查各小组设计和开发的系统，并对学生提交的文档进行评判。

(3) 有条件时还应该分小组进行答辩，组长做系统综述，每个成员叙述自己完成的工作。

(4) 教师做出综合评判并给出成绩。

A.2 题目

本节给出 6 个题目，希望参照这些题目结合社会实践自己选择或确定题目。

A.2.1 餐饮管理信息系统

随着人们物质生活水平的日益提高，餐饮业也在服务行业中占据越来越重要的地位。能够在同行业的激烈竞争中脱颖而出并独占鳌头已经成为每一位餐饮经营者所努力追求的目标。为此，进一步加快该行业的管理信息化进程，采用一个高效性、灵活性、实用性、功能划分详细以及方便的可扩充性等特性于一体的通用餐饮管理系统，成为广大餐饮业经营者迫切需要。

客人就餐的流程如图 A-1 所示。

1. 初始化管理

(1) 每天开始营业前检查预订单的情况，然后设定预订单状态：保持预订单状态或者转成订菜单，然后生成初始点菜单。

(2) 每天开始营业前检查区划、房台状态，设置房台属性：可用、维修中。生成房台初

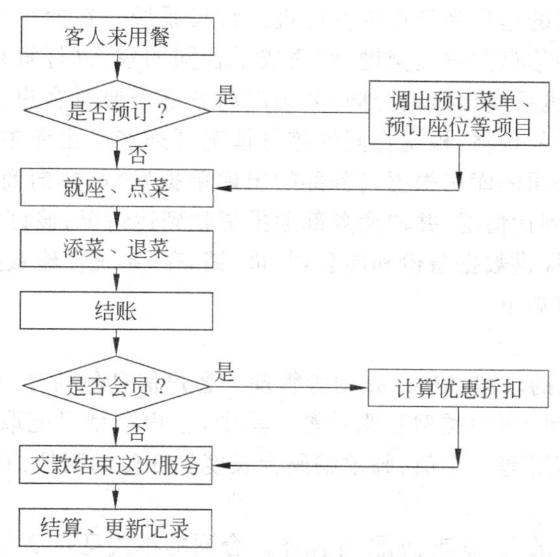

图 A-1 客人就餐流程

始使用表。

(3) 更新顾客类型，设置新的客户属性：检查客户消费记录，根据相关情况给予一些优惠。

2. 过程管理

(1) 顾客来店后，看是否有预订。如果有预订，则把预订菜单变成点菜单；否则，在点菜时生成点菜单，并生成菜品类型、菜品口味单，查询房台信息，然后确定房台号，生成唯一消费单。

(2) 顾客消费过程中若需要加菜、退菜等消费活动，生成加菜单、退菜单（说明退菜原因），并修改消费单。

(3) 顾客在消费结束后，根据消费单中的数据生成账单，并根据顾客类型给予相应的优惠，同时记录在消费单中。

(4) 顾客消费后，将相应信息录入顾客信息中，并进行相关统计。

3. 经营统计

(1) 整理本日顾客的预订情况，加到预订单列表中，同时清除掉已经过期的预订单。

(2) 整理本日房台状态，调整相关房台的状态。

(3) 统计本日经营金额，在周末、月末、季度末、年末统计本期间的经营额。

(4) 根据近期的经营情况调整优惠政策等经营策略。

4. 名词解释

- 房台　顾客就餐地点的最小单位，可以是一张桌子，也可以是一个房间，它是费用结算的最小单位。
- 区划　若干房台和区划的集合，实现房台的分区管理。比较形象地说，房台相当于 Windows 中的文件，而区划则相当于文件夹。

A.2.2 订货、发货管理系统

设计一个订货、发货管理系统要涉及合同签订、库存和发货等内容，具体流程如下：

雇员通过键入合法的用户名和口令便可进入订货系统。在使用时，只需在系统提供的合同格式中填写相应的信息并按提交键，就完成了合同的录入(订货)。用户可对已订货的合同进行查询和统计，也可提出撤销合同；公司的商务部需要对客户信息、产品价目进行管理，增减产品，改变产品的价格，根据合同的签订情况开列产品出库单，追踪产品的发货、到货、货款进账等状况；公司的库房根据商务部的出库单据发货，并向商务部和客户通报发货情况；财务部追踪货款到达情况，并向商务部通报货款到达情况；该订货、发货系统由商务部管理，系统需向管理者提供数据备份和向公司“进、销、存”系统传输数据。

各部门的业务需求如下。

1. 商务部

(1) 完成客户信息的添加、修改、查询等管理。客户信息包括客户编号、客户名称、联系人、电话、邮政编码、地址、客户类型和账号等。其中，客户类型只能取“国有企业”、“民营企业”、“私有企业”和“其他”等4个值；邮政编码为长度是6位的阿拉伯数字；账号不允许为空值，并且唯一。

(2) 完成了合同的录入、修改、删除等操作。合同的格式见表A-1。

表 A-1 ******订购合同

合同编号：　　　　客户名称：　　　　签订日期：

联系人：　　　　电话：　　　　账号：

邮政编码：　　　　地址：

产品清单：

产品编号	产品名称	规格	单价	数量	金额

总数量：________　应收金额：________　折扣：________　实收金额：________

说明：

① 一张合同对应一个客户，但可以签订多个产品。产品中的金额为单价×数量。应收金额为金额的总和，总数量为数量的总合。

② 折扣是根据客户当年以往花费的总金额数来确定。规则如下：

总金额＜1 万时，折扣为 9.5 折；

1≤总金额＜5 万时，折扣为 9 折；

5≤总金额＜10 万时，折扣为 8.5 折；

总金额≥10 万时，折扣为 8 折；

当到新的一年时，又重新计算折扣。

③ 实收金额＝应收金额×折扣。

④ 合同签订必须为现有的库存产品，但产品库存量不够时，可允许先签订合同。

⑤ 完成产品信息的添加、修改、查询等管理。产品信息包括产品编号、产品名称、单价

和规格等。其中,产品名称不允许为空值,单价必须是正数。

⑥ 开列产品出库单。根据合同,系统自动生成如表 A-2 所示的出库单。

表 A-2 出库单

出库日期:		经办人:	
产品代码	产品名称	规格	数量

(3) 查询合同信息。可根据合同编号、签订的时间等条件查询合同的详细情况(包括合同内容、订购的产品清单、发货记录、是否到货、货款是否进账等状况)。

2. 库房

在生成出库单时,要求产品库存必须够量。如果有一个产品的库存量不足,就不能出库,给出相应提示。

库房管理人员要完成产品的入库,并可以随时查询产品的库存信息。

3. 财务部

财务部收到货款后,要向商务部通报货款到达情况(客户可以分批付货款)。

A.2.3 住宅小区物业管理信息系统

物业公司负责住宅小区房屋、设施、设备、环境卫生、公共秩序、保安、绿化等管理工作。由住户缴纳费用和出租房屋费用来维持各项费用支出。

以下文档反映的是以集体单位名义购买的住宅小区的物业管理基本需求。

1. 楼宇

(1) 住宅小区楼宇经过验收接管后,开始建立小区房产基本资料,为收费及管理做基础工作。小区管理的楼房包括出售房屋、出租房屋和公用建筑,它们以楼号、单元号和房号标识。

(2) 建立车位资料,为收费及管理做基础工作。车位用车位号标识。

2. 入住

(1) 购房人收到有效的入住通知书后,携带身份证到管理处办理入住手续,填写居民入住登记表(个人及家庭基本情况)并签订入住协议(承诺书)。

(2) 用户一旦入住(领取钥匙)后,抄表员入户登记水、电、气表底数。

(3) 住户装修房屋时要先与物业公司签约后方可施工,房屋装修协议书的主要内容有:甲方名称(法定代表人)、乙方名称、乙方房号、签约日期、装修部位及各部位装修内容(项目包括屋顶、墙面、地面、阳台、门窗、厨房、厕所、采暖设备、壁柜、顶柜、管道)。

签约后用户要到收费处缴纳管理费、装修保证金和施工安全保证金,领取施工许可证。其中管理费(装修管理:一居 20 元/二居 30 元/三居 50 元,防盗门 3 元,垃圾 20 元每间)。

(4) 装修完毕并验收后,物业公司向用户退回保证金。如果用户违反装修制度,则从保证金中扣除违约金后将剩余金额退还给用户。

(5) 住户可以随时到管理处挑选空车位,选中后填写车位登记表。当然,用户也可以更改车位或在结清费用后取消车位。

(6) 住户需要退户时,持有效证明到收费处结清费用后做退户处理。

3. 收费

(1) 住户可以随时到物业公司收费窗口缴纳自上次收费之后的费用,收费员登记收款

并打印收据,收据格式如表 A-3 所示。根据规定,向住户个人收取如下物业管理费:

- 保洁费　3 元/户/月;
- 保安费　4 元/户/月;
- 代收手续费　1 元/户/月;
- 机动车存车费　100 元/辆/月;
- 代收水费　2.00 元/吨;
- 代收电费　0.392 元/度;
- 代收气费　1.7 元/立方米;
- 代收 TV 费　12 元/户/月;
- 代收凤凰电影台　3 元/户/月。

表 A-3　收费单

户号:67010913	姓名:李四	住房性质:(租/买)		费用期间:200101-20010401	
费用项目名称	单价	上次表底	本次表底	数量	金额
水费	2.00	240.00	280.00	40.00	80.00
⋮	⋮	⋮	⋮		
合计					300.40
收费员:黄立	日期:2001.04.12		收到 310.00		找回:9.60

(2) 住户向收费员讲明原因,可以预交季度/年各项费用。

(3) 每月按照楼号制作拖欠 3 个月以上的住户催缴清单,张贴在各楼入口处。如果半年以上未交费,则按一定比例收取滞纳金(代收除外)。

(4) 按照国家政策的指导,修改各项收费标准。

4. 日常服务

(1) 住户的住房或设备设施出现问题时,可以直接或电话到接待处报修,讲明地址、姓名、修理部位、损坏情况、约定时间和收费标准,接待员填写维修服务单,向维修组下达任务。

维修员维修后,在服务单上填写实际维修人、维修时间段、维修内容和价格,经住户验收后交回接待处。

(2) 接待处负责接待住户的投诉,登记投诉情况和解决结果。

A.2.4　机房管理系统

系统功能描述如下。

1. 机房设备管理

机房设备管理的工作如下:

(1) 设备采购。填写设备采购单,登记设备采购的日期、厂家、保修期、保修电话、保修联系人、设备的价格、设备的详细配置、采购人和采购数量等。

(2) 设备登记。登记新设备的总编号(相同设备的总编号是不同的)、编号(相同设备的编号是相同的)、名称、品牌、作用、详细配置信息、价格、各种配件信息、存放位置(机房等)、管理者和设备状况等。

(3) 登记设备的借用和归还记录。

(4) 配件登记。应登记购买配件的型号、数量和存放地点等。

(5) 登记消耗品以及领用信息。

(6) 添加配置。设备在使用中,可能会增加配置,应登记设备新加的配件。

(7) 设备问题登记。如果设备出现问题,应登记问题的详细情况以及发生日期等。

(8) 设备维修。设备出现问题,针对问题对之进行维修,应记录维修的内容、维修日期、维修人、处理方案、维修结果等。

(9) 设备报废。如果设备不能使用,需要进行报废处理。

(10) 查询统计。完成如下汇总查询:

- 查询并打印采购单;
- 按各种查询条件查询设备的详细配置信息和设备数量;
- 查询可用的某种设备的数量;
- 查询配件的数量;
- 查询消耗品的数量;
- 查询设备问题记录;
- 查询设备维修记录。

2. 机房上机安排管理

(1) 应可以查询可用的机房。

(2) 可以查询存放于机房的可用计算机。

(3) 填写机房的使用安排、使用日期、使用人数、使用人群和带上机教师等。

(4) 可以查询机房的上机安排,查询机房的空闲时间。

A.2.5 药品库房管理系统

药品库房管理系统主要管理医院药品库房的进货、库存和出库业务。药品库房从药品厂家直接进货,制作入库单。药品库房可以把药品发到各个药房,填写调拨单;也可以把药品卖出,填写出库单。药品可能会调价、报损,分别填写调价单和报损单。药品库房要定期盘点药品库存,可能会出现盘亏或盘盈的情况。

药品库房管理系统的功能如下:

(1) 录入或自动获取药品名称、规格、批号、价格、生产厂家、供货商、包装单位、发药单位等药品信息以及医疗保险信息中的医疗保险类别和处方药标志等。

(2) 提供药品入库、出库、调价、调拨、盘点、报损丢失、退药等功能。

(3) 提供特殊药品入库、出库管理功能(如赠送、实验药品等)。

(4) 提供药品库存的日结、月结、年结功能,并能校对账目及库存的平衡关系。

(5) 可随时生成各种药品的入库明细、出库明细、盘点明细、调价明细、调拨明细、报损明细、退药明细以及上面各项的汇总数据。

(6) 可追踪各个药品的明细流水账,可随时查验任一品种的库存变化明细信息。

(7) 接收科室领药单功能。

(8) 可自动调整各种单据的输出内容和格式,并有操作员签字栏。

(9) 提供药品字典库维护功能(如品种、价格、单位、计量、特殊标志等),支持一药多名(一种药有多个别名),判断识别,实现统一规范药品名称。

(10) 一种药品可能有多种规格，应分别存放，大的包装可以分装成小的规格，填写分装单。

(11) 提供药品的有效期管理，可自动报警和统计过期药品的品种数和金额，并有库存量查询功能。

(12) 对毒品、麻醉药品、精神药品的种类、贵重药品、院内制剂、进口药品、自费药等均有特定的判断识别处理。

(13) 支持药品批次管理。

A.2.6 教务管理信息系统

开发一个教务管理信息系统，具体需求如下：

某大学共有学生 12 000 人，教师 888 人，学校设有计算机学院、信息管理学院、自动化学院和人文社科学院等若干教学单位。要求开发一个教务管理信息系统，对教师、学生的情况、学生成绩、课程设置等进行管理。

1. 学籍管理

- 对学生、课程、成绩等信息进行管理；
- 实现综合测评的功能；
- 对留级、退学的情况进行管理；
- 产生学生成绩表(按班、单个学生)。

具体要求如下：

(1) 掌握全校每个学生的基本情况，其中包括学号、姓名、出生日期、性别、家庭住址、电话等。学生信息表的格式见表 A-4。

表 A-4 学生信息表

<table>
<tr><td>学　　号：</td><td>姓　　名：</td><td colspan="2">性别：</td><td rowspan="6">照片</td></tr>
<tr><td>出生日期：</td><td colspan="3">入学年月：</td></tr>
<tr><td>所属学院：</td><td colspan="3">专　　业：</td></tr>
<tr><td colspan="2">身份证号：</td><td colspan="2">E-mail：</td></tr>
<tr><td>联系电话：</td><td>手　　机：</td><td colspan="2">邮编：</td></tr>
<tr><td colspan="4">家庭地址：</td></tr>
<tr><td colspan="5">本人简历：</td></tr>
<tr><td>起止年月</td><td colspan="3">学习或工作单位</td><td>任何职</td></tr>
<tr><td></td><td colspan="3"></td><td></td></tr>
<tr><td></td><td colspan="3"></td><td></td></tr>
<tr><td colspan="5">家庭成员及主要社会关系：</td></tr>
<tr><td>姓名</td><td>与本人关系</td><td>工作单位</td><td>职务</td><td>电话</td></tr>
<tr><td></td><td></td><td></td><td></td><td></td></tr>
<tr><td></td><td></td><td></td><td></td><td></td></tr>
</table>

(2) 掌握全校每学期的课程设置情况(课程名称、课程学时数、课程类型)。

(3) 掌握每个学生的每门课程的学习成绩。在每一学期末，需要对学生进行综合测评。综合测评的方法如下。

① 给出德育、智育、体育的分数(按百分制给,智育成绩为该学期所有考试成绩的平均成绩)。

② 总的综合测评分按如下公式计算。

综合测评分=德育分数×20%+智育分数×70%+体育分数×10%+附加分

附加分为能力分,不能超过10分。

(4) 参照学校关于留级、退学的规定,实现对留级、退学的管理。

(5) 提供相关的汇总、统计,如按课程类型的统计、按各学院学生人数的统计、按学习成绩的统计等。

(6) 提供各种报表,如学生成绩一览表、学生基本情况表和课程开设情况表等。

2. 教师管理

- 对教师、部门、教学等信息进行管理;
- 对教师进行年终考核,记录考核成绩;
- 对教师的教学情况进行测评,记录测评结果;
- 制订培训计划,记录教师接受培训的情况和成绩。

具体要求如下:

(1) 掌握全校每个教师的基本情况,其中包括教师姓名、所属教研室、出生日期、年龄、性别、职称、参加工作日期、文化程度、家庭住址、电话、工作经历等。教师信息表的格式见表A-5。

表 A-5 教师信息表

教师编号:	教师姓名:	性别:	照片
入校日期:	参加工作时间:		
所属学院:	所属教研室:		
职称:	出生日期:	E-mail:	
身份证号:		婚姻状况:是/否	
联系电话:	手机:	邮编:	
家庭地址:			

学习经历:

起止年月	专业	学校	任何职	

工作经历:

起止年月	岗位/职务	单位	部门	奖惩情况

家庭成员及主要社会关系:

姓名	与本人关系	工作单位	职务	电话

(2) 掌握全校教师的工作量(教师所承担的课程和课时数),每学期末要对教师的教学情况进行测评,最终记录测评结果。每年还要对教师进行年终考核,记录考核成绩。

(3) 提供相关的汇总、统计报表,如按教学评价的成绩分组统计每种成绩的教师人数、所占比例以及统计教师的工作量等。

附录B 课程大作业样例

本附录给出一个课程大作业(课程设计)的样本,学生可以在教师的指导下,参照本样本完成大作业。

B.1 题目及需求分析

题目:人事及工资管理信息系统。

需求分析描述如下。

1. 人事管理

人事部主要负责对人员的流动、内部批文进行管理。具体功能如下:

(1) 职工信息管理

对职工信息进行维护,包括新来职工信息的输入、对内部流动职工信息的修改、对辞退和辞职员工信息的删除、根据多种条件组合进行查询以及打印职工信息表等。职工信息表的格式见表B-1。

(2) 内部批文管理

在企业内部需要下发一些通知、文件等,这些称为批文。批文的格式见表B-2。负责撰写批文的人将批文写好后,可保存和发送。对保存的未发送批文可进行修改和发送(发送后的批文是不能修改的)。在发送时,应选择接收部门,可同时向多个部门发送批文。对方接收到批文后可查看、评论和回复,还可以写一些反馈意见并将它们发送给撰写人。反馈表格式见表B-3。

(3) 培训管理

制订培训计划,对培训教师、培训课程、教材进行管理,记录培训信息和培训资源的管理(指教室、设备的使用情况)。记录员工的培训成绩,培训结束后,要对课程和教师进行评价。

2. 工资管理

生产部门将对职工的出勤情况进行管理。

(1) 出勤管理

职工上班要考勤,每个部门在每个月末把职工出勤记录发给财务部(计算月工资和年终奖金),出勤表的格式见表B-4。其中,类别是指病假、事假、旷工、早退等。

(2) 加班管理

对于职工的加班情况也要发给财务部(计算月工资和年终奖金)。加班表的格式见表B-5。

表 B-1 职工信息表

职工编号：　　职工姓名：　　性别：

入厂日期：　　参加工作时间：

所属部门：　　岗位：

职称：　　出生日期：

身份证：　　婚姻状况：是/否

家庭电话：　　手机：　　邮编：

家庭地址：

照片

学习经历：

起止时间	专业	学校	外语	外语等级

工作经历：

起止时间	岗位/职务	单位	部门	奖惩情况

家庭成员：

姓名	关系	工作单位	职务	电话

说明：

(1) 工厂实行的是定编、定岗，不同的岗位代表了不同的权力。另外，岗位也代表了工资的等级，即相同的岗位基本工资是一样的。

(2) 一个部门有多个职工和一个负责人，一个负责人只能负责一个部门。

表 B-2 批文

文件编号：　　日期：

标题：

拟稿人：

内容：

审核人：　　审核意见：

表 B-3 反馈

文件编号：	日期：
标题：	
反馈人：	
原文：	
反馈：	

表 B-4 ( )月份职工出勤表

职工证号	姓名	日期	天数	类别	缺勤理由

制表人： 日期

表 B-5 ( )月份职工加班表

职工证号	姓名	日期	类别	天数

制表人： 日期

在出勤管理中，可对出勤、加班进行查询和统计，并产生报表。

(3) 计算工资

财务部根据各部门给出的职工出勤和加班情况按一定的公式(假设月工资＝基本工资×(1－月缺勤天数/21＋2×月加班天数/21)；年终奖金＝10000×(250－年缺勤天数＋年加班天数)/250)生成月工资和年终奖金。可以进行查询和产生各种报表，如单个职工月(季度、年)工资报表、部门月(季度、年)工资报表等。

B.2 概念结构设计

根据概念设计的步骤，先产生局部 E-R 图，然后再将局部 E-R 图合并成初步的 E-R 图，最后进行优化，得到全局 E-R 图。

1. 局部 E-R 图

根据人事及工资管理信息系统的功能模块进行划分和设计局部 E-R 图，根据需求抽取实体、实体的属性和实体之间的联系。

(1) 职工信息管理 E-R 图

在职工信息管理功能模块中，包括 6 个实体：职工、部门、岗位、学习经历、工作经历和家庭成员，其 E-R 图如图 B-1 所示。其中，部门和职工之间存在 2 个联系：所属部门和负责。"所属部门"联系指一个部门具有多名职工，一名职工只能在一个部门工作；"负责"联系指一个部门只有一个负责人，且一名职工只能是一个部门的负责人。另外，学生经历、工作经历和家庭成员都是弱实体，它们与"职工"实体之间的联系都是依赖联系。

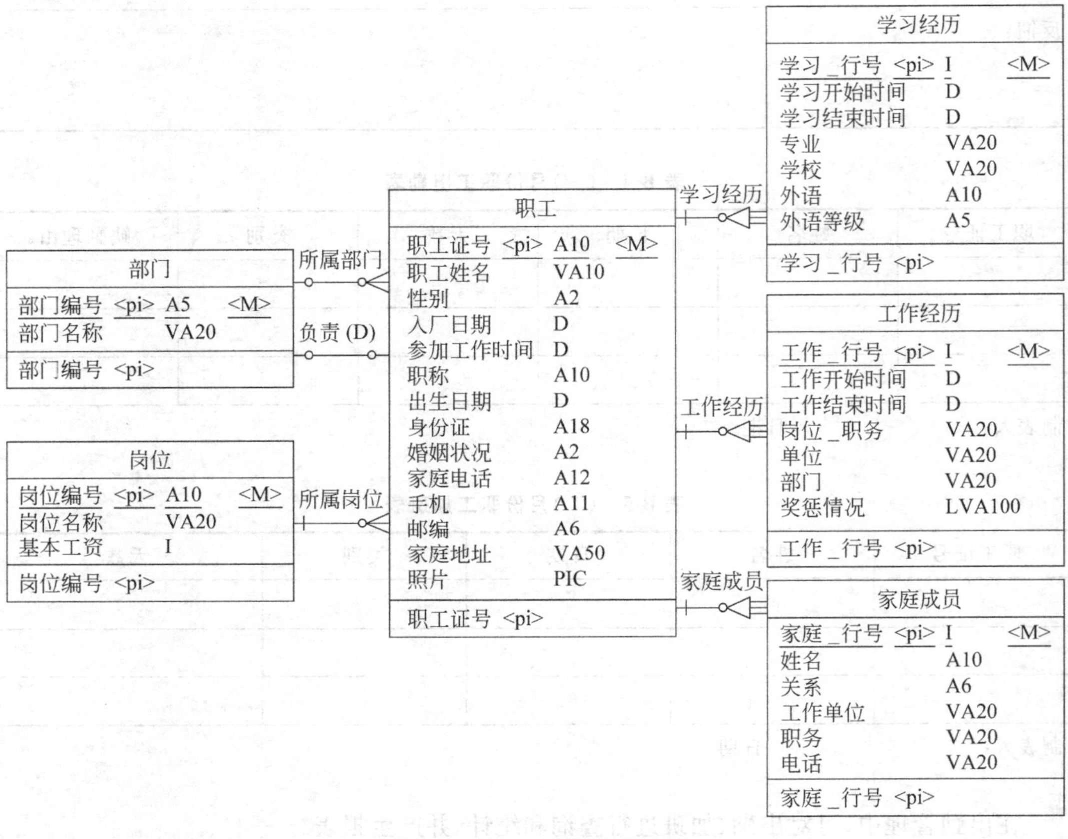

图 B-1 职工信息管理 E-R 图

(2) 内部批文管理 E-R 图

在内部批文管理功能模块中包括 4 个实体：职工、批文、反馈和部门。其中"批文处理"是"部门"实体和"批文"实体间多对多联系转换成的实体。"批文处理"实体是弱实体，它和"部门"实体、"批文"实体之间的联系都是依赖联系，如图 B-2 所示。

(3) 培训管理 E-R 图

培训管理 E-R 图如图 B-3 所示。在培训管理模块中，包括职工、培训计划等 10 个实体。其中，"培训计划明细"是弱实体，它描述了每份培训计划中的详细培训信息，包括教室使用情况、课程情况等。由于教室号和上课时间可以决定一个具体的培训计划明细记录，所以，"培训计划明细"和"教室"之间的联系是依赖联系。在设计这个模块的 E-R 模型时，假设同一培训计划的同一培训课程所选教材、培训教师和使用设备是相同的，因此，"培训"实体依赖联系于"培训计划"实体和"培训课程"实体。由于每个职工对参加过的每个培训计划

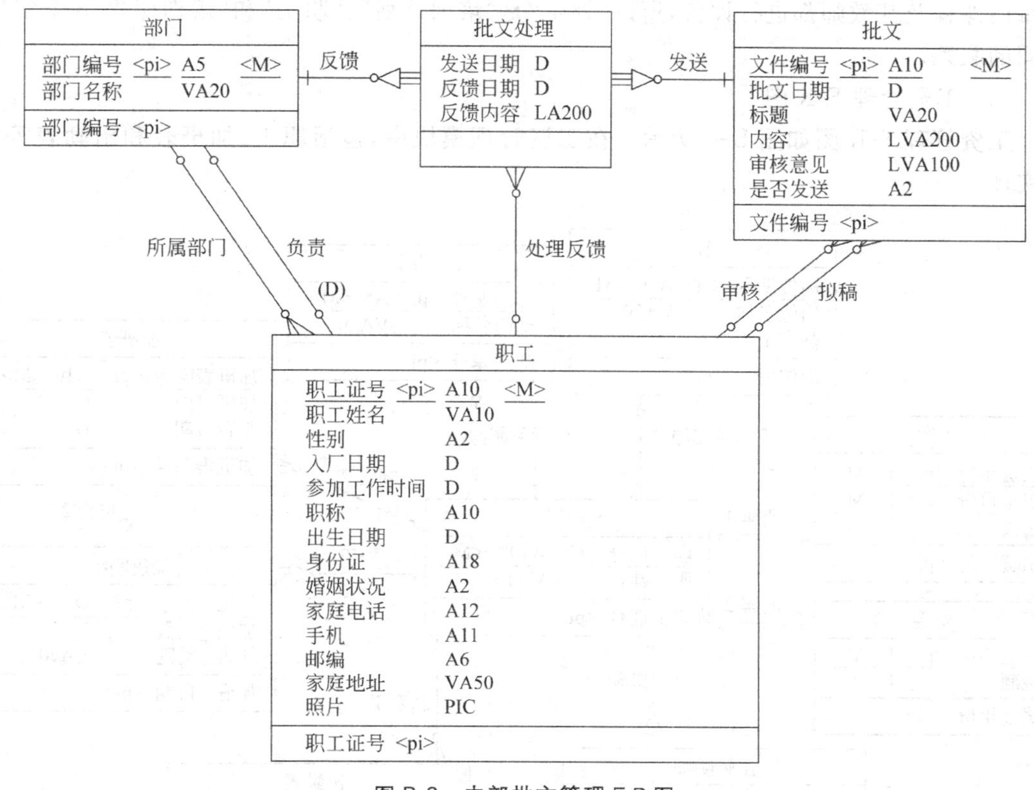

图 B-2　内部批文管理 E-R 图

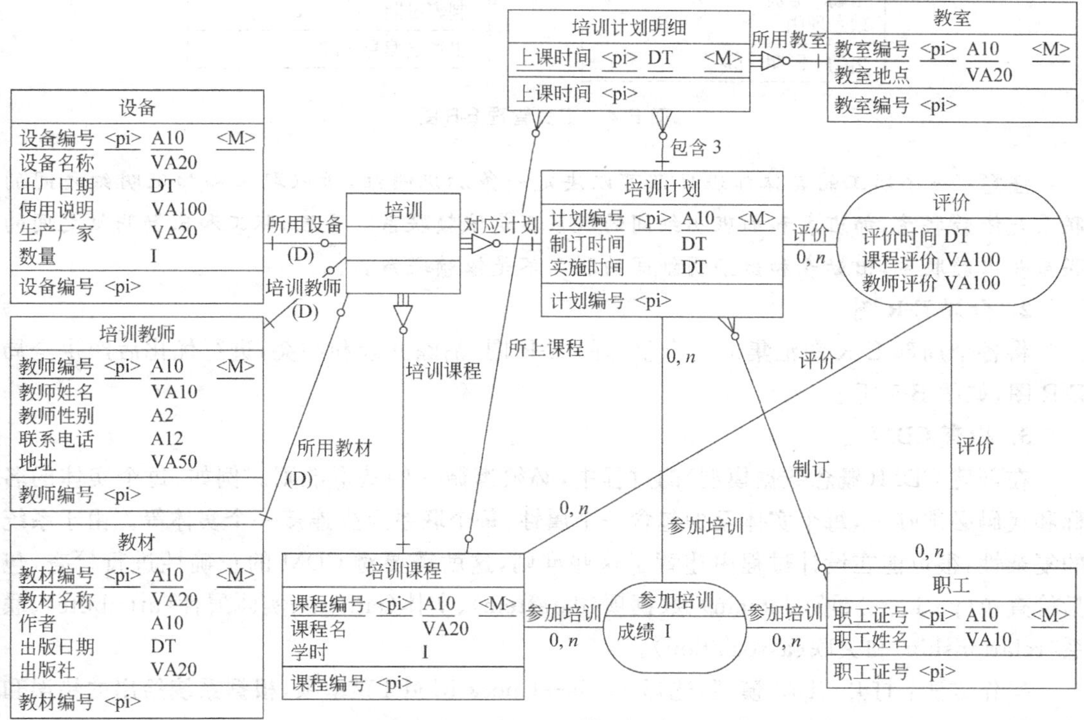

图 B-3　培训管理 E-R 图

的每门课程及其教师都进行评价，所以“评价”是“培训计划”、“职工”和“培训课程”3 个实体之间的联系。

(4) 工资管理 E-R 图

工资管理 E-R 图如图 B-4 所示。在工资管理模块中，包括职工、加班表和出勤表等 9 个实体。

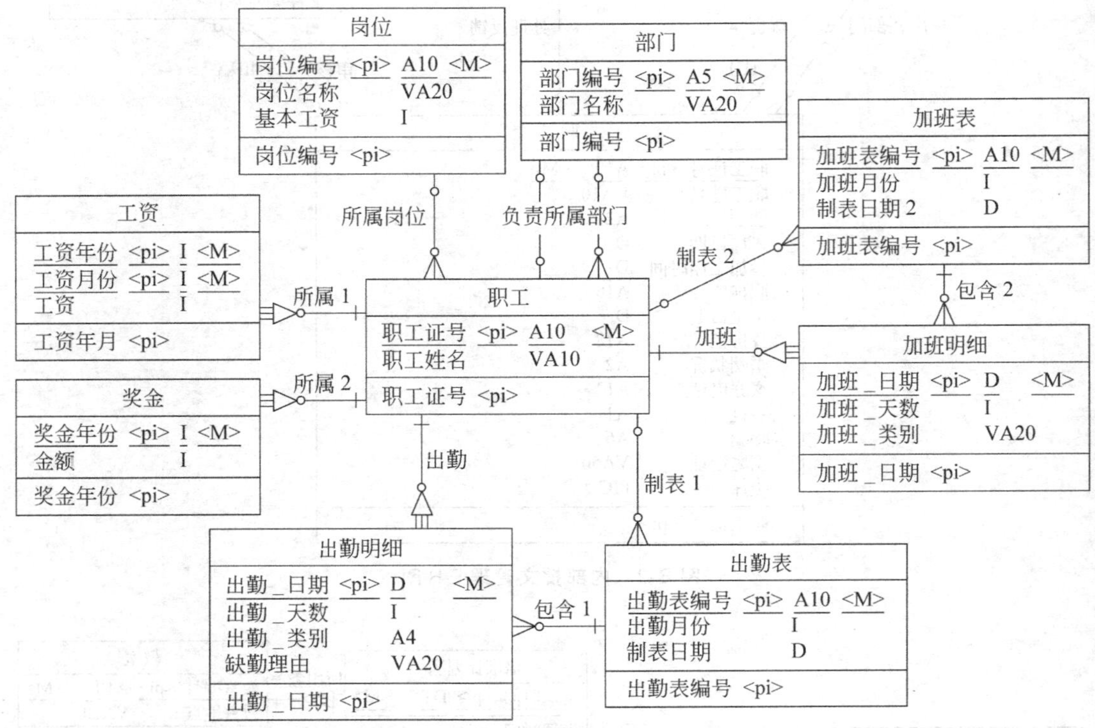

图 B-4 工资管理 E-R 图

注意：一个职工的具体加班日期可以决定一条加班明细，所以职工和加班明细之间的联系是依赖联系，加班表和加班明细间的联系不是依赖联系。同理，职工和出勤明细之间的联系是依赖联系，出勤表和出勤明细间的联系不是依赖联系。

2. 全局 E-R 图

将各个局部 E-R 图汇集成一个整体的 E-R 图，消除冗余和冲突，进行优化后产生全局 E-R 图，如图 B-5 所示。

3. 检查 CDM

在创建 CDM(概念数据模型)的过程中，必须遵循一些基本准则。例如，每个实体的名称和代码必须唯一，每个实体至少包含一个属性，每个联系至少连接一个实体等。由于系统的复杂性，很可能在设计过程中违背了这些准则，这就需要对 CDM 的正确性进行检查，包括检查包(package)、域(domain)、数据项(dataItem)、实体(entity)、实体属性(attribute)、联系(relationship)和关联(association)。

操作方法：打开 CDM 模型，选择 Tools→Check Model 菜单项，根据系统给出的错误和警告信息进行修改。图 B-6 所示为检查 CDM 时的警告信息。

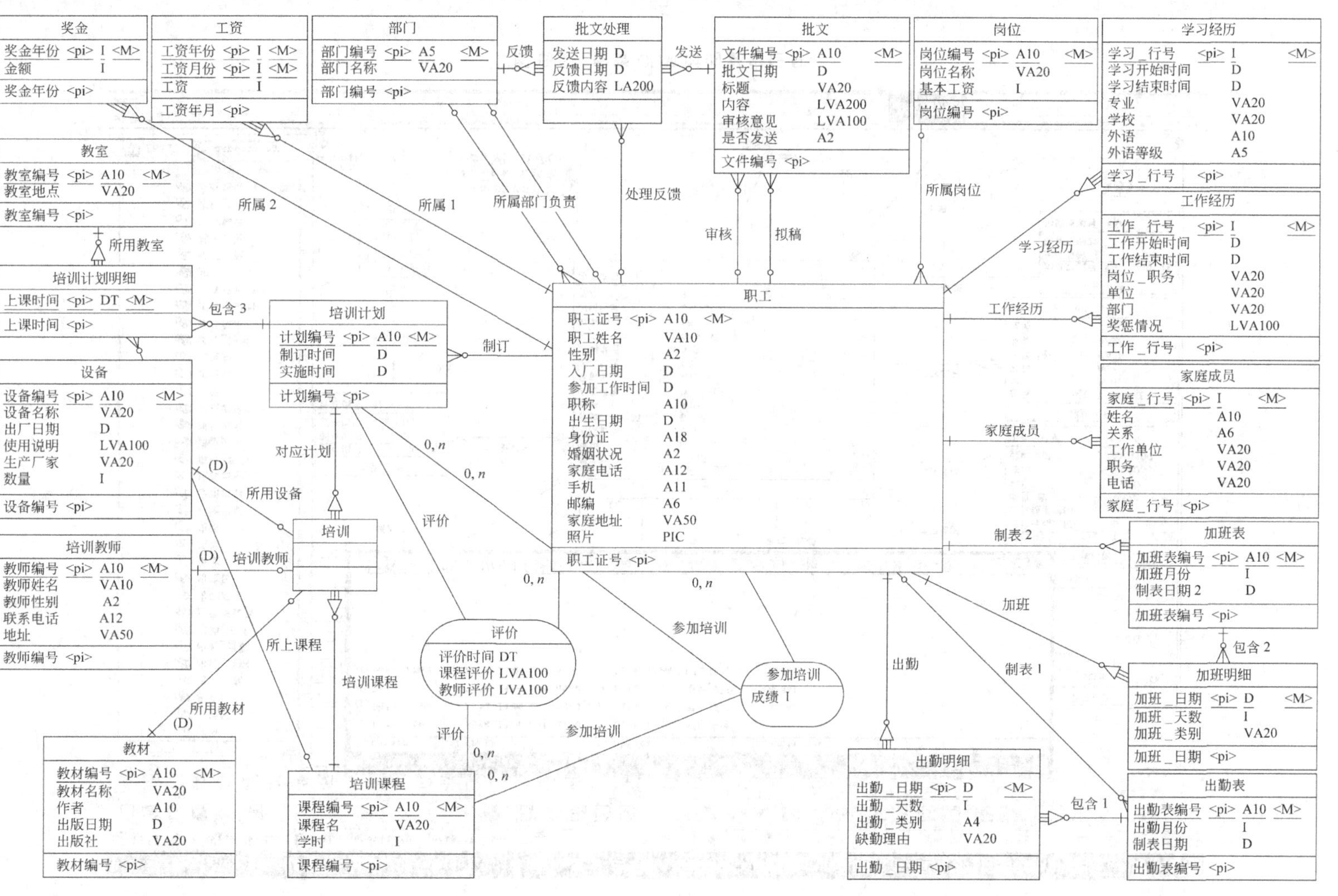

图 B-5 全局 CDM 图

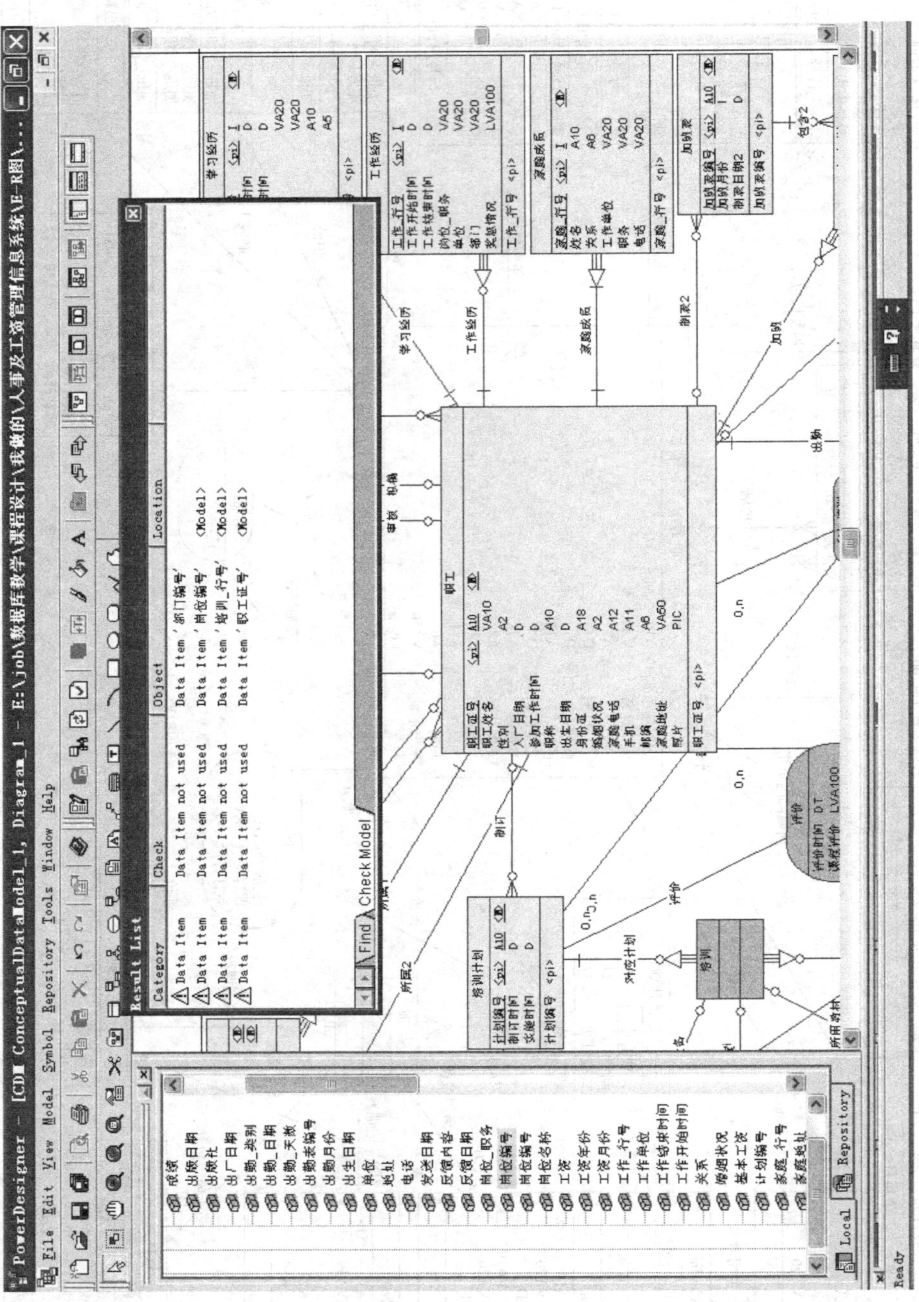

图 B-6 检查 CDM 时的警告信息

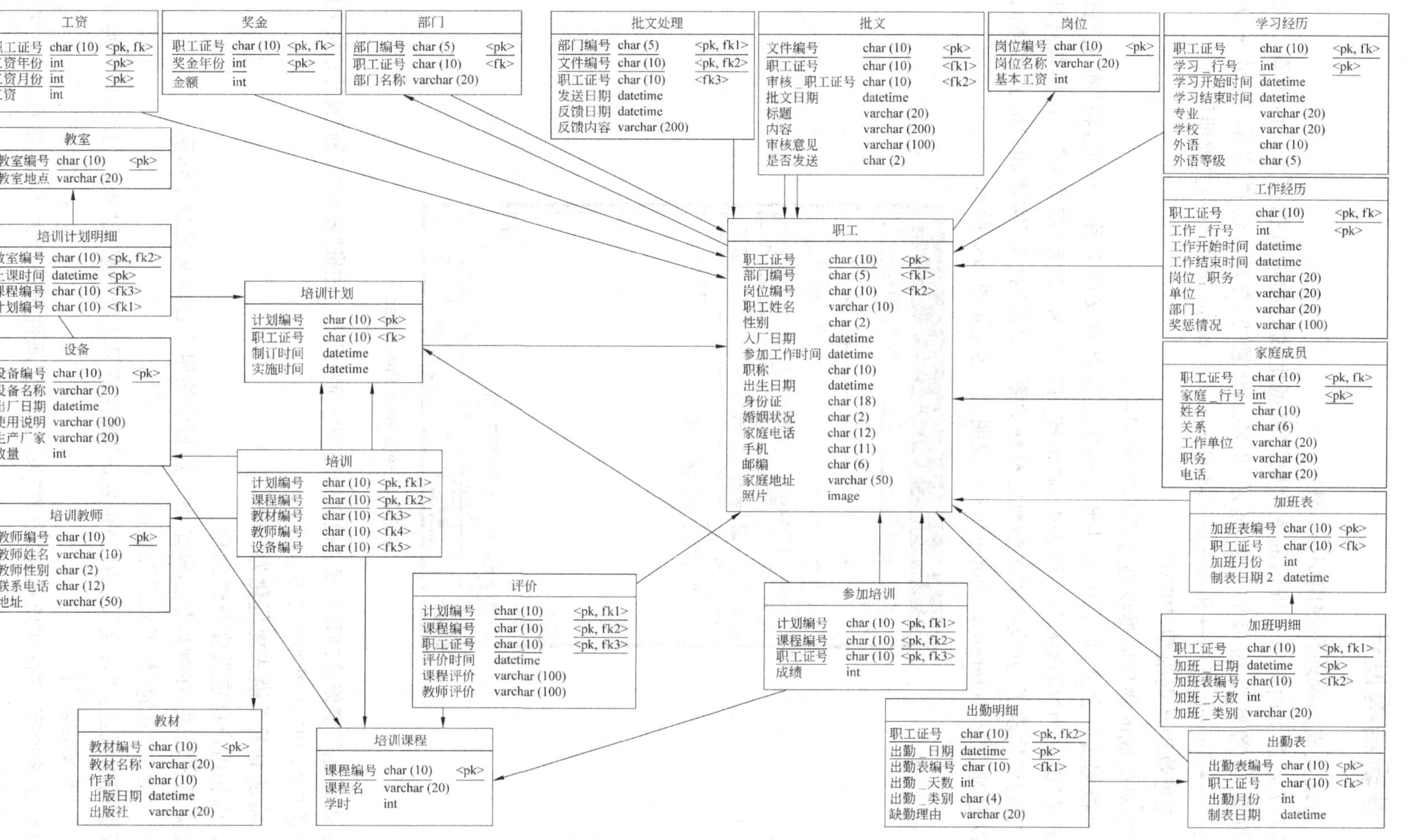

图 B-7 自动生成的物理数据模型(PDM 图)

B.3 逻辑结构设计

1. 自动生成的物理数据模型(PDM)

图 B-7 示意了由图 B-5 所示的概念数据模型生成的物理数据模型。由于页面大小所限,未将参照完整性约束的信息显示出来。设置方法是:选择菜单 Tool→Display References→Object View→Reference,将 Constraint name 前的对钩去掉即可。

2. 完善物理数据模型(PDM)

可以对生成的物理数据模型进行修改和完善。

(1) 根据实际含义,把表中的外部关键字改为有意义的名称。例如,将"批文"表中的"职工证号"改名为"拟稿人",将该表中的"审核_职工证号"改为"审稿人"。这样做只是把外部关键字的名称改了,并没有破坏参照完整性关系。双击"批文"实体和"部门"实体间的连线,可以通过查看 Reference Properties 来说明这一点,如图 B-8 所示。

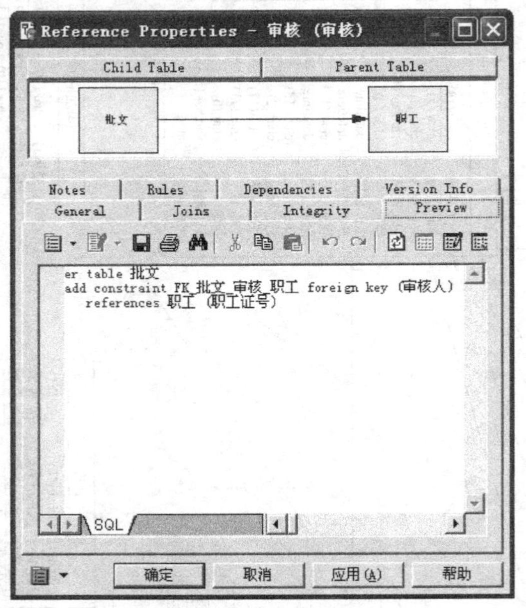

图 B-8 Reference Properties

类似地,还需要修改"部门"表、"批文处理"表、"制订"表、"加班"表和"考勤"表的相关字段。完善后的 PDM 图如图 B-9 所示。

3. 将所有关系模式规范化为 3NF

4. 添加用户自定义完整性约束

根据系统需求,在物理数据模型中添加相应的用户自定义完整性约束。

(1) "批文"表的"是否发送"属性

根据需求规定:"批文"表的"是否发送"属性值只能取"是"或"否",如图 B-10 所示。

(2) "批文处理"表

根据需求规定:"批文处理表"中的"发送日期"属性值必须大于"反馈日期"属性值,如图 B-11 所示。

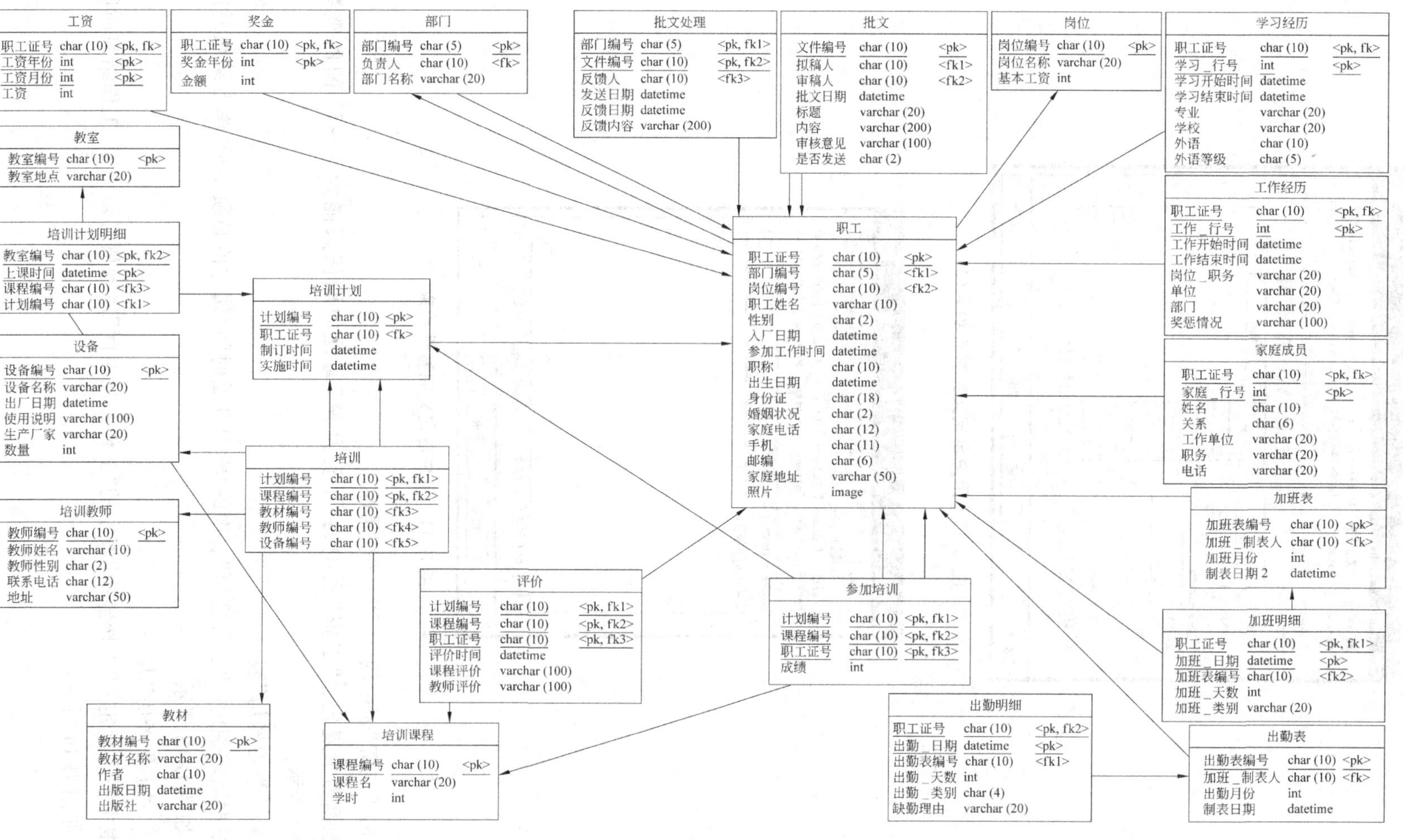

图 B-9 完善后的物理数据模型(PDM)

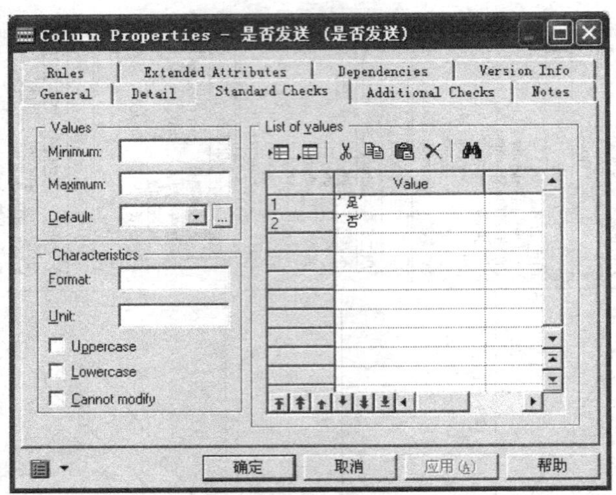

图 B-10 用户自定义完整性约束(1)

图 B-11 用户自定义完整性约束(2)

(3)“工资”表中的“工资月份”属性

根据需求规定：“工资”表中的“工资月份”属性的取值只能为 1～12 间的整数，如图 B-12 所示。

(4)“学习经历”表

根据需求规定：“学习经历”表中的“学习开始时间”属性值必须小于“学习结束时间”属性值，如图 B-13 所示。

(5)“工作经历”表

根据需求规定：“工作经历”表中的“工作开始时间”属性值必须小于“工作结束时间”属性值，如图 B-14 所示。

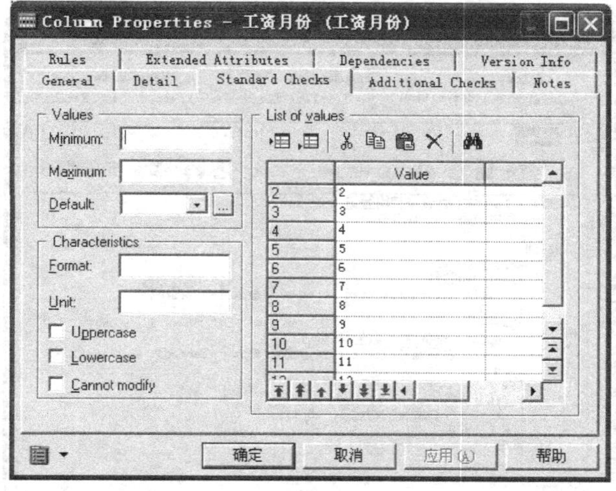

图 B-12　用户自定义完整性约束(3)

图 B-13　用户自定义完整性约束(4)

图 B-14　用户自定义完整性约束(5)

5. 添加触发器

进行培训的设备的数量是有限的。当向“使用设备”表添加一条记录时，需要查看是否存在可用设备。如果存在，则插入成功，并且“设备”表中相应的设备数量减 1，如图 B-15 所示；否则不允许插入。当删除“使用设备”表中的一条记录时，需要将“设备”表中相应的设备数量加 1，如图 B-16 所示。

6. 添加视图

(1) 建立查询具体培训情况(培训计划，上课时间，培训课程，培训教师，培训教室)的视图。

```
CREATE VIEW v_培训(培训计划,上课时间,培训教师,培训教室)
AS
  SELECT a.计划编号,上课时间,课程名,教师姓名,教室地点
  FROM 培训计划明细 a JOIN 培训 b
```

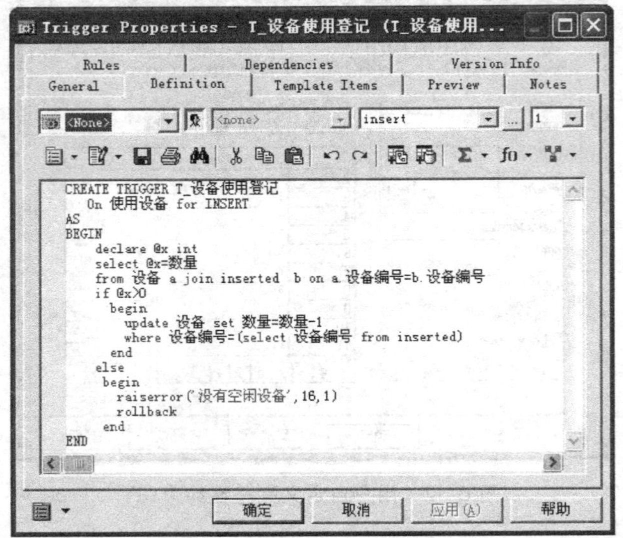

图 B-15 触发器 T_设备使用登记

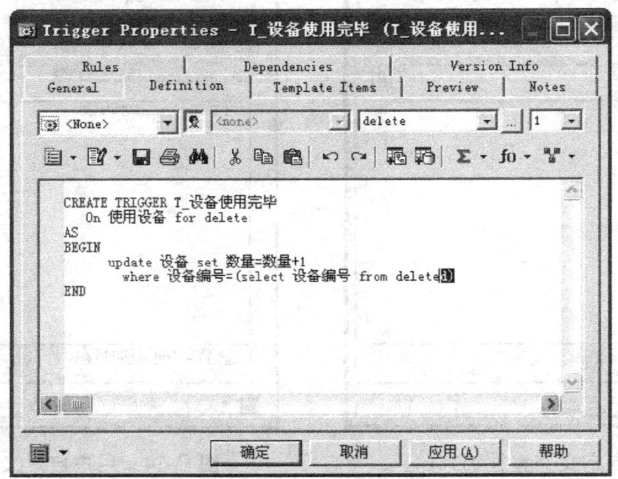

图 B-16 触发器 T_设备使用完毕

```
ON ((a.课程编号=b.课程编号) AND (a.计划编号=b.计划编号))
  JOIN 培训课程 c ON b.课程编号=c.课程编号
  JOIN 培训教师 d ON b.教师编号=d.教师编号
  JOIN 教室 e ON a.教室编号=e.教室编号
```

(2) 建立出勤情况(职工证号,职工姓名,出勤_日期,出勤_天数,出勤_类别,缺勤理由,年,月)的视图。

```
CREATE VIEW v_出勤表
AS
  SELECT a.职工证号,职工姓名,出勤_日期,出勤_天数,出勤_类别,缺勤理由,
    year(出勤_日期) 年,month(出勤_日期) 月
  FROM 职工 a JOIN 出勤明细 b ON a.职工证号=b.职工证号
```

7. 添加存储过程

(1) 月工资计算

根据需求,财务部需要根据每月提交的职工出勤信息和职工加班信息计算月工资,并将计算的结果存入职工表。存储过程"p_工资计算"就是完成此任务,具体代码如下。

```
--存储过程:职工月工资计算
CREATE PROCEDURE p_工资计算
  @year int,
  @month int
AS
--月工资=基本工资 * (1-月缺勤天数/21+2 * 月加班天数/21)
DECLARE @no char(10)                --职工证号
DECLARE @salary int                 --基本工资
DECLARE @absence_day int            --月缺勤天数
DECLARE @overtime_day int           --月加班天数
DECLARE @salary_month int           --月工资

--声明指向职工证号的游标
DECLARE cur1 CURSOR FOR SELECT 职工证号 FROM 职工
OPEN cur1                           --打开游标
FETCH NEXT FROM cur1 INTO @no       --获取一个职工证号
--计算该职工的月工资,并存入工资表中
WHILE @@FETCH_STATUS=0
BEGIN
  --从岗位表获取该职工的基本工资
  SELECT @salary=基本工资
  FROM 岗位 a JOIN 职工 b ON a.岗位编号=b.岗位编号
  WHERE 职工证号=@no

  --查询指定年月加班天数
  SELECT @overtime_day=sum(加班_天数)
  FROM 加班明细
  WHERE (职工证号=@no AND year(加班_日期)=@year AND month(加班_日期)=@month)

  --查询指定年月缺勤天数
  SELECT @absence_day=sum(出勤_天数)
  FROM 出勤明细 where (职工证号=@no AND year(出勤_天数)=@year
    AND month(出勤_天数)=@month)

  --计算月工资
  SET @salary_month=cast(@salary * (1.0-@absence_day/21.0+2 * @overtime_day/
21.0) as int)

  --将计算结果插入工资表
  INSERT INTO 工资 VALUES(@no,@year,@month,@salary_month)
```

```
    FETCH NEXT FROM cur1 INTO @no --获取下一个职工的职工证号
  END
  CLOSE cur1                          --关闭游标
  DEALLOCATE cur1                     --释放游标
```

(2) 年终奖金计算

根据需求，财务部需要根据每年提交的职工出勤信息和职工加班信息计算年终奖金，并将计算的结果存入奖金表。存储过程"p_年终奖计算"就是完成此任务，具体代码如下。

```
--存储过程：职工年终奖金计算
CREATE PROCEDURE p_年终奖计算
  @year int
AS
--年终奖金=10000 * (250-年缺勤天数+年加班天数)/250
DECLARE @no char(10)                 --职工证号
DECLARE @salary int                  --基本工资
DECLARE @absence_day int             --年缺勤天数
DECLARE @overtime_day int            --年加班天数
DECLARE @salary_year int             --年终奖金

--声明指向职工证号的游标
DECLARE cur1 CURSOR FOR SELECT 职工证号 FROM 职工
OPEN cur1                            --打开游标
FETCH NEXT FROM cur1 INTO @no        --获取一个职工证号
WHILE @@FETCH_STATUS=0
BEGIN
  --从岗位表获取该职工的基本工资
  SELECT @salary=基本工资
  FROM 岗位 a JOIN 职工 b ON a.岗位编号=b.岗位编号
  WHERE 职工证号=@no

  --查询指定年月加班天数
  SELECT @ overtime_day=sum(加班_天数)
  FROM 加班明细 WHERE (职工证号=@no AND year(加班_日期)=@year )

  --查询指定年月缺勤天数
  SELECT @absence_day=sum(出勤_天数)
  FROM 出勤明细 WHERE (职工证号=@no AND year(出勤_天数)=@year )

  --计算年终奖金
  SET @salary_year=cast(10000 * (250-@absence_day+@overtime_day)/250.0 as int)

  --将计算结果插入奖金表
  INSERT INTO 奖金 VALUES(@no,@year,@salary_year)
```

```
  FETCH NEXT FROM cur1 INTO @no      --获取下一个职工的职工证号
END
CLOSE cur1                           --关闭游标
DEALLOCATE cur1                      --释放游标
```

(3) 查询给定职工在某次培训中的各门课程的成绩

```
--查询给定职工在某次培训中的各门课程的成绩
CREATE PROCEDURE p_培训成绩
  @ eno char(10),                    --输入参数：职工证号
  @ pno char(10)                     --输出参数：培训计划编号
AS
  SELECT a.职工证号,职工姓名,课程名,成绩
  FROM 职工 a JOIN 参加培训 b ON a.职工证号=b.职工证号
    JOIN 培训课程 c ON b.课程编号=c.课程编号
  WHERE a.职工证号=@eno AND 计划编号=@pno
```

8. 生成建立数据库的脚本 crebas.sql

(具体代码略)。

B.4 物理数据库设计

1. 估算数据库的数据存储量

根据如下步骤测算关系的大小：

(1) 计算关系的每一行的字节数。

(2) 用关系的行数乘以行的长度。

(3) 另加 20%的空间用作索引和其他开销。

估计数据库的数据存储量为 10MB。

2. 安排数据库的存储

```
CREATE DATABASE 人事管理
ON
PRIMARY
( NAME=renshi,
FILENAME='d:\renshi\data\renshi.mdf',
SIZE=7,
MAXSIZE=20,
FILEGROWTH=3 )
LOG ON
(NAME=renshi_log,
FILENAME='e:\renshi\log\renshi.ldf',
SIZE=3MB,
MAXSIZE=15MB,
FILEGROWTH=3MB)
```

3. 在 SQL Server 2005 Management Studio 中执行建库代码 crebas. sql

4. 设计索引

RDBMS 会自动地给主关键字建立一个聚集索引，给唯一约束建立一个唯一索引。在此，只需根据查询要求来考虑用户自定义的索引。用户自定义的索引有"批文"表中的"批文日期"、"培训计划"表中的"制订时间"等。

5. 设计备份策略

由于数据更新不是很快，并且数据量不是很大，所以备份策略如下：

(1) 全备份。每月进行一次全备份。

(2) 增量备份。每周日进行一次增量备份。

6. 角色划分

(1) 系统管理员。拥有一切权限，负责整个系统的管理；在所有数据库上拥有所有权限。

(2) 财务部职工。拥有对"工资"和"奖金"表的查询、添加、删除和修改权限；拥有对所有表的查询权。

(3) 人事部职工。拥有对"职工"、"学习经历"、"工作经历"、"家庭成员"、"岗位"、"部门"、"工资"和"奖金"表的查询、添加、删除和修改权限；拥有对所有表的查询权。

(4) 培训部职工。拥有对"培训计划"、"培训计划明细"、"培训"、"教室"、"设备"、"培训教师"、"评价"、"教材"、"培训课程"和"参加培训"表的查询、添加、删除和修改权限；拥有对所有表的查询权。

(5) 部门负责人。拥有对"加班"、"加班明细"、"出勤"、"出勤明细"、"批文"和"批文处理"表的查询、添加、删除和修改权限；拥有对所有表的查询权。

(6) 普通职工。只能查询数据库中和自身相关的信息，其他信息都不能查询。

通过设置用户为某个角色的成员来进行权限管理。

B.5 系统实现

下面列举了部分模块的系统实现。

1. "职工信息管理"模块

(1) 功能。录入、修改职工信息。

(2) 界面。如图 8-17 所示。

(3) 主要代码。

(略)。

2. "查询职工出勤情况"模块

(1) 功能描述。查询某年某月职工的出勤情况。

(2) 界面。如图 8-18 所示。

(3) 主要代码。

(略)。

3. "批文处理"模块

(1) 功能描述。书写并发送批文、对接收到的批文进行反馈。

(2) 界面。如图 B-19 和图 B-20 所示。

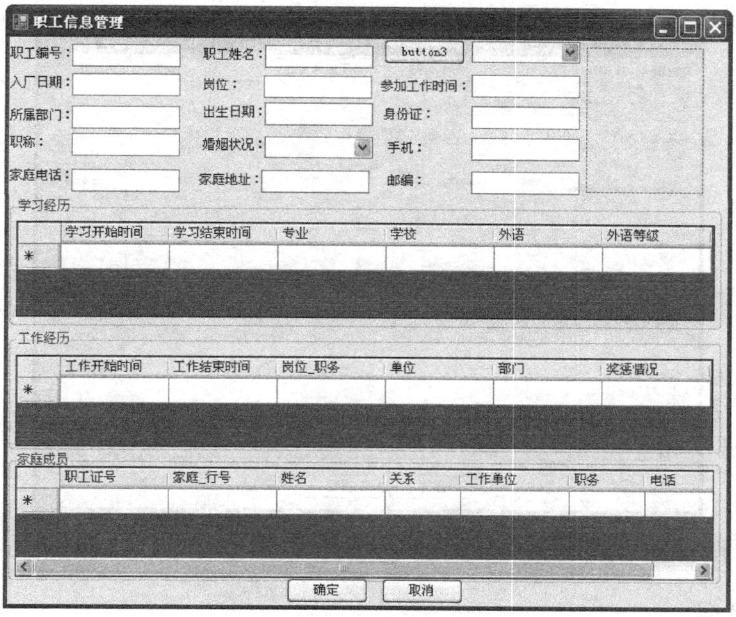

图 B-17 “职工信息管理”界面

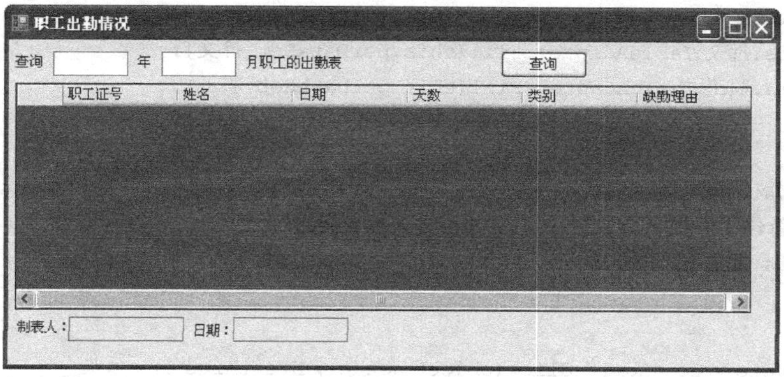

图 B-18 “职工出勤情况”界面

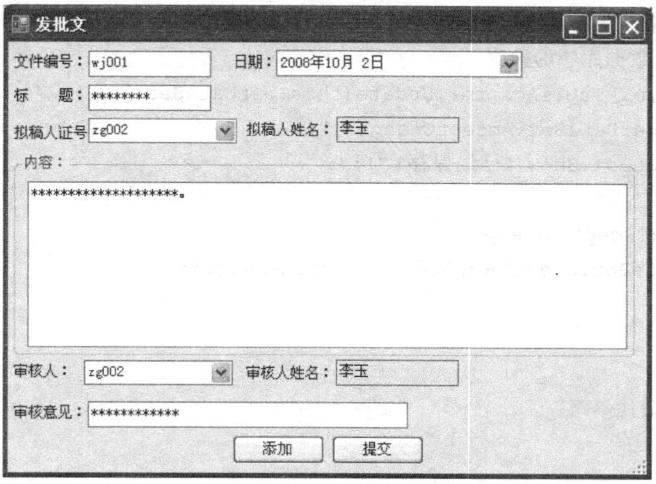

图 B-19 “发批文”界面

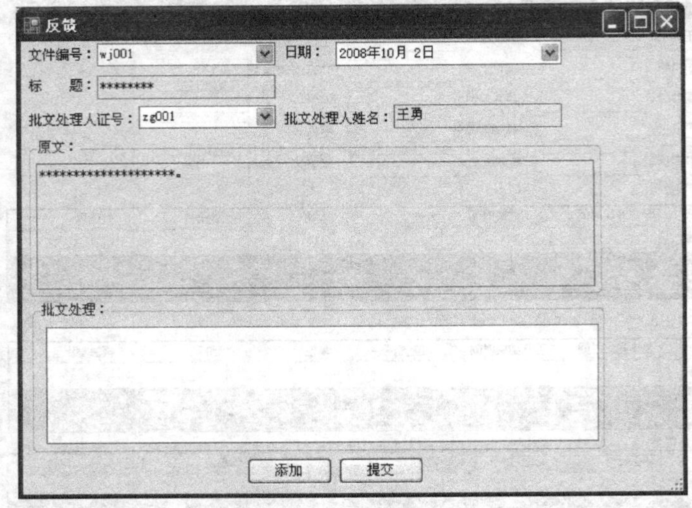

图 B-20 “反馈”界面

（3）主要代码。

```
//提交批文代码
private void FileFrm_Load(object sender, EventArgs e)
{this.批文TableAdapter.Fill(this.perDataSet.批文);
 this.职工TableAdapter.Fill(this.perDataSet.职工);
}

private void add_Click(object sender, EventArgs e)
{//新建一个数据行对象,同时数据行进入编辑状态
 this.批文bindingSource.AddNew();
}

private void submit_Click(object sender, EventArgs e)
{try{
   //结束编辑状态
   this.批文bindingSource.EndEdit();
   //更新数据库中的数据
   this.批文TableAdapter.Update(this.perDataSet.批文);
   this.perDataSet.AcceptChanges();
   MessageBox.Show("已经保存！");
  }
  catch (Exception exp)
  {MessageBox.Show("保存失败：" +exp.Message);
  }
}

//批文反馈代码略
```

主要参考书目

[1] 崔巍.数据库系统及应用(第 2 版).北京：高等教育出版社，2003

[2] 王珊，萨师煊.数据库系统概论(第 4 版).北京：高等教育出版社，2006

[3] Thomas Connolly 等. 数据库系统——设计、实现与管理(第 3 版).宁洪等译. 北京：电子工业出版社，2005

[4] Microsoft. SQL Server 2005 联机手册.2005

[5] 胡百敬，姚巧枚. SQL Server 2005 数据库开发详解. 北京：电子工业出版社，2006

[6] 崔巍等.数据库设计和管理基础.北京：高等教育出版社，1990

[7] 周松林，凌咏红等. 数据库技术及应用. 北京：清华大学出版社，2005

[8] 郑宇军，杜家兴. SQL Server 2005+Visual C# 2005 专业开发精解. 北京：清华大学出版社，2007

[9] C. J. Date. An Introduction to Database System, Seventh Edition. 孟小峰等译.北京：机械工业出版社，2000

[10] Raghu Ramakrishnan 等. Database Management System, Second Edition. 周立柱等译. 北京：清华大学出版社，2002

[11] Abraham Silberschatz 等. Database System Concepts, Third Edition. 杨冬青等译. 北京：机械工业出版社，2002

[12] Harjinder S. GILL 等. The Official Client/Server Computing Guide to Data Warehousing. 王仲谋等译.北京：清华大学出版社，1997

读者意见反馈

亲爱的读者：

感谢您一直以来对清华版计算机教材的支持和爱护。为了今后为您提供更优秀的教材，请您抽出宝贵的时间来填写下面的意见反馈表，以便我们更好地对本教材做进一步改进。同时如果您在使用本教材的过程中遇到了什么问题，或者有什么好的建议，也请您来信告诉我们。

地址：北京市海淀区双清路学研大厦 A 座 602　计算机与信息分社营销室 收
邮编：100084　电子邮件：jsjjc@tup.tsinghua.edu.cn
电话：010-62770175-4608/4409　邮购电话：010-62786544

教材名称：数据库应用与设计
ISBN：978-7-302-19094-3

个人资料

姓名：__________ 年龄：______ 所在院校/专业：______________

文化程度：__________ 通信地址：______________________

联系电话：__________ 电子信箱：______________________

您使用本书是作为： □指定教材 □选用教材 □辅导教材 □自学教材

您对本书封面设计的满意度：

□很满意 □满意 □一般 □不满意　改进建议______________

您对本书印刷质量的满意度：

□很满意 □满意 □一般 □不满意　改进建议______________

您对本书的总体满意度：

从语言质量角度看 □很满意 □满意 □一般 □不满意

从科技含量角度看 □很满意 □满意 □一般 □不满意

本书最令您满意的是：

□指导明确 □内容充实 □讲解详尽 □实例丰富

您认为本书在哪些地方应进行修改？（可附页）

____

____

您希望本书在哪些方面进行改进？（可附页）

____

____

电子教案支持

敬爱的教师：

为了配合本课程的教学需要，本教材配有配套的电子教案（素材），有需求的教师可以与我们联系，我们将向使用本教材进行教学的教师免费赠送电子教案（素材），希望有助于教学活动的开展。相关信息请拨打电话 010-62776969 或发送电子邮件至 jsjjc@tup.tsinghua.edu.cn 咨询，也可以到清华大学出版社主页（http://www.tup.com.cn 或 http://www.tup.tsinghua.edu.cn）上查询。